“十四五”国家重点出版物出版规划项目·重大出版工程

中国学科及前沿领域2035发展战略丛书

学术引领系列

国家科学思想库

中国地球系统科学2035发展战略

“中国学科及前沿领域发展战略研究（2021—2035）”项目组

科学出版社

北 京

审图号：京审字（2024）G 第 0579 号

内 容 简 介

地球系统科学作为地学学科发展的前沿，本质上是地球科学向系统科学的转型。本书选择了既有重大理论和应用价值，又能反映我国优势的三大方向展开：①重新认识海洋碳泵；②水循环及其轨道驱动；③东亚－西太的海陆衔接。地球科学的传统理论往往带有地区偏向，本书力图从国际学术前沿和我国自然条件特色的交会点出发，结合我国近年来涌现的原创性学术成果，找出学术上的突破口，从地球系统科学的高度，提出相关研究方向部署和调整的建议。

本书为相关领域战略与管理专家、科技工作者、企业研发人员及高校师生提供了研究指引，为科研管理部门提供了决策参考，也是社会公众了解中国学科及前沿领域发展现状及趋势的重要读本。

图书在版编目（CIP）数据

中国地球系统科学 2035 发展战略 /“中国学科及前沿领域发展战略研究（2021—2035）”项目组编．—北京：科学出版社，2024.7

（中国学科及前沿领域 2035 发展战略丛书）

ISBN 978-7-03-076544-4

Ⅰ.①中…　Ⅱ.①中…　Ⅲ.①地球系统科学－发展战略－中国　Ⅳ.① P-12

中国国家版本馆 CIP 数据核字（2023）第 189652 号

丛书策划：侯俊琳　朱萍萍

责任编辑：石　卉　赵　晶 / 责任校对：何艳萍

责任印制：师艳茹 / 封面设计：有道文化

科学出版社 出版

北京东黄城根北街 16 号

邮政编码：100717

http://www.sciencep.com

北京中科印刷有限公司印刷

科学出版社发行　各地新华书店经销

*

2024 年 7 月第　一　版　开本：720×1000　1/16

2024 年 7 月第一次印刷　印张：19

字数：320 000

定价：168.00元

（如有印装质量问题，我社负责调换）

“中国学科及前沿领域发展战略研究（2021—2035）”

联合领导小组

组　长　常　进　窦贤康

副组长　包信和　高瑞平

成　员　高鸿钧　张　涛　裴　钢　朱日祥　郭　雷
杨　卫　王笃金　周德进　王　岩　姚玉鹏
董国轩　杨俊林　谷瑞升　张朝林　王岐东
刘　克　刘作仪　孙瑞娟　陈拥军

联合工作组

组　长　周德进　姚玉鹏

成　员　范英杰　孙　粒　郝静雅　王佳佳　马　强
王　勇　缪　航　彭晴晴　龚剑明

《中国地球系统科学 2035 发展战略》

组　　长　汪品先

副 组 长　郭正堂　焦念志　金之钧　王成善

专题负责人　方向一　重新认识海洋碳泵

（总负责人：焦念志）

专题一：海洋溶解有机碳与冰期旋回（负责人：翦知湣）

专题二：有机碳与矿物——从海水到岩层（负责人：董海良）

专题三：生物碳泵的地质演化（负责人：谢树成）

方向二　水循环及其轨道驱动

（总负责人：郭正堂）

专题四：40 万年偏心率长周期的破坏（负责人：田军）

专题五：水循环的地质演变（负责人：朱茂炎）

专题六：气候系统演变中的两半球和高低纬相互作用（负责人：郭正堂）

方向三　东亚－西太的海陆衔接

（总负责人：金之钧）

专题七：太平洋板块俯冲和东亚大地幔楔（负责人：徐义刚）

专题八：西太平洋边缘海盆地的形成与演化（负责人：黄奇瑜）

专题九：大陆横向不均一性对大洋板块俯冲的影响（负责人：孟庆任）

专题十：中新生代盆地流体活动及资源环境效应（负责人：金之钧）

项目秘书　田　军

总 序

党的二十大胜利召开，吹响了以中国式现代化全面推进中华民族伟大复兴的前进号角。习近平总书记强调“教育、科技、人才是全面建设社会主义现代化国家的基础性、战略性支撑”[①]，明确要求到2035年要建成教育强国、科技强国、人才强国。新时代新征程对科技界提出了更高的要求。当前，世界科学技术发展日新月异，不断开辟新的认知疆域，并成为带动经济社会发展的核心变量，新一轮科技革命和产业变革正处于蓄势跃迁、快速迭代的关键阶段。开展面向2035年的中国学科及前沿领域发展战略研究，紧扣国家战略需求，研判科技发展大势，擘画战略、锚定方向，找准学科发展路径与方向，找准科技创新的主攻方向和突破口，对于实现全面建成社会主义现代化“两步走”战略目标具有重要意义。

当前，应对全球性重大挑战和转变科学研究范式是当代科学的时代特征之一。为此，各国政府不断调整和完善科技创新战略与政策，强化战略科技力量部署，支持科技前沿态势研判，加强重点领域研发投入，并积极培育战略新兴产业，从而保证国际竞争实力。

擘画战略、锚定方向是抢抓科技革命先机的必然之策。当前，新一轮科技革命蓬勃兴起，科学发展呈现相互渗透和重新会聚的趋

① 习近平. 高举中国特色社会主义伟大旗帜 为全面建设社会主义现代化国家而团结奋斗——在中国共产党第二十次全国代表大会上的报告. 北京：人民出版社，2022：33.

势，在科学逐渐分化与系统持续整合的反复过程中，新的学科增长点不断产生，并且衍生出一系列新兴交叉学科和前沿领域。随着知识生产的不断积累和新兴交叉学科的相继涌现，学科体系和布局也在动态调整，构建符合知识体系逻辑结构并促进知识与应用融通的协调可持续发展的学科体系尤为重要。

擘画战略、锚定方向是我国科技事业不断取得历史性成就的成功经验。科技创新一直是党和国家治国理政的核心内容。特别是党的十八大以来，以习近平同志为核心的党中央明确了我国建成世界科技强国的“三步走”路线图，实施了《国家创新驱动发展战略纲要》，持续加强原始创新，并将着力点放在解决关键核心技术背后的科学问题上。习近平总书记深刻指出：“基础研究是整个科学体系的源头。要瞄准世界科技前沿，抓住大趋势，下好‘先手棋’，打好基础、储备长远，甘于坐冷板凳，勇于做栽树人、挖井人，实现前瞻性基础研究、引领性原创成果重大突破，夯实世界科技强国建设的根基。”①

作为国家在科学技术方面最高咨询机构的中国科学院和国家支持基础研究主渠道的国家自然科学基金委员会（简称自然科学基金委），在夯实学科基础、加强学科建设、引领科学研究发展方面担负着重要的责任。早在新中国成立初期，中国科学院学部即组织全国有关专家研究编制了《1956—1967年科学技术发展远景规划》。该规划的实施，实现了“两弹一星”研制等一系列重大突破，为新中国逐步形成科学技术研究体系奠定了基础。自然科学基金委自成立以来，通过学科发展战略研究，服务于科学基金的资助与管理，不断夯实国家知识基础，增进基础研究面向国家需求的能力。2009年，自然科学基金委和中国科学院联合启动了“2011—2020年中国学科发展战略研究”。

① 习近平. 努力成为世界主要科学中心和创新高地 [EB/OL]. (2021-03-15). http://www.qstheory.cn/dukan/qs/2021-03/15/c_1127209130.htm[2022-03-22].

2012年，双方形成联合开展学科发展战略研究的常态化机制，持续研判科技发展态势，为我国科技创新领域的方向选择提供科学思想、路径选择和跨越的蓝图。

联合开展“中国学科及前沿领域发展战略研究（2021—2035）”，是中国科学院和自然科学基金委落实新时代“两步走”战略的具体实践。我们面向2035年国家发展目标，结合科技发展新特征，进行了系统设计，从三个方面组织研究工作：一是总论研究，对面向2035年的中国学科及前沿领域发展进行了概括和论述，内容包括学科的历史演进及其发展的驱动力、前沿领域的发展特征及其与社会的关联、学科与前沿领域的区别和联系、世界科学发展的整体态势，并汇总了各个学科及前沿领域的发展趋势、关键科学问题和重点方向；二是自然科学基础学科研究，主要针对科学基金资助体系中的重点学科开展战略研究，内容包括学科的科学意义与战略价值、发展规律与研究特点、发展现状与发展态势、发展思路与发展方向、资助机制与政策建议等；三是前沿领域研究，针对尚未形成学科规模、不具备明确学科属性的前沿交叉、新兴和关键核心技术领域开展战略研究，内容包括相关领域的战略价值、关键科学问题与核心技术问题、我国在相关领域的研究基础与条件、我国在相关领域的发展思路与政策建议等。

三年多来，400多位院士、3000多位专家，围绕总论、数学等18个学科和量子物质与应用等19个前沿领域问题，坚持突出前瞻布局、补齐发展短板、坚定创新自信、统筹分工协作的原则，开展了深入全面的战略研究工作，取得了一批重要成果，也形成了共识性结论。一是国家战略需求和技术要素成为当前学科及前沿领域发展的主要驱动力之一。有组织的科学研究及源于技术的广泛带动效应，实质化地推动了学科前沿的演进，夯实了科技发展的基础，促进了人才的培养，并衍生出更多新的学科生长点。二是学科及前沿领域的发展促进深层次交叉融通。学科及前沿领域的发展越来越呈现出多学科相互渗透的发展态势。某一类学科领域采用的研究策略和技术体系所产生的基础理论与方法论成果，可以作为共同的知识基础适用于不同学科领域的多个研究方向。三是科研范式正在经历深刻变革。解决系统性复杂问题成为当前科学发展的主要目标，导致相应的研究内容、方法和范畴等的改变，形成科学研究的多层次、多尺度、动态化的基本特征。数据驱动的科研模式有力地推动了新时代科研范式的变革。四是科学与社会的互动更加密切。发展学科及前沿领域愈加重要，与此同时，"互联网 +"正在改变科学交流生态，并且重塑了科学的边界，开放获取、开放科学、公众科学等都使得越来越多的非专业人士有机会参与到科学活动中来。

"中国学科及前沿领域发展战略研究（2021—2035）"系列成果以"中国学科及前沿领域 2035 发展战略丛书"的形式出版，纳入"国家科学思想库 - 学术引领系列"陆续出版。希望本丛书的出版，能够为科技界、产业界的专家学者和技术人员提供研究指引，为科研管理部门提供决策参考，为科学基金深化改革、"十四五"发展规划实施、国家科学政策制定提供有力支撑。

在本丛书即将付梓之际，我们衷心感谢为学科及前沿领域发展战略研究付出心血的院士专家，感谢在咨询、审读和管理支撑服务方面付出辛劳的同志，感谢参与项目组织和管理工作的中国科学院学部的丁仲礼、秦大河、王恩哥、朱道本、陈宜瑜、傅伯杰、李树深、李婷、苏荣辉、石兵、李鹏飞、钱莹洁、薛淮、冯霞，自然科学基金委的王长锐、韩智勇、邹立尧、冯雪莲、黎明、张兆田、杨列勋、高阵雨。学科及前沿领域发展战略研究是一项长期、系统的工作，对学科及前沿领域发展趋势的研判，对关键科学问题的凝练，对发展思路及方向的把握，对战略布局的谋划等，都需要一个不断深化、积累、完善的过程。我们由衷地希望更多院士专家参与到未来的学科及前沿领域发展战略研究中来，汇聚专家智慧，不断提升凝练科学问题的能力，为推动科研范式变革，促进基础研究高质量发展，把科技的命脉牢牢掌握在自己手中，服务支撑我国高水平科技自立自强和建设世界科技强国夯实根基做出更大贡献。

“中国学科及前沿领域发展战略研究（2021—2035）”
联合领导小组
2023 年 3 月

前言

地球系统科学的产生源自20世纪80年代开始的全球变化研究。为追踪人类排放CO_2的去向，科学界从大气、海洋到植被、土壤，进行跨圈层的全球大清查。然而，因全球变化而提出的科学问题又要求向时空伸展，这驱使学术界从地球表层追踪到地球内部，从宇宙大爆发追踪到人类智能的产生，从而诞生了研究“地球系统科学”的新领域。

随着21世纪的到来，国内外都出现了研究地球系统科学的学术高潮。我国关于“地球系统科学”的课程和教材也纷纷出现，以“地球系统科学”冠名的论文、著作大量出版。一方面，横跨圈层、穿越时空的研究新方向带来了新颖的学术思想和成果，如作为交流平台的“地球系统科学大会”，自2010年创办以来，开得有声有色、人气蒸蒸日上；另一方面，凡是高潮难免鱼龙混杂，在“地球系统科学”名下，以“贴标签”作为“创新”捷径的文章也是车载斗量，因为要说哪篇文章“不属于”地球系统科学，还真说不出来。

本次关于地球系统科学的战略研究就是在这样的背景下立项的。2019年，国家自然科学基金委员会和中国科学院联合开展“中国学科及前沿领域发展战略研究（2021—2035）”，其中就包括“地球系统科学（能源、环境和气候）”项目。项目立项后的首要任务就是明确目标、统一认识。项目组认为，首先要正本清源，在澄清其实质的基础上选择重点方向开展研讨。项目组还认为，地球系统科学不是一门新学科，而是地球科学向系统科学的转型。地球科学19世纪经历了从神创论到进化论的转型，20世纪经历了从固定论到活动论的转型，现在21世纪面临的是从描述向预测、从局部向全面、从定性到定量的转型。地球科学向系统科学的转型，不仅在学术上开拓了新方向，同时也深刻地影响着能源资源勘探和气候环境研究的学术指导思想。

与实证科学相比，地球科学的发展具有明显的地区性。例如，大地构造研究习惯于向西看而忽视太平洋的作用。又如，古气候环境的研究习惯于向北看而忽视热带和南半球的作用。地球科学总是从某个地区开始研究，然后逐步推广。现代地球科学产生于欧洲，因此很容易夸大欧洲成果的普适性。百年来，我国地球科学的不少错误源头就在于照搬前人，忽视了地区的差异。当前的任务是要根据我国自然条件的特色和研究积累的亮点，从追随模仿转为探索创新，力争开创新的研究模式，甚至建立地球科学的中国学派。

当前，中国的科学也在从发展中国家的“原料输出型”向发达国家的“深度加工型”转变。本次战略研究的任务，就是要指出两种转型结合的道路。本次战略研究虽然为时不长、规模不大，但却发现我国地球科学界具有惊人的问鼎国际高峰的潜力。地球系统科学战略研究的目的就是找到当代学术前沿和中国实力优势的交会点，抓住地球科学向系统科学转型的时机，力争脱颖而出，争取为国际科学界作出应有的贡献。为此，项目组选择了“重新认识海洋碳泵”“水循环及其轨道驱动”“东亚－西太的海陆衔接”三大方向，共分为十个专题展开研讨。其间，尽量找出我国具有自然条件或者研究积累上的优势方向，我国研究队伍已经展现出学术突破的成果或者苗头，且在学术上拥有重大价值的专题，设计若干挑战性的题目，邀请不同学科的团队进行跨学科研讨。2021～2022年，项目组先后在北京、厦门、上海等地组织了 13 次中小型研讨会，组织了 155 场报告，共有 52 家单位的 500 余人次参加。此外，项目组又于 2021 年 7 月,在两千多人参加的“第六届地球系统科学大会”上集思广益，进行有规模的交流。最后，在负责三大方向的组长的领导下，项目组分头召集骨干撰写十个专题的总结，并组织出版了其中的两个专辑。这些专题研讨的报告构成了本书的主要内容。

本书是我国地球科学界的一次集体尝试，试图发挥学科交叉和科学创新的精神，向地球科学转型的方向尽可能迈出一大步。希望本书的出版及广泛传播，能为推进我国地球科学跨越时空的学科交叉，为逐步形成具有中国特色的地球系统科学作出贡献。

汪品先

《中国地球系统科学 2035 发展战略》项目组组长

2023 年 2 月

摘　要

一、任务的提出

“地球系统科学”不是新开设的一门学科，而是地球科学的转型。20世纪80年代起，为了追踪人类排放CO_2的去向，科学家从大气、海洋追踪到植被、土壤，首次实现了地球表面跨越圈层的探测，开创了“全球变化”研究的新方向。21世纪初以来，科学家又在时间上穿越人类尺度向深远地质年代推进，在空间上从表层推进到地球深部，形成了“行星循环”的新概念。地球科学发生了由学科分解到集成融合的回返，正在沿着从局部到全面、从定性到定量、从现象描述到机理探索的方向转变，向系统科学转型。

这场世界地球科学的转型，恰好发生在中国改革开放时期。因此，从“全球变化”开始，中国就在国际计划中发挥了积极作用。时至今日，中国已经拥有世界上人数最多的科技队伍，发表科学论文的数量也已经高居世界首位，中国的科学本身面临着整体转型。和经济一样，科学已经实现全球化，但是国际分工并不平等，如发展中国家主要提供原材料、从事劳动密集型的工作，而原创型的深加工多在发达国家进行。中国科学的研究人数最多、发展最快，但是整体上仍属于发展中国家水平，面临着从“原料输出型”向“深度加工型”的转变。具体说，尽管我们也有高质量的成果，也在高影响因子的刊物上发表文章，但是科学题目不是我们出的，结论也不是我们做的。

本次战略研究的任务，就是研究如何将地球科学的转型和中国科学的转型结合起来，指出两种转型结合的道路。与实证科学相比，地球科学的发展具有明显的地区性。诞生于欧美的现代地球科学，往往带有地区性的“胎记”。有些位居国际主流的“经典”认识其实不一定具有全球的普适性，有待以科学创新的精神重新审视。长期以来，我国地球科学习惯于追随和仿效，现在要求在追随先进的同时鼓励独立探索，分析自身的自然特色和科学长处，转换发展模式，甚至建立自具特色的中国学派。

二、地球系统科学研究突破重点

地球科学的范围甚广，不可能在所有领域全面出击。为此，本次战略研究选择既在理论和应用上有重大价值，又有我国特色和优势的方面进行研讨。具体说，中国地学界在气候环境和构造演变两大方面都有丰富的学术积累和很高的国际声誉，近年来又提出了一些带有突破性的新观点和新假说，而且都具有跨学科、跨圈层、跨越时间尺度的特色。如果不同学科的地球科学家能够联合起来，瞄准若干重大问题共同努力，中国就有可能实现科学突破，作出具有划时代意义的学术贡献。

本次战略研究的目的就是寻找突破的重点。2020年以来，我们选择了重新认识海洋碳泵、水循环及其轨道驱动、东亚－西太的海陆衔接三大方向开展了跨学科研讨，得出了以下认识和建议。

1. 重新认识海洋碳泵

碳循环是地球系统科学研究的一个焦点，海水上接大气、下连岩石圈，正是碳循环的关键所在。海洋里的碳表层少、深部多，把表层碳送到深部的海洋碳泵的研究到现在也就是40年。起先是古气候学发现这种输送在冰期时比现在更强，后来又从模拟的角度提出了“大洋碳泵”的概念，包括碳酸盐泵、软体泵和溶解泵（solubility pump，SP）。其中，无机碳的部分相当于“碳酸盐泵”和“溶解泵”，研究相对容易，现在已经比较清楚。复杂的是有机碳的部分，也就是所谓“软体泵”，指的是浮游生物，主要是藻类所产生的颗粒有机碳（particulate organic carbon，POC）沉到海底。这种生物泵（biological pump，BP）的概念流传至今，在古气候研究里也进行了成功的应用，可以用来解释冰期旋回大气 CO_2 的变化。

同时，在 20 世纪 80 年代，现代海洋学又有两项重要发现。一项是发现没有细胞核的原核生物也能进行光合作用。这类微型光合生物居然是海洋生物的主体，占海洋生物量的 90% 以上。另一项是通过改进海水里溶解有机碳（dissolved organic carbon，DOC）的测量方法，发现在海水中 DOC 占有机碳的 90% 以上。换句话说，原来“生物泵”的研究对象浮游生物和颗粒有机碳在大洋里都是少数，多数是漏掉的微型光合生物和溶解有机碳。因此，海洋碳泵的概念需要更新。

不但如此，研究还发现海洋里 90% 以上的溶解有机碳都具有惰性，保持几千年不参加碳循环，因此起到储碳的作用。十多年前，我国科学家领衔提出了“微型生物碳泵”（microbial carbon pump，MCP）的新概念，指出海洋储碳有两种途径：传统概念的生物碳泵是将颗粒有机碳送到海底，而微型生物碳泵是把惰性溶解有机碳（resistant dissolved organic carbon，RDOC）储存在水体里。与此相应，颗粒有机碳和溶解有机碳构成了海洋里碳循环的快、慢两种通道。

这项新发现是对碳循环认识的一种突破。对现代研究来说，惰性溶解有机碳展现出海洋储碳的潜在价值；而在长时间尺度上，它能促进重新认识地质过程中的碳循环。生物泵是不断演变的，地球演化早期的海洋里只有微生物，溶解有机碳是海洋有机碳的主体。真核类浮游植物的产生带来了海洋颗粒有机碳的碳储库，并且随着生物的演化改变着海洋有机碳库的构成。这种变化为解释地质历史开辟了新视角，从大气氧化到极端温暖气候的出现，都有可能从中得到新的启发。这两种碳泵的发现具有重要的资源环境效应，一方面影响大气 CO_2 的浓度，另一方面控制着海底油气资源的形成。

海洋颗粒有机碳和溶解有机碳的关系，应该是地球系统里一个重要变量。地球上水文循环活跃、输入海洋营养元素多时，颗粒有机碳/溶解有机碳的比值应该升高，反之就应该降低，而大洋碳储库这种变化就会产生气候效应。例如，北极冰盖的面积会变化，距今90万年和40万年前都发生过急剧增长，使得冰期旋回转型。近年来，我国在南海的研究发现，在这两次北极冰盖增长之前，大洋碳储库都有过预兆，大洋颗粒有机碳/溶解有机碳的比值都发生过大幅度的变化。这就说明生物泵和微型生物碳泵关系的改变可以引发冰期旋回的转型。于是，我国科学家提出了“溶解有机碳假说”，认为大洋碳循环有过跨越冰期旋回的长期变化，这种变化控制着第四纪冰期的转型。

纵观整个地质历史，生物圈光合作用的能力越来越大，海洋碳泵也就随着生物圈的演化而逐步增强。25亿年前的太古宙还没有真核生物，只有微生物的海洋必然形成大量的惰性溶解有机碳，真核生物浮游藻类的出现带来了颗粒有机碳。尤其是2亿年前“中生代海洋革命”之后，随着生物泵的作用增强，特别是钙质浮游生物数量的急剧增加，深海碳储库能够直接调节大气 CO_2。地球气候环境变化的历史有待从大洋碳泵演变的角度来重新解读。

值得注意的是,有机质的比重和海水很接近,本身不会沉降海底，因此生物泵单靠生物还不足以将有机碳送出水圈，需要依靠矿物的作用才能将有机碳输入岩石圈，所以还必须研究有机碳和矿物的相互作用。首先，有机质能够保存在黏土矿物的层间，因此有机质与黏土矿物结合而沉降是碳泵的一种途径。其次，铁的氧化物也可以通过吸附和沉淀的方式与有机质相结合，使得有机碳沉降。矿物的这种作用也可以称作有机碳的“矿物泵”。总之，从地球系统着眼，海洋碳泵应该是生物泵、微型生物碳泵和矿物泵的“三人舞”，这是地质历史上尚未研究的一个重要环节。

研究溶解有机碳和矿物的相互作用，不但在气候环境方面有重要意义，也为研究油气，特别是页岩气等能源的生成开拓了新方向，因为生烃岩就是有机质和矿物的结合体。最近对南海的研究发现，不同来源的有机质和不同黏土矿物之间具有选择性吸附作用。同时，地球化学研究又揭示了大型油气田的产生都与矿物－有机质的相互作用密切相关。上述种种都指明了海洋碳泵的研究在能源勘探开发中具有重要价值。

2. 水循环及其轨道驱动

20 世纪地球科学有两大发现：一个是著名的板块构造学说，阐明全球构造演化规律；另一个是米兰科维奇理论，发现地球轨道周期能引起冰期旋回，即北半球高纬地区的过程决定着全球气候变化。近年来这些主流观点遇到了挑战，尤其是中国石笋和深海新资料的发现，与这种主流观点产生了矛盾，我国学术界由此提出了气候变化受“低纬驱动”的新假说。

现代地球上气候过程的能量几乎全都来自太阳辐射，而气候过程的载体主要是水循环，其中的关键是水的三相转换。除了固态和气态的转换不重要外，固态和液态的转换指高纬地区冰盖和海冰的消长，气态和液态的转换指低纬地区的水汽蒸发和降水，这两者都重要，但并不等价。气态和液态转换的能量是固态和液态转换的 7 倍。例如，在全球总雨量中，低纬地区的季风降雨只占 31%，但却是最大的变量。“低纬驱动”新假说认为，地球轨道驱动的气候周期不只是高纬的冰期旋回，更有以季风周期为代表的低纬过程，更何况地质历史上大部分时间没有大冰盖，低纬地区的水循环才是气候演变的主角。

随着科学技术的进步，时间尺度的研究障碍正在被打破。较高分辨率的气候变化记录至少可以上溯到古生代，从而可以从整个地质历史的高度，从板块运动、生命演化的角度来揭示水循环的演变。例如，3亿多年前的石炭纪，热带雨林的极度繁盛导致巨量有机质埋藏成煤，使得大气CO_2减少而产生大冰盖，从而出现冰室期；后来又随着板块运动形成超级大陆，引起超级季风，造成西部干旱化，植被收缩，又重返无冰盖的暖室期。又如，中生代几个大火成岩省的形成；巨型的岩浆火山活动排放CO_2造成极端的暖湿气候；异常活跃的水循环引发陆地的“洪水期”或者海底的“缺氧期”。

回头再看现在所属的第四纪，地球的两极都有大冰盖，这是显生宙5亿多年来独一无二的特殊情况，因而造成了第四纪轨道驱动气候周期的特殊性。米兰科维奇理论的一大难题，就是冰期记录中找不到地球黄道偏心率40.5万年的长周期，其实这种长周期反映的是季风系统的盛衰。世界各地，尤其是中国古生代以来的地层中，都发现有40.5万年偏心率长周期造成的沉积韵律，说明低纬地区的水循环对全球气候环境起着调控作用，其被比喻为地球系统的“心跳”。如果顺着历史的进程从老往新看，就会发现这种周期性近500万年来一直稳定，只是随着第四纪北极冰盖的发育，海洋和大气环流受到干扰，从而破坏或者模糊了地质记录里的40.5万年长周期，这好比是地球系统的“心律不齐”。面对全球变暖的威胁，全世界都关心下次冰期何时来临，但是学术界还是只习惯于拿第四纪冰期旋回来说事。其实今天的地球正处在偏心率长周期的低值期，我们只有意识到当今地球系统的特殊性，才有可能正确预测下次冰期的时间。

水循环的地质历史证实了地球系统是在高、低纬相互作用下运作的，同样重要的是南、北半球的相互作用。现代的科学家主要分布在北半球，容易对南半球认识不足，误以为南极冰盖是一座不变的白色高原。其实南极冰盖有过巨变，地质历史上西南极冰盖就曾经一度全部消融，但是南北极冰盖的消长又并不同步。约50万年前南极冰盖剧增而北极不增，很可能正是这种南北不对称通过低纬洋流过程引发了大洋碳储库变化，导致40万年前北极冰期的转型，造成北半球的大冰期。因此，第四纪冰期的许多演变历史只看北半球是无法理解的。

主流观点认为，是北大西洋深层水的形成推动着“大洋传送带”，但是越来越多的证据说明南大洋才是主角。“大洋传送带”不是靠“推”而是靠“拉”。南半球最强的西风带驱动南大洋最强的上升流，拉动着“大洋传送带”。南大洋与三大洋相连，南极的变化可以通过千米深处的南半球超级环流直接影响亚热带环流。近百万年来，冰期旋回的两次气候转型很可能都是南极起因造成北极变化。南北极之间不仅在千年尺度上有“跷跷板”式的互动，而且现在看来北极冰盖转型的源头或许是在南极，全大洋经向环流的源头、全大洋最大的碳储库也都在南大洋。

新一代的气候环境研究正在打破传统古气候学的框架，以水循环和碳循环演变为基础，穿越高低纬度和南北半球的障壁，从全球系统的高度来理解不同地区的局部现象。回顾历史，冰期旋回轨道驱动的发现实现了地球历史研究从定性到定量的突破；轨道周期的研究从第四纪冰期向深时地质推进，发现了地球表层系统“心跳”的基本节律。这一方面为地质年代的天文计时提供了“音叉”，开创了天文地质年代学的新境界；另一方面，通过对其运行和破坏的研究，穿越暖室期和冰室期的界限，正在为地质历史建立起完整的气候演变理论。

3. 东亚－西太的海陆衔接

东亚和西太平洋的相互作用对全球的气候、沉积、构造演变等都产生着全方位的影响。东亚－西太作为世界最大大陆和最大大洋之间的衔接带，是当代地球系统运行的一条枢纽。板块构造学说从大洋中脊着手成功地揭示了海底扩张过程，但是对于深海沟俯冲带的研究却远不如大洋中脊。西太平洋是全球最大的俯冲带，集中了全球大部分的边缘海盆地，但它们的演变机制至今仍是板块构造学说中的未解之谜。近二十年来，我国圆满完成了“华北克拉通破坏”和“南海深部过程演变”两项国家自然科学基金委员会重大研究计划，借助地质学、地球物理学与地球化学等多学科手段，以空前规模探测了海陆两侧的深浅部构造，两项重大研究计划的科学结论都把进一步探索的目标指向太平洋板块的俯冲。

晚中生代以来华北克拉通逐渐失去了稳定性，开始出现大规模岩浆活动、岩石圈强烈减薄、裂谷盆地发育，以及强烈的地震活动。研究表明，西太平洋板块俯冲应是华北克拉通破坏的主驱动力。西太平洋板块高角度俯冲导致华北地壳伸展和岩浆活动；低角度或洋底高原俯冲造成地壳挤压和抑制岩浆活动。板块俯冲角度随时间的变化导致晚中生代华北克拉通伸展和挤压作用的交替，即燕山构造旋回。地震层析成像也揭示中—新生代西太平洋俯冲板块可能滞留在地幔过渡带，其导致的热构造过程深刻影响了上覆华北克拉通的稳定性。由此推论，华北克拉通破坏的主要驱动因素应该是西太平洋板块的俯冲作用。

在海洋方面，对南海深部的研究加上三次半南海大洋钻探航次对深海基底的探索，使南海成为深部基底研究程度最高的边缘海盆。按照原来国际流行的模式，南海深海盆的张裂归因于被动大陆的非火山型裂谷作用，与北大西洋的伊比利亚－东加拿大纽芬兰共轭边缘相似。但是由我国学者主持的大洋钻探得到的结果否定了前人的推论，提出了海盆成因“板缘张裂”的新假说，其与大西洋的“板内张裂”分属威尔逊旋回的不同阶段，是发生在大陆岩石圈不同部位的两种不同类型。这场学术挑战的实质问题是揭示在板块俯冲的挤压环境下板块如何发生张裂、如何产生裂谷盆地。这种机制至关重要，因为其既是解释西太平洋边缘海成因的钥匙，又回答了我国东部从松辽到南海油气盆地生成的原因。

据推测，华北克拉通破坏和南海深海盆张裂的深部根源都与东亚大地幔楔相关。中—新生代岩浆活动分析和层析成像结果一致指出，西太平洋板块的俯冲和在地幔过渡带的平躺导致东亚大陆之下形成了一个大地幔楔。中国东部大陆新生代玄武岩源区含有洋壳、水、沉积碳酸盐和岩石圈地幔的组分，说明东亚大地幔楔含有大量再循环物质。另外，大洋俯冲板片带入的水有利于地幔对流，从而促进西太平洋边缘海的海盆形成。

现在，对于南海新生代海洋地质已经获得了基本了解。然而，要了解南海裂谷作用的发生机制，必须探索华夏地块东侧中生代海洋如何演化到今日西太平洋海洋的构造格局。恢复俯冲带历史是一个巨大挑战，因为与俯冲带相关的岩石记录多被带入地幔深处，研究者只能根据保留在地球表面的残章断简进行解读。留在地表的记录一种是台湾、吕宋等岛屿的增生楔，里面含有未能俯冲下去的岩层碎片；另一种更重要的记录是留在现代海底的中生代残留洋壳。最近的研究揭示，台湾以东的花东盆地具有白垩纪洋壳，并非始新世西菲律宾滨海的一部分，因此其极可能是西太平洋区构造研究的“国宝文物”。花东海盆位于南海和西菲律宾海盆之间，应当见证了东亚－西太衔接带从中生代向新生代模式的转换过程，有可能成为揭示西太平洋边缘海演化之谜的切入口。

除了区域构造意义之外，东亚－西太的衔接在全球板块研究中也至关重要。长期以来，西太平洋是超级大洋的边缘，从古生代起就是板块俯冲带，数万公里长的板片在这里俯冲隐没，使得整个地区成为“板块的坟场”。这里是地质历史上超级大陆和超级大洋的交界，但一直是板块研究中的软肋或者缺口。威尔逊旋回研究重点在于超级大陆的聚合与崩解，其实超级大洋也有自己的演变历史，有待进行系统研究。近年来，关于增生造山带的研究证明，类似现在西太平洋的俯冲带曾经在超级大洋历史上多次出现。因此，东亚－

西太衔接的研究可望为板块学说的发展提供续集。

东亚－西太衔接的研究，不仅对了解东亚大陆构造与沉积环境至关重要，而且对矿产资源探测也具有重大意义。对西太平洋板块俯冲历史的研究不仅促进了华北东部大型金矿的勘探，而且创建了克拉通破坏型金矿的理论模型。我国陆相生油的理论研究也有待从海陆衔接的角度加以深入探讨。大庆、胜利等陆相油田的生烃层系里发现的有孔虫、颗石藻，是不是说明短暂海水入侵可以影响湖水化学性质，从而有利于烃源岩的生成？我国东部中—新生代含油气盆地多为裂谷湖盆，然而对于现代裂谷湖盆，无论是东非裂谷还是贝加尔裂谷，生物群性质及其与湖水化学的联系都缺乏研究。这方面研究的欠缺导致地质界错误地将生烃岩与表生湖的生物系统作比较。为此，需要在国际范围内研究裂谷湖盆，研究微体化石作为海陆相地层识别标志的适用范围，从新的湖泊学角度对陆相生油理论做进一步深入探讨。

板块俯冲、岩浆作用、深大断裂活动都会触发壳幔深部流体不断向浅表盆地传输。这些深部流体与沉积盆地围岩发生广泛的物理化学作用，进而影响油气形成或者单独成藏。探索深部流体与浅部油气的内在关系是研究圈层相互作用与资源效应的重要抓手。目前，除在洋中脊、温泉、火山口等构造位置发现与深部流体相关的热液石油、甲烷、氦气之外，在我国东部诸多沉积盆地油气藏中也发现这些油气资源富集成藏，如中国松辽盆地庆深气田的商业性无机烷烃气藏、塔里木盆地顺北热液石油、苏北盆地黄桥 CO_2－油耦合成藏和氦气藏等。由此可知，与深部流体活动相关的油气资源研究与探索，将是国际无机成因气（甲烷、氢气、氦气等）理论研究的前沿热点，也将是未来几十年新型油气资源勘探发现的重要领域。该领域面临的关键科学问题是：①深部圈层地质结构与幔源富挥发分深部流体形成机制；②非生物甲烷、氢气规模性聚集机制与富集主控因素；③氦气成因机制与规模性富集主控因素；④深部流体活动对成烃、成藏影响；⑤深部流体活动与东部地热分布。

三、进展与建议

进行地球系统科学的战略研究，既要掌握国际学术前沿的进展，又要全面了解我国的长处所在。为此，本次战略研究将以上三大方向分成了十个专题，先后动员了52家单位大约500人次参加研讨。研讨跨越了空间上的地球圈层，穿越了不同的时间尺度，实质性的学科交叉激发出不少新的思路，讨论了一系列从来没有提出过的新问题。本次战略研究虽然为时不长、规模不大，却发现我国地球系统科学界具有惊人的潜力去问鼎国际高峰。就气候环境而论，从黄土开始打响的第四纪地质界与以“金钉子”地层剖面和化石动物群享誉世界的地层古生物界联手，或者说从现代微型生物出发的生命科学界和地球化学界碰撞，都会激起头脑风暴，提出从未想到过的新问题。就构造演变而论，从找矿勘探发展起来有长期积累的陆地地质界和近二十年突飞猛进的海洋地质新生力量会师，或者说野外地质起家的地面研究和地球物理、地球化学的深部探索相结合，也都会使得双方的眼界大开，产生科学思想的飞跃。

战略研讨的结果是要在不同层次上，找出中国在地球系统科学上的突破点。这些突破点应当符合以下三方面或者其中某方面的条件：一是自然条件具有优势，二是已经有丰富积累的科学家队伍，三是学术上出现了新思想。上面讨论的重新认识海洋碳泵、水循环及其轨道驱动、东亚－西太的海陆衔接三大方向都具备这三方面的条件，当然具备条件的还不止这三大方向。例如，在地球深部与表层的相互作用方面，我国已经提出了“地球深部富氧活动”的突破性新认识，但其已经被纳入“地球深部”的战略研究范围，本书不再重复。

简单说来，地球系统科学战略研究的目的是找到当代学术前沿和中国实力优势的交会点，建议主管部门和广大学术界有意识地向潜在的突破口聚集，争取抓住地球科学向系统科学转型的时机脱颖而出，为国际科学界作出应有的贡献。一项战略研究是否成功，取决于其研究结果推广落实的程度。研究报告既可以被束之高阁，也可以被当作研究实践的指南。关于本次研究成果的推广落实，建议考虑下列措施：

1）战略研究的成果报告应当广为传播，除了印发报告外，还可以开展各种形式的研讨，但务必打破传统的学科分界，形成新型的交流渠道，讨论新型的科学题目。

2）围绕新观点、新假说，推进国家层面的研究主题，既可以设立项目进行专题研究，也可以以某一假说、观点为核心，形成一系列殊途同归的题目，分头研究。

3）将我们凝练出来的战略题目推向国际，举办各种规模的国际会议，成立国际工作组，力求在国际学术界逐步推出由中国科学界提出的研究主题。

地球系统科学是科学的转型。我国地学界应当珍惜时机，力争通过一段时间的努力，在我国建立起引领国际的学术新方向。

Abstract

Here is the final report of the Strategic Research Group on "Earth System Science (Energy, Environments and Climate) for 2021—2035", jointly mandated by the National Natural Science Foundation of China (NSFC) and the Chinese Academy of Sciences.

1. Task of the strategic research

Earth system science should not be considered as a new discipline, but a new research approach to the Earth, which upgrades Earth science to a new level of system science. Worldwide, the system approach to Earth science was initiated in the 1980s when the "global change" program augmented in a search for the missing carbon released into the atmosphere from fossil fuel burning. Scientists began to trace the global carbon cycle across the atmosphere, ocean, vegetation and soil, and for the first time to explore the interactions between various sub-spheres on the Earth's surface. Since the 2000s, the endeavor has extended temporally beyond the human dimension into deep time in geology, and spatially penetrated into the Earth's interior, generating the new concept of the "planetary cycle". In essence, Earth system science represents a regime shift in Earth science, a fundamental transition from reductionism to integration, from qualitative to quantitative approach, and from phenomenological description to mechanism exploration.

Interestingly, the transition in global Earth science happens to occur in parallel with China's reform and opening-up, and China has played an active role in the "global change" international program from its beginning. Currently, China possesses the world's largest scientific contingent and ranks first in the number of scientific publications. Now China is confronted with a radical transition in its scientific development. Just like the economy, science has already globalized in the modern world, but the international division of labor is not equal: scientists from developing countries mainly share the labor-intensive part of research and provide data, while the deep processing of the data and the resulting scientific innovation belong to scientists from developed countries. Despite the world-largest number of scientists and the highest rate of development, science in China has not yet gotten out of the style of developing countries and urgently needs a transition from "data export type" to "deep processing type". Specifically, Chinese scientists do produce high-quality outputs and publish papers in high-impact journals, but in general are not yet in the position to assign research topics, or to reach in-depth conclusions from the data.

The task of this strategic research is to find a way to combine the regime shift in global Earth science with the transition of science in China and to identify the route of its implementation. Compared to empirical sciences, provincialism is more common in Earth science. Since Earth science was born in Europe, it can't be free from its birthmark, or so-called Eurocentrism, in its development. Quite a number of "classical concepts" popular in the international mainstream are not necessarily universal and applicable to China; thus they should be critically re-examined in the spirit of independent thinking and innovation. Contrary to the long-term following and imitation, Chinese scientists should be encouraged to be critical thinkers and creative explorers. The time is ripe for finding out the specific features of our nature and the advantages of our scientific community, to change the course of development and finally to create a Chinese school in Earth science research.

Given the broad scope of Earth science, this strategic research is unable to cover all of its numerous fields. Instead, we focused on a few significant topics of great theoretical and practical significance where China has its advantages. Notably, Chinese scholars have contributed remarkably to the fields of climate change and tectonic evolution in recent years and enjoyed an international reputation in these fields. They have come out with several new concepts or hypotheses to challenge traditional wisdom. As these concepts and hypotheses mostly span across disciplines, sub-spheres and time scales, joint efforts are required to ensure their success. If our Earth scientists from different research fields can join up to focus on the same major topics and its attack, the fortress of science, scientific breakthroughs and landmark contributions from China are expected.

In consequence, our strategic research is targeted at three key points with potential for scientific breakthroughs: (1) revisiting the marine biological pump; (2) hydrological cycle and its orbital forcing; and (3) ocean-continent connection between the Pacific and Asia.

2. Revisiting the marine biological pump

The carbon cycle is a focal point in Earth system science, and the ocean holds the key to its understanding. Carbon is unequally distributed in the ocean, with the major carbon reservoir in the deep part. About 40 years ago, scientists started to explore how carbon is transferred from the surface to the deep ocean, and it was found that the transfer was more intensive in the glacial stage than that in the interglacial stage. Later, the concept of a “marine carbon pump” was proposed to include a carbonate pump, solubility pump and soft-tissue pump. The first two pumps deal with inorganic carbon and their operation mechanisms have been largely clarified over the past decades. The soft-tissue pump, however, is more complicated, as it involves the entire process from the organic-carbon production by phytoplankton to the sink of particle organic carbon (POC) at the sea bottom. Nevertheless, the concept of biological pump has become increasingly significant in paleoclimate studies as it largely accounts for the atmospheric CO_2 variations in the glacial cycles.

The 1980s decade witnessed two world-shaking discoveries in marine science: pervasive microbial photosynthesis and the predominance of dissolved organic carbon (DOC) in the ocean. It turns out that marine life is dominated by the photosynthetic microbes which make up 90% of the biomass in the ocean, and 90% of the organic carbon in the ocean consists of DOC. Moreover, 90% of DOC in the ocean is refractory in nature and can be stored in ocean water for thousands of years without participation in carbon cycle, potentially providing one more technique for carbon sequestration. All the discoveries resulted in a new concept of "microbial carbon pump" which was proposed over a decade ago by a Chinese-led group of international scientists. They found two ways of carbon sequestration in the ocean: a biological pump transports POC to the sediments, and a microbial pump stores refractory DOC in the water column. As a result, the organic carbon in the ocean undergoes either rapid cycling as POC or slow cycling as DOC, through biological vs microbial carbon pumps.

This new discovery led to a breakthrough in the knowledge of carbon cycling. In the modern ocean, refractory DOC offers potential carbon storage, and on the long-time scale, it can renovate our understanding of the carbon cycle in the geological past. By tracing back the biological pump evolution in the geological history, there were only microbes in the ocean at the dawn of life, and the oceanic carbon reservoir was overwhelmingly dominated by DOC. Later, the emergence of eukaryotic phytoplankton brought about POC to the ocean, and the oceanic carbon reservoir has been changing its composition in pace with biological evolution. History knows many examples of how carbon cycling co-evolves with the biosphere, ranging from the microbial contribution to oxygenation of the atmosphere, to biotic response to hyperthermal episodes in climate. In addition, the discovery of the two carbon pumps, biological and microbial, is significant both in resource and environmental studies, as it affects not only the CO_2 concentration, but also the hydrocarbon accumulation.

The POC/DOC ratio is a crucial variable in the Earth system. The ratio increases with the activization of the hydrological cycle and enhanced nutrient supply to the ocean, and vice versa, causing the climatic response to the changes in oceanic carbon reservoir. An example is the Arctic ice sheet that wanes and waxes in the glacial cycles. The amplitude of its size variations drastically increased 0.9 and 0.5 million years ago, presumably caused by changes of balance between the biological and microbial carbon pumps. Indeed, according to the South China Sea (SCS) records, both events were preluded by major changes of the POC/DOC values in the ocean. The finding led to a new "DOC hypothesis" proposed by Chinese scholars: the long-term changes of oceanic carbon reservoir across glacial cycles were responsible for the transition to enhanced amplitudes of glacial/interglacial cycles.

In the course of geological history, the photosynthetic uptake of CO_2 has improved with the evolution of life, and the biological pump has tremendously increased its efficiency. After the appearance of photosynthesis, eukaryotic algae arose before ~3 billion years ago, and the POC storage started to grow in the ocean. The Mid-Mesozoic Revolution, with the proliferation of calcareous plankton around 0.2 billion years ago, heralded the development of a responsive deep-sea carbonate sink in the ocean that can directly modulate the atmospheric CO_2. In sum, the history of the climatic environment is to be reinterpreted from the point of view of the biological pump evolution.

Because the density of organic matter is close to that of seawater, and hence organic carbon can hardly sink to the deep sea on its own, minerals play a vital role in its transport to the sea bottom. Accordingly, the biological pump can increase its efficiency with the help of ballast minerals, and the interactions of organic matter with clay minerals and iron oxides. The evolutionary appearance of biogenic minerals in phytoplankton exerted a great influence on the biological pumps by the ballast effect of the calcareous and siliceous skeletons. Thanks to the capacity of interlayer preservation of organic matter, clay minerals can promote carbon sinking in the biological pump by mineral-organic interaction. Besides, Fe-oxides can also contribute to the biological pump by their association with organic matter and facilitate their sinking through absorption and coprecipitation. All these processes can be named as "mineral pumps" of organic carbon, and the marine carbon pump should be considered as a combination of biological, microbial and mineral pumps. Obviously, this vital component of Earth's history is to be investigated in the framework of Earth system science.

The significance of organics-mineral interaction is not limited to the climate-environmental studies. It also indicates a new development direction in petroleum resource investigation. In fact, the source rock of oil and gas is nothing else but a combination of organic matter with minerals, and the formation of giant oil fields is closely related to the organic matter-mineral interactions. Consequently, the marine biological pump research is of great value for the practice of energy explorations.

3. Hydrological cycle and its orbital forcing

The 20th century was featured by two major discoveries in Earth science: the plate tectonic and the Milankovitch theory about the orbital forcing of glacial cycles. According to the theory, the global climate changes in glacial cycles have been driven by the boreal high-latitude processes. These concepts became accepted wisdom in paleo-climatology, but now they are challenged by recent discoveries. In the last decades, Chinese scholars have made a series of important advances in the field of orbit-scale climate change research, especially on the basis of speleothems in East Asia and deep-sea records from the SCS.

The Earth's climate system is driven primarily by solar insolation and pervaded by the hydrologic cycle, i.e., transitions of three water phases: ice, liquid water, and vapor. The liquid-solid transition prevails in high-latitude areas, while the vapor-water transition dominates low-latitude areas. Both processes are important but not equal, as the energy involved in the vapor-water transition is seven times higher than that in the liquid-solid transition. In the modern climate, low-latitude processes are more variable than their high-latitude counterparts, the monsoon rain, for example, which makes up only 31% of the global precipitation, but is the greatest variable in the global hydrological cycle. All these led to a new concept of "low-latitude forcing" of climate changes, which confirms that the orbitally-forced climate changes are not limited to the high-latitude processes of glacial cycles, but also manifest as cyclic changes in low-latitude hydrologic processes such as monsoon cycles. In addition, the icehouse climate is a characteristic of only a minor part of the Earth's history, and significant climate changes in an ice-free world can be dominantly driven by the low-latitude processes only.

With technical progress in paleoclimatology, the high-resolution climate records extended back to the Paleozoic Era enabled us to study the history of the hydrological cycle on the background of plate tectonic and life evolution. An example is the Carboniferous Period over 300 million years ago when the excessive flourishing of rainforests buried tremendous amounts of organic carbon, largely exhausted atmospheric CO_2, and finally resulted in a new icehouse climate. Later, the Pangea supercontinent generated a “mega-monsoon” climate with extreme aridification in its western part, and the vegetation retreat helped to return back to the hothouse climate. Another example is the formation of several Large Igneous Provinces in the Mesozoic. The enormous amounts of CO_2 released by volcano-magmatic activities benefited the development of a super-warm and humid climate, causing unusual flooding in continents and anoxic water in the ocean.

Actually, the development of bipolar ice sheets in the Quaternary is unique in the Phanerozoic, but explains the specific features of its climate cyclicity. One of the insoluble problems in the classical Milankovitch theory is the absence of 405-kyr long-eccentricity cycles in paleoclimate records of the Quaternary. It turned out that this long-term cycle is nothing else but the fluctuations of the monsoon system, and now the 405-kyr long-eccentricity cycles were pervasively found in the Paleozoic and subsequent deposited worldwide, particularly in China. As sedimentary rhythms, the long-eccentricity cycle is indicative of the modulation of global climate by the low-latitude hydrologic processes and hence is likened to the “heartbeat” of the Earth system. The 405-kyr cycle has been fairly stable over the last 5 myr in paleoclimate records, but was disturbed or obscured in the last 1.6 myr by the reorganization of oceanic and atmospheric circulations with the rapid growth of the boreal ice sheets, comparable to “arrythmia” of the Earth system. As the Earth is now passing through a new eccentricity minimum stage in the 405-kyr cycle, it is crucial to decipher its impacts on ice-sheet changes. It is impossible to scientifically predict when the next ice age comes without understanding the impacts of the long eccentricity cycle on the Earth system.

Another aspect is the hemispheric asymmetry. Along with the high and low latitude interactions, the hydrological cycle also operates with interactions between the Northern and Southern Hemispheres. Due to the uneven distribution of the world scientific community, the Southern Hemisphere remains poorly explored in many aspects, and quite often the Antarctic ice sheet is mistaken for an unactive "white massif". In fact, the Antarctic ice sheet has gone through numerous major events, for instance the western Antarctic ice sheet was entirely melted for a time. However, the wax and wane of the ice sheets of the two hemispheres may be decoupled, and the hemispherical asymmetry can result in significant climate events. Most likely, the abnormal growth of the Antarctic ice sheet 0.5 million years ago modified the oceanic circulation and carbon cycling, and then resulted in a drastic increase of boreal ice sheets in size around 0.4 million years ago. Therefore, many climate events in the glacial cycles can't be understood by considering the Northern Hemisphere only.

This also applies to the ocean. According to the accepted wisdom of the Milankovitch theory, the North Atlantic is central to the global climate as the North Atlantic deep water drives the global climate changes through the "great conveyer belt" of the world ocean. But there is mounting evidence that the key role of the meridional overturning circulation belongs to the Southern Ocean upwelling. The westerly wind in the Southern Hemisphere induces the globally strongest upwelling in the Southern Ocean, and the "great conveyer belt" is driven by the upwelling rather than the deep water of the North Atlantic. Moreover, the three oceans of the world are interconnected with the Southern Ocean at intermediate depths, and the Antarctic climate signals can be propagated to the oceanic subtropical gyres through this "Southern Hemisphere Super-gyre" around a kilometer depth. It is most likely that the two transitions of the Arctic glacial cycles over the last million years have an Antarctic origin. Apparently, the hemispheric interconnection is much more than the "bipolar seesaw" at the millennial time scale but is embodied in various aspects of glacial cycles. Not only the "Mid-

Pleistocene Transition" of glacial cycles was triggered by the Antarctic event, the Meridional Oceanic Circulation also has a southern origin, and even the largest global carbon reservoir is located in the deep Southern Ocean.

In sum, further climate research should be based on the evolution of hydrological and carbon cycles, as well as the interconnections between high/low latitudes and between two hemispheres. By looking back, the discovery of orbitally-forced glacial cycles has introduced quantitative approaches to paleoclimatology, and the extension of orbital cycles into deep time has revealed the fundamental rhythm of the Earth system. Eventually, the ultimate goal of all these efforts is to build up a general theory of climate evolution to cover all the icehouse and hothouse regimes.

4. Ocean-continent connection between the Pacific and Asia

The Asia-Pacific interconnection, as that between the largest continent and largest ocean, is key in the Earth system, and the interactions between East Asia and West Pacific exert all-side influence on the global climatic, sedimentary and tectonic evolution. In terms of tectonics, the mid-ocean ridge was a clue to the plate tectonic theory showing that the seafloor is spreading, yet much less attention has been paid to the subduction zone in deep trenches. In the modern world, the largest subduction zone is in the West Pacific where most of the marginal sea basins are located, but their formation mechanisms remain a mystery in the plate tectonic theory. In the last 20 years, the NSFC successfully completed two major research plans "Destruction of the North China Craton" and "Deep Sea Processes and Evolution of the SCS", or "the SCS Deep" for short, and unprecedently large-scale explorations both onshore and offshore generated numerous discoveries and new concepts. As a follow-up study, the Pacific Plate subduction should become the next focus of the communities.

Since the late Mesozoic, the North China Craton has gradually lost its stability, accompanied by large-scale magmatism, lithosphere destruction, rift-basin formation and intensive earthquakes. As indicated by the research outputs, the destruction of the North China Craton was primarily driven by the Pacific subduction. High-angle subduction induced the extension of the North China crust and active magmatism, and low-angle subduction led to crustal extrusion and suppressed magmatism. Furthermore, the variations of the subduction angle were responsible for the alternation of extension and compression in the craton during the late Mesozoic, known as the "Yanshan Movement". According to seismic tomography, the subducted Meso-Cenozoic slabs stagnated in the mantle transition zone, and their thermal tectonic processes greatly influenced the stability of the overlying North China Craton.

On the ocean side, three and a half International Ocean Discovery Program (IODP) expeditions were implemented in the SCS in cooperation with "the SCS Deep" plan to explore its opening processes. Traditionally, the origin of the SCS deep basin was assigned to non-volcanic rifting of passive margin, similar to the Iberian Basin of the North Atlantic, and the IODP expeditions were designed to test whether the Atlantic model of basin formation is applied to the SCS. But contrary to the expectations, the drilling results did not support the Atlantic model in the SCS, and a new model of "plate-margin rifting" for the SCS origin was proposed by Chinese scholars. Their hypothesis distinguished two rifting types of basin formation: the "intra-plate model" for the Atlantic and the "plate-edge model" for the SCS, and the two rifting types of basin formation occur in different parts of the continental lithosphere, and at different stages in the Wilson cycle. The core of the new hypothesis is the basin rifting under compression conditions of the subduction zone, or simply "divergence in convergence". The significance of this new concept goes far beyond the theoretical exploration of the marginal seas, as it could provide the key to deciphering the origin of petroleum basins in China ranging from the Songliao Basin in the north to the SCS in the south.

Both the destruction of the North China Craton and the rifting of the SCS basin are believed to have a deep root related to the big mantle wedge of the East Asia region. The Pacific slabs subducted and stagnated in the mantle transition zone, and the big mantle wedge was formed above the slabs with rich recycled volatile components that facilitate the intraplate volcanism and the formation of marginal basins.

Now after the acquisition of the outlines of the SCS Cenozoic geology, the next step is to explore the driving forces and mechanisms of its basin rifting. The key to the question lies in the transition of the Mesozoic Pacific to the modern ocean, although the Mesozoic plate has completely subducted beneath the East Asian continent. Nevertheless, evidence suggests that a remnant of this Mesozoic ocean is still preserved in the Huatung Basin in the east of Taiwan, between the SCS and West Philippine Sea Basin. The ocean drilling of the Huatung Basin will provide a unique opportunity to shed light on the Mesozoic history of the Asia-Pacific interactions.

Along with regional interest, the connection between the Pacific and Asia enjoys a high priority in global plate tectonic research. As a superocean margin, the West Pacific has been a region of long-lived subduction perhaps since the Paleozoic where tens of thousands of kilometers of lithosphere slabs have subducted, turning the region into a “slab graveyard”. Throughout the geological history, here stretches the boundary between the supercontinent and superocean, yet it remains a weakness if not a missing link in the plate tectonic studies. Research around the Wilson cycle is practically focused on assembly and breakup of supercontinent, but superocean also has its own evolution history and tectonic cycle which awaits further investigations. The recent research on accretionary orogeny has shown mounting evidence that the West Pacific-style subduction zone has repeatedly occurred in the geological history. Our research on the Asia-Pacific connection, therefore, will continue to move forward with the plate tectonic theory.

In addition, the Asia-Pacific connection is also crucial to the prospecting and exploration of energy and mineral resources. The research progress in Pacific plate subduction, for example, has contributed to the exploration of large gold concentration in North China and to the new model of decratonic gold deposition. Meanwhile, the paleolimnological and paleogeographical findings in the region have shed new light on the terrestrial facies theory on the origin of petroleum.

And last but not least, deep mantle volatiles affected the formation of oil and gas or separate accumulation of special gas components in the region. In view of the extensive physical and chemical interactions between deep volatiles and surrounding rocks of sedimentary basins, it is important to understand the internal relationship between deep volatiles and shallow oil and gas accumulation. Special resources related to deep volatiles, such as CH_4, H_2, and He are observed in the mid-ocean ridge, hot spring, volcanic crater, etc. In recent years, these special resources are also discovered in many sedimentary basins in China, such as Qingshen commercial inorganic alkane gas pool in the Songliao Basin, hydrothermal petroleum pool in the Shunbei area in the Tarim Basin, Huangqiao deep CO_2 and oil coupling pool in the Subei Basin, as well as He-bearing gas pools in certain basins. So, the research and exploration of special oil and gas resource related to deep volatiles will be an international hotspot, and also an important field of new resources exploration in the coming decades. The key fundamental scientific issues are as follows: (1) the geological structure of deep spheres and the formation of mantle-derived volatiles; (2) the large-scale accumulation and main controlling factors of abiogenic CH_4 and H_2; (3) the mechanisms and main controlling factors of large-scale enrichment of He; (4) the influence of deep fluid activity on hydrocarbon generation and accumulation; (5) deep fluid activity and geothermal distribution.

目　录

第一章

前沿领域总论

第一节　地球科学的变革：从分散到系统

一、从全球变化到地球系统

地球科学的产生是应用驱动的，找矿产生了地质学，航海引来了海洋学，气候灾害催生了大气科学，因此它们研究的对象和空间都有局限性。20 世纪 60 年代诞生的卫星遥感为人类带来了全球视野；80 年代提出的全球变化要求穿越地球表层的各个圈层。为了追踪人类排放 CO_2 的去向，科学界“上穷碧落下黄泉”，从大气、海洋到植被、土壤进行跨圈层的全球大清查。21 世纪初，学术界根据研究的需求进一步向时空伸展，将地球表层看作整体，从宇宙大爆发追踪到人类智能的产生，出现了研究“地球系统科学”的新方向。

将地球当作整体的研究思想其实早已产生。200 年前德国的洪堡（Alexander von Humboldt，1769—1859 年）就提出过“地球总物理学”的概念，认为全球的大气、海洋、地质和生物有着相互联系，应该连接起来观测和研究（Jackson，2009）；近百年前，苏俄科学家维尔纳茨基（В. И.

Вернадский，1863—1945 年）提出“生物圈”和“生物地球化学”的概念，首次将生命活动视作地球化学过程，打破了生命科学和地球科学的界限（Вернадский，1993）。然而，地球系统科学却要等到 20 世纪 80 年代，在全球变化研究和卫星遥感技术的大背景下才能产生。1983 年，美国国家航空航天局（National Aeronautics and Space Administration，NASA）任命以布雷瑟顿（F. Bretherton，1935—2021 年）为首的专家委员会，为地球观测卫星的投放提供科学咨询，同时也为美国国家科学基金会（National Science Foundation，NSF）地球科学的长期（1995～2015 年）发展方向提供参考（Conway，2008）。作为研讨的结果，专家委员会接连发表了两份发展“地球系统科学”的战略研究报告（NASA，1986，1988），其中标志性的亮点是著名的布雷瑟顿图（Bretherton diagram），其展示了大气、海洋、生物圈之间的物理和生物地球化学的相互作用（图 1-1）（NASA，1986）。

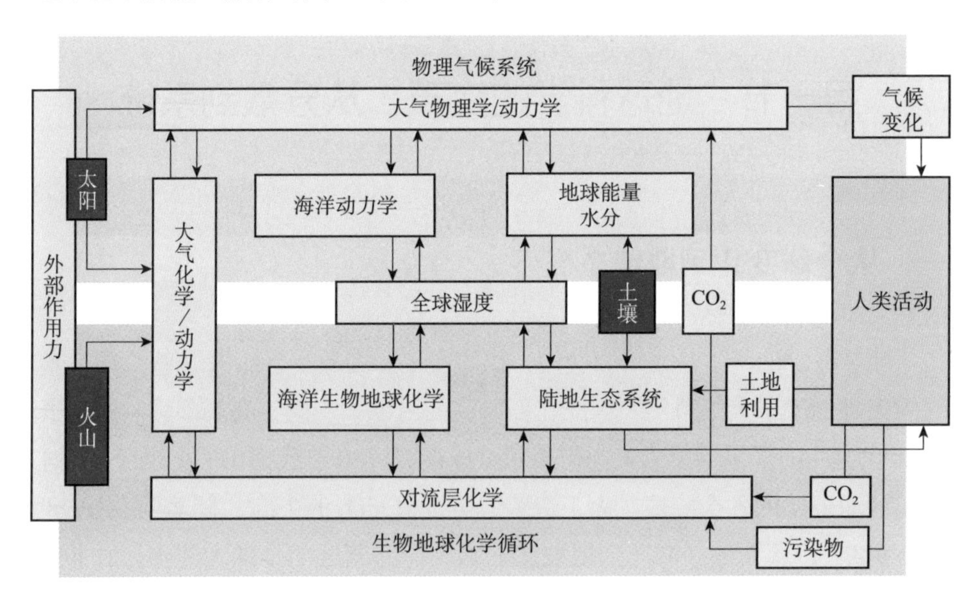

图 1-1　布雷瑟顿图（NASA，1986；集智俱乐部译）

“地球系统科学”的提出在全球产生广泛影响。1996 年美国决定将地球系统科学加入大学的教学计划，2003 年研究全球变化的四大计划又联手建立了地球系统科学联盟（Earth System Science Partnership，ESSP）。欧洲航天局（European Space Agency，ESA）制定了“变化中的地球”（The Changing

Earth）计划，针对海洋、大气、冰盖、陆面和固体地球提出了 25 个科学问题，并进行长期观测（Fernández-Prieto et al.，2013）。学术界逐步意识到地球是一个整体，牵一发而动全身。原来分头描述地球上各种现象的学科，正在系统、科学地高度结合，成为揭示机理、服务预测的“地球系统科学”。回顾四十余年来，地球系统科学的发展为人类当前生存环境的研究作出了重要贡献，产生了诸如“人类世”（Anthropocene）、“引爆点”（tipping points）、“行星边界框架”（planetary boundary framework）等新概念，向人类社会的可持续发展提出警告（Steffen et al.，2020）。然而，与地球系统相比，人类活动的时间尺度实在太短，真要系统理解整个地球的运行和演化，必须打破时空的局限性。2001 年，英、美两国地质学会在爱丁堡联合举办“地球系统过程”国际大会，将地球圈层相互作用的研究从人类尺度拓展到地球的整个历史。

二、依靠技术进展拓宽视野

地球系统的特点就在于多尺度的纠缠。我们研究的地球系统里，既有宇宙大爆炸留下的 138 亿年前的残余微波辐射，又有每十分钟繁殖一次的海洋细菌，地球系统是一个不同时空尺度层层叠加、相互交织的复杂系统。人类在地球表层经受的变化，其驱动力往往在表层之外，既有受地球内部地幔环流驱动的板块运动，又有地外星体运动影响造成的气候变化周期。因此，地球系统科学要求有宽阔的视野，拓展研究的时空尺度，形象地说就是要“上天，入地，下海”。

随着分析技术和航天技术的发展，当前的地球系统科学已经推进到地球演化的早期。正是探月工程和月岩分析揭示了早期岩浆海的存在和“后期重轰炸期”（Late Heavy Bombardment）的影响。借助于地球化学和地球物理的新技术，目前的研究已经能够从俯冲板片或者变质岩里提取原始的地质信息，从而再造地球系统的演变过程，锆石同位素测年就是一个例子。花岗岩里的锆石含有铀、钍，可以通过同位素测年得出岩浆岩形成的年龄，然而锆石的化学性质稳定，高温变质、风化搬运都改变不了同位素成分，甚至俯冲后随火山作用返回的锆石也能给出最初的结晶年龄，因而能为古大陆形成提供年龄依据（Voice et al.，2011）。古大洋的板块已经俯冲隐没，但是进入地幔深处的板片由于地震波传播速度不同，可以通过地震层析成像的方法，检测出俯冲板片的位置和形状，进而推断古大洋的俯冲经历，甚至追踪全球的地幔环流（van der Hilst et al.，1997；van der Voo et al.，1999）。这种技术进步当然不限于地球的固态圈层，大气圈的平流层中 O_2、O_3 和 CO_2 之间的光化学反应会产生 ^{17}O 的非质量分馏信号，该信号进入对流层形成 ^{17}O 的同位素（$\Delta^{17}O_{O_2}$）异常，而大气 CO_2 浓度和 $\Delta^{17}O_{O_2}$ 线性相关，因此硫酸盐的三氧同位素分析（^{16}O-^{17}O-^{18}O）能够反映大气层的成分，如根据 ^{17}O 的同位素异常发现新元古代“雪球地球”（snowball earth）融化后的返暖期，大气 CO_2 浓度曾达到 7 亿多年来的最高值（Bao et al.，2008，2016）。

在新技术武装下，地球系统科学正在向深度（地球内部和地球早期）和广度（地外星球）进军，其和天体生物学（astrobiology）也有密切的联系（Kasting，2013）。这并不是在地球科学目录里又增添了一门新学科，而是将整个地球科学提升到系统科学的高度，推进地球科学的转型。科学发展并不是等速运动，而是通过量变的积累引起质变，最终实现飞跃。地球科学就是这样，19 世纪进化论战胜神创论，20 世纪活动论战胜固定论，这些都是地球科学的革命，而地球系统的出现很可能标志着 21 世纪地学革命的来临。将地球看作整体，是人类认识上的革命。如果说 17 世纪发明望远镜，从地球向外看，终于使“日心说”取代“地心说”；那么 20 世纪产生的遥感和各种新技术，就像一架“显宏镜”（macroscope），看到了整个地球系统，被比喻为“第二次哥白尼革命”（Schellnhuber，1999）。不同的是，哥白尼革命涉及的天体运动属于物理过程，而地球系统涉及从物理、化学到生命科学的复杂过程，科学界想要理解地球系统运行和演变的规律，仍面临着难度空前的挑战。

三、寻求地球科学自己的理论

回顾 20 世纪 80 年代大气科学界发起的全球变化研究，不出二三十年就导致“碳外交”的国际角力，使其成为科学史上第一个由科学家引起的外交斗争。既然触动了政治和经济的利益，科学研究就必然受到非科学因素的干扰（《全球变化及其区域响应》科学指导与评估专家组，2012）。同样，地球系统科学的发展并非一帆风顺，一开始就有人质疑“地球系统”的概念本身，担心这门“超级学科”会排挤本来就是跨学科的地理学（Pitman，2005），或者担心这类新名称会损害环境科学的地位（Clifford and Richards，2005）。其实，这些担心都小看了地球系统科学，这不是“老店新开”、旧学科的新招牌，而是促使地球科学转型、去探索自己理论的新方向。

什么是地球科学的理论？板块学说和米兰科维奇理论在得到证实以后都已成为地球科学某个分支的“理论”，但是有没有地球科学整体的理论？其实地球科学的不同学科各有各的定律，但分析起来，不外乎是物理、化学等兄弟学科在地球科学中的应用，古生物学也是生命科学向地质时期的延伸。那么地球科学有没有自己的理论？地球系统过于复杂，不大可能用牛顿定律或者门捷列夫元素周期表这样简明的基础理论加以概括，但是必然会有地球系统运行、演变的自身规律（汪品先，2003），这种规律可能就是地球科学所寻找的理论。地球系统是生命世界和无机世界的交融，其运行和演变不能单靠物理化学过程来解释。热力学第二定律是万能的，但是生物的新陈代谢过程和生物界越来越复杂的演化趋势，就不能简单地用热力学理论解释，以至于生命科学界提出了“负熵”（negative entropy）和“反熵”（anti-entropy）的概念（Bailly and Longo，2009）。

地球科学整体的理论，必须是能将物理世界和生物世界连成一体的学说，其中一种有趣的尝试就是“盖娅”（Gaia）假说。20 世纪 70 年代，英国化学家洛夫洛克（James Ephraim Lovelock，1919—2022 年）从生命活动和大气成分相互关系出发，提出了大胆的假设：地球本身就是一个具有自我调节能力的巨大有机体，并且借用希腊神话中地神盖娅的名字，称为盖娅假说（Lovelock，1972）。这项假说得到了美国微生物学家马古利斯（L.Margulis）从生物学角度的支持和发展，正式为地球表层系统的演变提出了崭新的也必然引起争论的盖娅假说（Lovelock and Margulis，1974）。洛夫洛克后来在科普性的表达中，又进一步把他的学说称为地球生理学（geophysiology）（Lovelock，1995），甚至行星医学（planetary medicine）（Lovelock，2000），认为地球犹如有机体，出了问题能够自愈。

盖娅假说的提出，在地球和生命科学界同时引起了震动，地球怎么成了一个生物？然而，从地球系统科学的角度，盖娅假说不失为理论突破上的一次重要尝试。到目前为止，认为整个地球具有自我调节气候能力的看法仍是一个未经证实的假说。至于地球通过什么机制调节，更是有待研究的主题。一种有趣的观点是生物群共生（symbiosis）的理论，这是前述共同提出盖娅假说的微生物学家马古利斯的主张。她的学生把盖娅假说比喻为从太空看到的共生现象，把整个地球上的生物圈看成一个共生体。总之，对于21世纪气候变化的争论来说，地球表层系统的运作机制应该是它的本质问题，也是这场争论结果可以预料的归宿。但是这类历史大争论的时间往往要有世纪的尺度（Sherwood，2011），建立一个能够解释地球系统运行和演化机制的理论还需要经过漫长的道路。

第二节　我国的地球科学：从模仿到转型

一、发展历程与历史弱点

现代科学来到中国的第一个高潮就是晚清的洋务运动，其采用西方的技术"以夷制夷"，其中开矿办厂属于重点，地质探矿是当时的急需，因此固体地球科学获得优先发展。光绪年间，先有江南机器制造总局出版的由华蘅芳笔述的译著《金石识别》（1872年）和《地学浅释》（1873年），后有周树人发表的《中国地质略论》（1903年）和《中国矿产志》（1906年），它们首开中国地球科学之先河（黄汲清，1982）。辛亥革命前夕，三位地质学留学生章鸿钊、丁文江、李四光被授予"格致科进士"，这更是地质科学获取政治和社会地位的标志。流体地球科学在中国的产生要晚得多，这也造成了固体地球科学长期以来一家独大的局面。

然而，现代科学在中国的发展并不顺利。现代科学在欧洲产生，所以现代自然科学在中国的出现属于"西学东传"，主要的传手早期是传教士，后来是留学生。但当时引进"西学"只是"为用"，不允许触动"中学为体"的传统，必然导致重皮毛而轻精髓。表面看来，移植、照搬是引进科学的捷径，欧洲有的中国也有，欧洲的结论也是中国的结论，学科引进一蹴而就，也就是停留在模仿的水平。由于各门自然科学中，地球科学最具有地区性，因而简单的引进也很容易造成误导。例如，阿尔卑斯山的巨石由大陆冰川搬运而来，为大冰期提供了证据；而华南庐山的巨石却是泥石流的产物，不能用作冰期的证据，照搬就会出错。

回顾自洋务运动起到改革开放前大约一个世纪里，中国先是战乱不断、后是遭受封锁，地球科学界顶着恶劣的大环境依然取得了卓越的成就。尤其值得称道的是在战略层面，屡屡有学者提出新的发展方向。早在 20 世纪 50 年代，尹赞勋（1959）就主张拓宽研究视野，提出了“上天，入地，下海”的口号；70 年代末至 80 年代，叶笃正积极参加全球变化科学组织国际地圈－生物圈计划（International Geosphere-Biosphere Programme，IGBP）的创立，推动我国气候变化的研究；2002 年庆祝中国地质学会成立 80 周年的大会上，中国科学院地学部提出要加强交叉学科和多学科研究，朝着地球系统科学的方向前进（孙枢，2002）。

中国科学院和国家自然科学基金委员会地球科学部，在其战略研究中明确地球系统科学是 21 世纪的学科发展方向。它们在世纪之交的展望中，提出要从地学大国走向地学强国，要通过地球各圈层相互作用的研究形成整体性的地球系统科学（中国科学院地学部“中国地球科学发展战略”研究组，1998，2002）。国家自然科学基金委员会在“全球变化及其区域响应”十年研究成果的总结中，提出要从地球系统科学的高度、在更大的时空范围内研究变化机理，力争在基础理论上有所突破（《全球变化及其区域响应》科学指导与评估专家组，2012）。

在这样的大背景下，地球系统科学近十余年来在我国迅速发展，不少研究机构和高校纷纷成立地球系统科学研究单位，设置地球系统科学课程，出版地球系统科学专著和教材。上海每隔一年举办的地球系统科学大会中，参会者从 2010 年的约 500 人猛增到 2021 年的 2000 余人，地球系统研究已经出现燎原之势。与此同时，也难免出现误会，如一度有人以为各门地球科学加起来就成为地球系统科学，或者把遥感科学、数值模拟当作地球系统科学。“地球系统模拟器”一类超级计算机系统，无疑是研究地球系统科学的重大设施，不过研究手段不等于科学本身。地球系统科学以地球各圈层观测试验和分析为基础，遥感和计算技术都是不可或缺的研究方法。现在我国地学界已经取得共识，地球系统科学不应当理解为各门地球科学的叠加，而是探索其圈层相互作用、整合其各种学科、将地球作为一个完整系统来研究的学问，在时间上正在从当前的全球变化向地球演化的早期推进，在空间上正在将地球表层与地球内部过程连接起来研究（汪品先等，2018），而这也就是“未来地球科学的脉络”（郭正堂，2019）。

二、区域特色与科学转型

如上文所述，地球系统科学可能是21世纪地学革命的方向。由于历史的原因，中国错过了19世纪进化论和20世纪活动论的革命战役，我们的科学家对此愧无贡献。21世纪的地学革命正值我国改革开放、华夏振兴之际，中国地学界能不能为地球系统科学做出重要贡献？这就令人联想起半世纪前的“李约瑟之问”：为什么近代科技的蓬勃发展没有出现在中国？除了科举制度等原因之外，还有一个思想方法问题。现代科学所依据的分析、实验，恰恰是古代中国读书人的弱项。中国的先哲也对自然界饶有兴趣，但是采用的是静观“格物”的方法。所谓“科学”其实是“分科之学”，而中国古文化里缺乏分析和解剖的传统。现在变了，地球系统科学是要把越分越细的学科结合起来进行整体分析，在这里善于整体归纳的中国传统思维有没有别开生面、另辟蹊径的可能？

中国拥有世界上人数最多的地球科学家队伍，论文数量已经位居世界前列，当前的任务是将量变转为质变，使我国的地球科学从主要提供资料数据的“原料输出型”转为找机理、出理论的“深度加工型”，而这正是地球系统科学的要求。我们应当抓住国际地球科学转型的机会，将地球科学提升到系统科学的高度，实现我们自己的转型。这里，已有的科学积累和拥有的自然条件都起着重要的作用，而我们拥有的条件应该说是有利的。

东亚和西太平洋之间有着地球系统里最活跃的衔接带，而这就是中国地球科学的“窝”。从珠穆朗玛峰（约+8848 m）到菲律宾海沟（约-10 497 m），两万公里的水平距离居然有约两万米的高差，是地球表面最大的陡坡。后面在第四章里会讲到，这里不仅是当今世界最大的大陆和最大的大洋的交界，更是正在形成的新生超级大陆和古老超级大洋几亿年俯冲带的接口，因而是全面理解板块运动的切入点。以 28℃ 等温线为界的西太平洋暖池是表层海水温度最高的海域，暖湿的空气从这里上升，形成三个大气环流调控着季风和厄尔尼诺现象［图 1-2（a）］，因而其是地球表面能量流的中心。由于地形和降水的原因，亚洲的东部和南部为世界大洋提供着 70% 的陆源悬移沉积物［图 1-2（b）］，因而是地球表面物质流的中心。亚洲东南的“东印度三角”［图 1-2（c）］是生物地理学“华莱士线”的所在，无论陆地还是海洋生物的多样

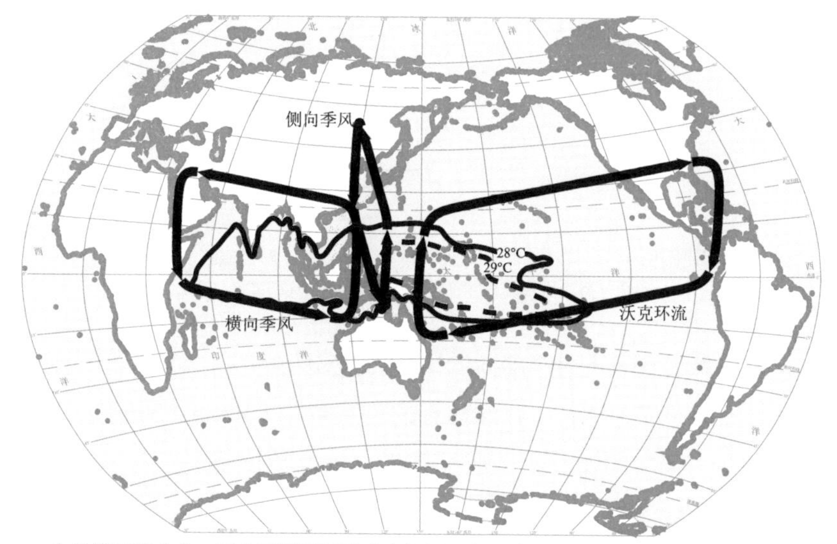

（a）能量流中心：西太平洋暖池形成大气圈三大环流［据 Wester 等（1998）修改］

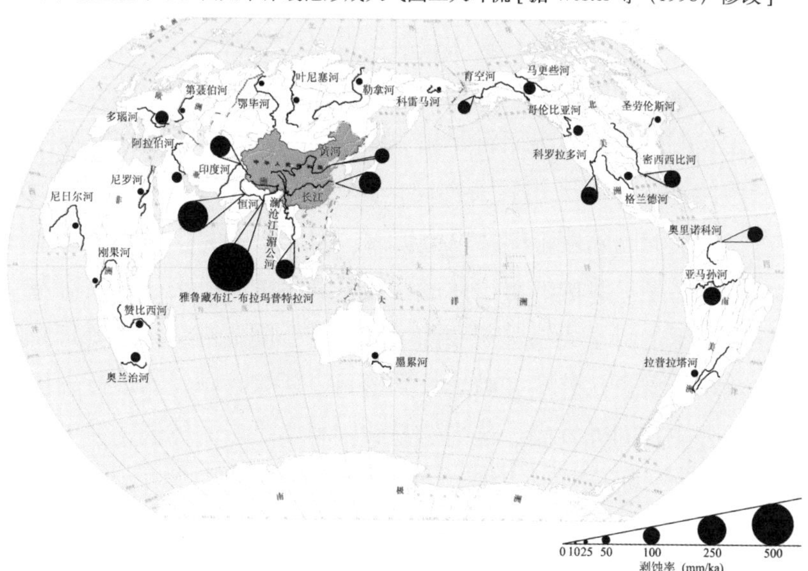

（b）物质流中心：亚洲东南部是大洋陆源碎屑物最大的来源［据 Summerfield 和 Hulton（1994）修改］

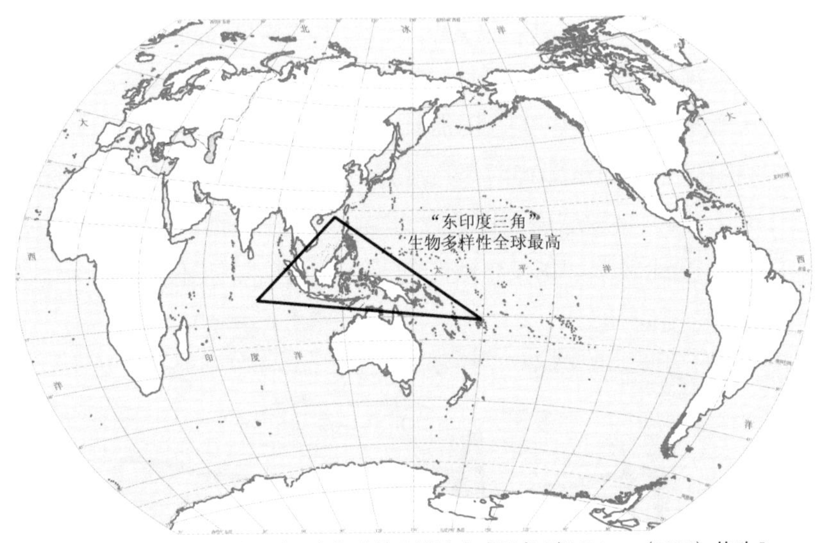

（c）基因流中心：“东印度三角”生物多样性全球最高 [据 Briggs（1999）修改]

图 1-2　东亚 – 西太衔接带的全球环境意义

性都在全球称冠，因而是生物圈辐射演化的基因流中心。面对这三大中心的中国地学界拥有研究地球系统科学理想的自然条件（Wang，2004）。

经过了两百来年的发展，地球科学正在进入转折期，表现在国际文献里的主旋律发生了变化。例如，机理探索成了主线，“俯冲带工厂”“微生物引擎”之类的关键词频频出现；汇总全球、跨域时间尺度的成果纷纷发表，地方性的研究成果通过“局部着手、全球着眼”得出了全球性的结论。正当我们热衷于盘点论文数量的时候，国际学术界却在向地球系统科学的核心问题发起攻势。假如我们仍以“输出原料”和“加工产品”为满足，把深加工、高增值的生产留给别人，若干年后会发现，我国尽管发表论文的数量雄踞榜首，但在学术水平上的国际差距却会拉得更大。因此，就像我国的经济一样，地球科学也需要转型。我国的出口商品已经从当年的领带夹、打火机发展到手机、高铁，我国的科学成果也需要向学科的核心问题进军，需要有原创性的突破，这就是转型。从外国文献里找到题目，买来外国仪器进行分析，然后把结果写成外文在国外发表，这当然是我国科学进步的体现，但也可以说这是一种科学上的“外包工”。想要成为创新型国家，就应该在国际学术界有自己的特色、有自己的学派、有自己的题目，这就需要转型（汪品先，2016）。从研究题目到研究途径都需要转型，而发展地球系统科学就是转型的机遇。

第三节　地球系统突破口：我国重点方向

一、学术突破口方向选择

地球系统的范围极其广泛，圈层相互作用又无所不在，因此地球科学的任何主题几乎都可以贴上地球系统的标记。本次战略研究的任务，就是要在这众多的题材中，找出少数几个特定的方向，作为中国地球系统研究可能的突破口。其选择的标准有三个：国际层面的重大意义、优越的自然条件和已有的科学积累。

标准一：国际层面的重大意义。由于长期的落后与封闭，我国地球科学研究并不总能瞄准国际前沿的重大问题，即使有了发现也不见得识破其重要价值，获得国际承认，这在改革开放前的大构造研究上尤为明显。例如，我国赵宗溥（1956）早已发现从日本经日本海到中国东部火山岩碱性增强的现象，但其未与俯冲带挂钩，也不为国际所知。而在几年后，日本久野根据同一现象，提出岛弧岩浆成分与俯冲带深度相关，成为对板块学说的重要贡献（Kuno，1966）。又如，我国常承法和郑锡澜（1974）发现，从印度板块脱离出一个又一个较小的板块，相继增生于青藏地区，但并未产生多少国际影响。而 Sengör（1985）将类似模式扩展到整个阿尔卑斯－喜马拉雅地区，提出冈瓦纳古陆北缘多次分裂，创立了不同世代特提斯的新概念。这类情况问题出在国际接轨上。甚至到了 20 世纪 80 年代，当国际学术界板块学说已经流行时，我国的大地构造还在“五大学派”“百家争鸣”。今天为地球系统科学的学术突破选题，必须针对国际前沿的重大问题，从全球大视野出发，在学科发展的深层次找到根本矛盾之所在。

标准二：优越的自然条件。中国地处新生超级大陆和古老超级大洋向新生超级大陆的俯冲带，在东亚－西太衔接带形成了地球表层最大的能量流、物质流和基因流的中心（图 1-2），理应是地球系统科学研究的源头。由于历史的原因，在源自欧洲的地球科学中，东亚–西太从边缘海到季风，都没有进入传统学说的核心。这也恰好为我国地学界提供了发挥创造性的空间，可望从构造和气候演变这类重大领域实现学术突破。

标准三：已有的科学积累。恰好在大构造和气候演变这两方面，我国地学界既有长期的学术积累，又有近期的高速进展，尤为可贵的是已经出现了挑战传统观点的新颖假说，其极可能还是含苞待放的科学奇葩。在大构造方面，国家自然科学基金委员会支持的“华北克拉通破坏”和“南海深部过程演变”两项重大研究计划，为东亚–西太的构造衔接提供了极其宝贵的资料和思路；在气候演变方面，我国从黄土开始，在石笋分析、微生物化学和古海洋学等多方面接连作出国际贡献，并且提出了“海洋微型生物碳泵”“气候低纬驱动”等新观点、新假说。这两大领域都涉及海陆、古今的结合，生物和地学的交叉，是我国学术界在地球系统研究上可能的突破口。

中国地球系统科学2035发展战略研究组成立伊始，就集中进行选题讨论，最后决定聚焦在三大方向：①重新认识海洋碳泵；②水循环及其轨道驱动；③东亚–西太的海陆衔接。碳循环是地球系统研究的一个焦点，海水上接大气、下连岩石圈，正是碳循环的关键所在。海洋生物量的90%以上属于微型生物，海水有机碳的90%以上属于溶解有机碳，其中90%以上还具有惰性，保持几千年不参加碳循环，这是现代海洋学的重大发现，突破了对碳循环的原有认识。不但在现代海洋中惰性溶解有机碳可能具有储碳的价值，而且需要在地质时间尺度上重新认识海洋碳循环，揭示碳循环和生命演化的相互关系。

气候过程的能量主要来自太阳辐射，气候过程的载体主要在于水循环，其中的关键是水的三相转换。米兰科维奇理论发现，地球轨道周期引起冰期旋回，成为地球历史定量研究的突破口。但是，其误以为北半球高纬区的过程决定着全球的气候变化，这种主流观点近年来遇到了挑战。尤其是中国石笋和深海新资料的发现，与这种主流观点发生了矛盾，推动我国学术界由此提出了气候变化受“低纬驱动”的新假说。科技进步使气候的定量研究可以上溯到前寒武纪，证明气候系统是在高、低纬和南、北半球的相互作用下，发生长期演变和周期循环，因此需要在新认识的基础上重建气候演变的学说。

“东亚–西太的海陆衔接”这一方向的目标之一是研究俯冲带造成的构造

演变。从大洋看，板块学说产生的基地是大西洋，重心在于大陆板块的破裂和大洋板块的扩张，西太平洋的重点则在于大洋板块的隐没和大陆岩石圈的增生；从大陆看，当今的诸大陆主要是联合大陆崩解的产物，唯独亚洲是拼贴而成的，是未来超级大陆的雏形。如此看来，板块理论研究可以分为上下两集，大西洋主演的上集逐渐告一段落，东亚－西太主演的下集正在隆重登场，中国地学界可千万不要错过这历史的良机。

二、三大方向的专题研讨

作为地球科学的转型，地球系统科学战略研究选择的方向本身就充满挑战，有待从习惯的传统学科分类中跳出来。地球系统科学战略组五位组长的第一次会议就确定：战略研究的进行方式就应当体现学科转型的新意，需要组织别开生面的学术研讨。为此，本次战略研究将三大方向分解成十个专题（表 1-1），分头组织专题研讨。

表 1-1　地球系统研究的三大方向和十个专题

名称		召集人
方向一：重新认识海洋碳泵（负责人：焦念志）	专题 1：海洋溶解有机碳与冰期旋回	翦知湣
	专题 2：有机碳与矿物——从海水到岩层	董海良
	专题 3：生物碳泵的地质演化	谢树成
方向二：水循环及其轨道驱动（负责人：郭正堂）	专题 4：高低纬、南北极的相互作用	郭正堂
	专题 5：40 万年偏心率长周期的破坏	田军
	专题 6：水循环的地质演变	朱茂炎
方向三：东亚－西太的海陆衔接（负责人：金之钧）	专题 7：太平洋俯冲带的演变	黄奇瑜 孟庆任
	专题 8：岩浆作用的海陆对比	徐义刚
	专题 9：东亚海陆古地理变迁	刘传联
	专题 10：中新生代盆地流体活动及资源环境效应	金之钧

注：正式报告中专题有所调整，第 9 专题并入第 10 专题。

在一年多的时间里，本次战略研究展开了多种形式的研讨，仅中小型的专题研讨会就举行了 14 次（表 1-2）。因为会议的性质不同寻常，会议一反报告人逐个宣读论文的惯用套路，而是采用短报告、长讨论的活跃形式。一是因为与会的成员不同寻常，他们来自不同学科，往往是初次相识，讨论的共同点与研究需要磨合；二是因为研讨的题目不同往常，如“真核生物产生前，海洋有机碳能不能沉降？”“白垩纪的暖室期，地下水位是不是高得多？”“还没有边缘海时的西太平洋，如何辨识俯冲带位置？”这里所指的“跨学科”不是并列，而是相互渗入，探讨从未涉及的问题。不少与会者反映，从来没有想过这些“怪”问题，因为研讨会开启了新的视角。三大方向研讨的中期小结，直接作为2021年第六届地球系统科学大会闭幕式的主要内容进行展示。这一系列的研讨会从新颖的科学视角，使不同领域的研究者聚首一堂，讨论着穿越时空、横跨圈层的问题，光是研讨本身就产生丰富的成果，陆续以专辑或者综述的形式发表。例如，专题3和专题6先后在《科学通报》发表了“生物泵演化与重大地质事件”（谢树成等，2022）和“水循环的深时地质演变”（朱茂炎等，2023）两个专辑，专题5发表了“从40万年长偏心率周期看米兰科维奇理论”的综述（田军等，2022）。

表 1-2　地球系统科学战略研究的专题研讨会

时间		地点	主题	召集人	报告/场	单位/所	人数/人
2020年	11月8日	厦门	水循环	郭正堂	11	22	78
	11月9日	厦门	碳循环	焦念志	12	22	78
	12月15日	北京	东亚－西太构造	金之钧	4	14	26
2021年	4月10日	上海	碳循环生物泵	谢树成、李超	12	16	65
	4月19日	上海	40万年轨道周期	田军、吴怀春、黄春菊	9	11	40
	5月26日	北京	高低纬、南北极	郭正堂	15		50
	6月8日	上海	有机物与矿物	董海良、蔡进功	12	10	35
	7月10日	上海	深部氧	周怀阳	2		
	9月16日	上海	东亚－西太构造	黄奇瑜、孟庆任	13	18	50
	9月17日	上海	东亚－西太岩浆	徐义刚	5		
	9月29日	上海	冰期溶解有机碳	翦知湣、焦念志	15	11	40
	10月11日	上海	地质时期水循环	朱茂炎	19	13	55
	10月31日	北京	构造－多圈层	金之钧	9	6	20
	12月22日	上海	东亚海陆变迁	刘传联	9	6	15

两年来的战略研讨活动，在一定范围里掀起了地球系统科学的研究热潮，方兴未艾。同时也不难看出，其中触动最大的是固体地球科学，尤其是深时地质的有关学科，还未能做到有更多学科的深度卷入。这次战略研究只是个引子，期望今后有更多学科，特别是现代气候学和生物学更多同仁积极参与。

三、贯彻执行的建议举措

科学发展的战略研究种类很多，在“战略研究报告”同样的名称下，有的指出了学术发展的新方向和实现途径，而有的只是现有课题的排列组合。“地球系统科学”的发展涉及学科转型的成败，不允许误入歧途，应当为研究选题提供参考，通过管理系统和研究人员双方的努力贯彻实现。为此，对于贯彻“地球系统科学”战略研究报告的内容，提出以下建议。

1）瞄准重大科学问题，推行大型研究计划。三大方向的实质是要从地球科学的根本问题上挑战传统观点：气候系统是如何运转和演化的？海洋和大陆是如何形成和破坏的？所提出的三大方向都孕育着重大的突破，而其实现则需要很长时间的努力。大科学要求大动作，我们建议：能不能发挥我国“集中力量办大事”的优势，打破现有的科研立项规格，组织大规模的科学计划，加速科学突破的到来？

2）促进大幅度的学科交叉，实现新型的合作研究。跨圈层界限、穿时间尺度的研究，既要求学科间的交叉，也要求科学和技术的合作。不少重大的科学进展是依靠新颖技术的结果，这里提出的三大方向就有这种需求。例如，在水循环的研究中，要求对水的三相转换，尤其是气态和液态的转换做进一步的观测分析；在东亚－西太的研究中，急需对深部过程做更加深入的探索。这就要求打破现有的合作模式，学习国际先进经验，创立学术驱动而不是权益驱动的合作途径。

3）立足本国面向全球，处理好“以我为主”和国际合作的关系。摆脱仿效照搬的习气，促进中国学派的建立，绝不意味着削弱国际科技合作的力度。其关键是要增强源头创新能力，在成熟的条件下形成“以我为主”、探索前沿问题的国际合作。同时，积极争取将我国的新观点及时反映在现有的国际计划和国际刊物中。这里还要充分重视国际华人科学家的作用，积极推进汉语平台的国际交流。

4）关心人才培养，将地球系统的新观念渗透到教学中去。既然地球系统科学是学科的转型，其精神应当贯彻在地球科学各个领域，反映在地学教学的各门课程，就是使传统的课程都能面向系统科学的新高度，引进系统科学的新思想。为此，需要推进各种形式的教师研讨班和培训班，将“地球系统进课堂”提上教学研究的日程。

5）推进地球深部的探索，解释表层 / 深部结合的行星循环。鉴于“深地科学前沿科学问题”另有战略研究项目，此处不予展开。

本章参考文献

常承法，郑锡澜 . 1974. 珠穆朗玛峰地区的地质构造特征和关于喜马拉雅山以及青藏高原东西向诸山系形成的探讨 // 珠穆朗玛峰科学考察报告（1966—1968）地质 . 北京：科学出版社：273-299.

郭正堂 . 2019.《地球系统与演变》：未来地球科学的脉络 . 科学通报，64（9）：883-884.

黄汲清 . 1982. 辛亥革命前中国地质科学的先驱 . 地质论评，28（6）：603-610.

《全球变化及其区域响应》科学指导与评估专家组 . 2012. 深入探索全球变化机制——国家自然科学基金委重大研究计划的战略研究 . 中国科学：地球科学，42（6）：795-804.

孙枢 . 2002. 中国地质科学的过去、现在和未来——庆祝中国地质学会成立 80 周年 . 地球论评，48（6）：576-584.

田军，吴怀春，黄春菊，等 . 2022. 从 40 万年长偏心率周期看米兰科维奇理论 . 地球科学，47（10）：3543-3568.

汪品先 . 2003. 我国的地球系统科学研究向何处去？地球科学进展，18（6）：837-851.

汪品先 . 2016. 迎接我国地球科学的转型 . 地球科学进展，31（7）：665-667.

汪品先，田军，黄恩清，等 . 2018. 地球系统与演变 . 北京：科学出版社 .

谢树成，焦念志，汪品先 . 2022. 加强海洋生物碳泵地质演化的研究 . 科学通报，67（15）：1597-1599.

尹赞勋 . 1959. 上天，入地，下海 . 科学家谈 21 世纪 . 上海：少年儿童出版社 .

赵宗溥 . 1956. 中国东部新生代玄武岩类岩石化学的研究 . 地质学报，36（3）：315-367，412-413.

中国科学院地学部“中国地球科学发展战略”研究组 .1998. 中国地球科学发展战略的若干问题——从地学大国走向地学强国. 北京：科学出版社 .

中国科学院地学部“中国地球科学发展战略”研究组 . 2002. 地球科学：世纪之交的回顾与展望 . 济南：山东教育出版社 .

朱茂炎，郭正堂，汪品先 . 2023. 水循环的深时地质演变 . 科学通报，68（12）：1421-1592.

Bailly F, Longo G. 2009. Biological organization and anti-entropy. Journal of Biological Systems, 17: 63-96.

Bao H M, Cao X B, Hayles J A. 2016. Triple oxygen isotopes: fundamental relationships and applications. Annual Review of Earth and Planetary Sciences, 44: 463-492.

Bao H M, Lyons J R, Zhou C M. 2008. Triple oxygen isotope evidence for elevated CO_2 levels after a Neoproterozoic glaciation. Nature, 453: 504-506.

Вернадский В. 1993. Жизнеописание. Избранные труды. Воспоминания современников. Суждения потомков. Современник, М: 1-689.

Briggs J C. 1999. Coincident biogeographic patterns: Indo-West Pacific Ocean. Evolution, 53(2): 326-335.

Clifford N, Richards K. 2005. Earth system science: an oxymoron? Earth Surface Processes and Landforms, 30(3): 379-383.

Conway E M. 2008. Atmospheric Science at NASA: A History. Baltimore: Johns Hopkins University Press.

Fernández-Prieto D, Sabia R, Dransfeld S. 2013. Remote sensing advances for earth system science: the ESA Changing Earth Science Network: Projects 2009-2011. New York: Springer: 103.

Jackson S T. 2009. Alexander von Humboldt and the general physics of the Earth. Science, 324(5927): 596-597.

Kasting J F. 2013. How far have we come in Earth system science? Earth's Future, 1(1): 42-44.

Kuno H. 1966. Lateral variation of basalt magma type across continental margins and Island Arcs. Bulletin Volcanologique, 29: 195-222.

Lovelock J E. 1972. Gaia as seen through the atmosphere. Atmospheric Environment, 6(8): 579-580.

Lovelock J E. 1995. The Ages of Gaia: A Biography of Our Living Earth. New York: Norton.

Lovelock J E. 2000. Gaia: A New Look at Life on Earth. Oxford: Oxford University Press.

Lovelock J E, Margulis L. 1974. Atmospheric homeostasis by and for the biosphere: the Gaia hypothesis. Tellus, 26(1/2): 2-10.

NASA. 1986. Earth System Science Overview: A Program for Global Change. Washington D C: The National Academies Press.

NASA. 1988. Earth System Science: A Closer View. Washington D C: The National Academies Press.

Pitman A J. 2005. On the role of geography in earth system science. Geoforum, 36(2): 137-148.

Schellnhuber H J. 1999. "Earth system" analysis and the second Copernican revolution. Nature, 402: C19-C23.

Şengör A M C. 1985. The story of Tethys: how many wives did Okeanos have? Episodes, 8(1): 3-12.

Sherwood S. 2011. Science controversies past and present. Physics Today, 64(10): 39-44.

Steffen W, Richardson K, Rockström J, et al. 2020. The emergence and evolution of Earth System Science. Nature Reviews Earth & Environment, 1: 54-63.

Summerfield M A, Hulton N J. 1994. Natural controls of fluvial denudation rates in major world drainage basins. Journal of Geophysical Research, 99(B7): 13871-13883.

van der Hilst R D, Widiyantoro S, Engdahl E R. 1997. Evidence for deep mantle circulation from global tomography. Nature, 386: 578-584.

van der Voo R, Spakman W, Bijwaard H. 1999. Mesozoic subducted slabs under Siberia. Nature, 397: 246-249.

Voice P J, Kowalewski M, Eriksson K A. 2011. Quantifying the timing and rate of crustal evolution: global compilation of radiometrically dated detrital zircon grains. The Journal of Geology, 119(2): 109-126.

Wang P. 2004. Cenozoic deformation and the history of sea-land interactions in Asia//Clift P, Kuhnt W, Wang P, et al. Continent-Ocean Interactions within East Asian Marginal Seas. Geophysical Monograph Series, 149: 1-22.

Webster P J, Magana V O, Palmer T N, et al. 1998. Monsoons: processes, predictibility, and the prospects for prediction. Journal of Geophysical Research, 103(C7): 14451-14510.

第二章

重新认识海洋碳泵

第一节 引　言

一、生物泵概念的更新

水循环和碳循环，是贯穿地球表层气候环境系统的两条红线。全球变暖引发人们对温室效应的关注，碳排放的控制和回收已经成为人类社会面临的重大挑战，地球系统的碳循环也成为科学研究的焦点。尽管岩石圈和地球更深部的碳储量要比表层高出三个数量级，活跃在人类时间尺度上的还是地球表层的碳库，其中海洋独占约 95%，相当于大气碳库的 50 倍（Houghton，2007）。大洋吸收了人类排放的 CO_2 的 1/3，而海洋碳库主要在深水，大气 CO_2 通过表层水的海气交换泵入深水，这就是海洋碳泵。碳泵包括物理和生物两方面：CO_2 溶入海水成为溶解无机碳（dissolved inorganic carbon，DIC），随海水流动进入深水的是物理泵；被浮游植物通过光合作用变成有机体，作为颗粒有机碳沉入深海的是生物泵（Volk and Hoffert，1985）。

近 40 余年来，通过遥感技术和沉积捕获器的长期观测，发现生物泵绝不是一个均匀缓慢的过程，溶解有机碳在很大程度上是靠浮游动物粪粒等颗粒物，间断性地沉入海底（Honjo et al.，2008）。生物泵的效率有巨大的时空变化，从而成为气候变化的重要推手。从南极冰芯气泡分析的结果看，80万年来，大气CO_2浓度变化和北极冰盖的消长相互对应（Lüthi et al.，2008），雄辩地证明了海洋生物泵的气候效应。浮游生物的光合作用调节大气CO_2，必然会引起海水的C同位素分馏，因此海洋生物泵的变化应该影响海水的C同位素，但是地质记录里却并没有这种变化（Bickert et al.，1997）。难道我们对海洋生物泵的理解有错?

的确，海洋生物泵原来的传统概念过于简单，只见真核类浮游植物产生的颗粒有机碳，忽略了原核类微型生物产生的溶解有机碳。随着测量技术的革新，发现溶解有机碳占海水里有机碳的90%以上（Hansell and Carlson，2015），其才是海洋有机碳的主体；而且溶解有机碳的主体具有惰性，几千年不参加碳循环，于是提出了“微型生物碳泵”和“惰性溶解有机碳”库的新概念（图2-1），不仅为海洋碳封存提供了一种有效途径（Jiao et al.，2020），而且促使学术界重新认识海洋的碳储库与碳循环。

由此考察冰期旋回中的碳循环，发现传统的生物泵在空间上漏掉了副热带海洋荒漠区，机理上漏掉了微型生物碳泵和惰性溶解有机碳。从新的概念出发，也就不难理解大洋C同位素的40万年长周期，因为海洋有机碳的滞留时间长达十余万年，海洋颗粒有机碳/溶解有机碳比值的变化就足以引起这类跨越冰期旋回的长周期，从而引出了大洋碳循环的溶解有机碳假说（Wang et al.，2014）。

二、矿物与生物泵效率

矿物的作用增强了我们对生物泵的认识。这里说的不是早已熟悉的碳酸盐泵，而是矿物在有机碳沉降中的作用。一类是浮游生物本身的矿物质骨骼，起着“压舱作用”，将有机质带到海底（Armstrong et al.，2001），主要指颗石藻的方解石和硅藻的蛋白石；另一类是海水里悬移的黏土矿物，依靠吸附作用带着有机质沉降至海底。从海洋碳循环固碳的角度看，生物泵本身是一个低效率过程，因为埋藏在海洋沉积物里的有机碳还不及表层海水生产力的

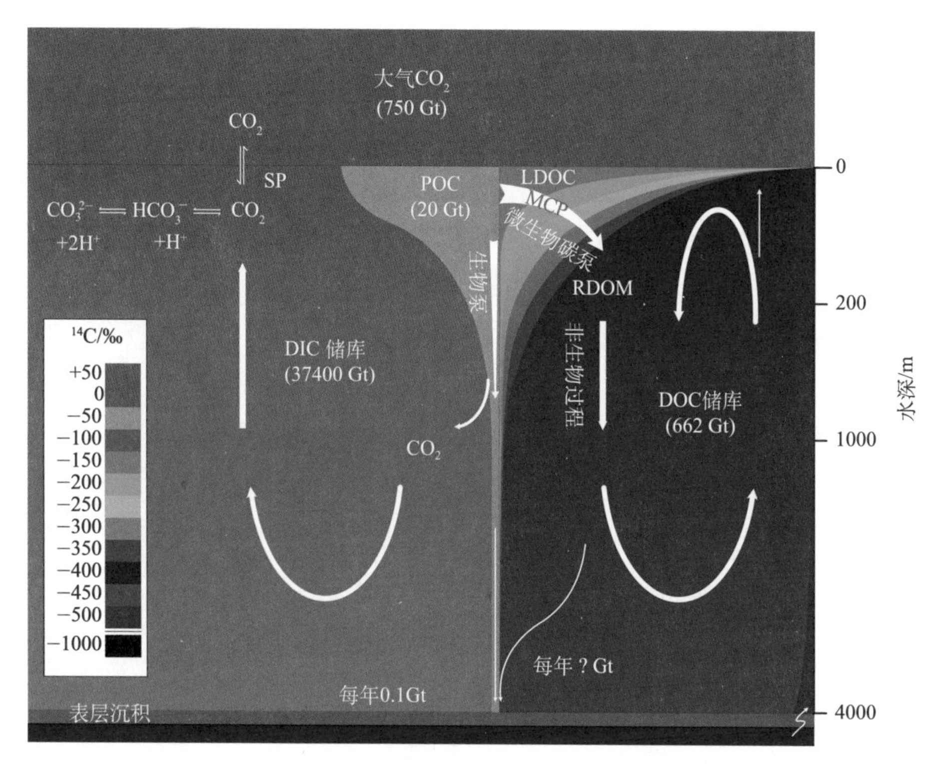

图 2-1 海洋生物泵、微型生物碳泵和海洋碳储库的形成（Jiao et al.，2010）

左半边表示经典生物泵，右半边表示微型生物碳泵（MCP）；海洋的溶解无机碳（DIC）储库由生物泵造成的颗粒有机碳（POC）矿化和碳酸盐溶解泵（SP）所形成，惰性溶解有机碳（RDOC）储库主要由微型生物碳泵所形成；数字表示碳储量和年通量（1 Gt=10^9 t）；LDOC（labile dissolved organic carbon）表示活性溶解有机碳

1%。而黏土矿物与海水中有机质的相互作用，无论是硅藻还是蓝细菌，都能通过吸附等各种反应促进有机质的沉降，从而提出“矿物增效的生物泵”的概念（Yuan and Liu，2021）。另外，有机物和黏土矿物在沉积物中的相互作用也是固碳的重要途径。黏土矿物层间有机碳的赋存是地层有机碳封存的重要关键；黏土矿物和有机质的相互作用又是生烃过程的重要环节。

除了黏土矿物，沉积物中的铁铝等氧化物也可以通过配位交换、阳离子桥、氢键和分子间作用力等多种方式与有机质结合，其也是有机碳储存和稳定的重要机制，在海洋沉积物中铁氧化物结合态有机碳占有机碳总量的 1/5 以上。归纳起来，矿物在生物固碳中发挥的作用也可以称作有机碳的矿物泵。

可见，黏土矿物为提高生物泵的效率作出了贡献，但是只有生物圈占领陆地以后，黏土矿物的产生才加快（Morton，2005）。因而，在地质历史上，海洋生物泵在碳循环中的作用发生过重大变化。一部生物演化史，也就是生命逐步占领地球表面各个角落，生物泵逐步增强效益的历史。从生命起源到真核类产生，经过寒武纪生命大爆发再到生物登陆，以至于生物圈的“中生代海洋革命”，贯穿的红线就是生物固碳能力的加强。

三、生物泵的地质演变

早期的太古代原核生物，在还原环境下依靠地球内部的能量，通过化学合成制造有机质，经过一二十亿年的长期演化后，才导致大氧化事件。先进的产氧光合作用依靠太阳辐射能，利用水和 CO_2 生产有机质，极大地提高了生物固碳能力，形成了高效率的生物泵。接下来氧化环境又导致动物演化的大爆发，而动物的活动拓展了生命活动的范围、增强了碳循环的力度。古生代的植物登陆，进一步使生命活动席卷全球的大地；生物圈的“中生代海洋革命”，又提升了深海大洋的生物泵效应。所有这一次次的进展，无不充满着革新和开拓，生命改造了海底的性质，产生了大陆的土壤。一句话：生命塑造了地球。

在科学层面，这一部生命演化史诗需要从地球系统的高度加以解读，从而深入理解碳循环。将微生物和溶解有机碳纳入海洋碳循环，就需要重新认识生物泵，追踪地质历史上生物泵是如何演化的。例如，在藻类出现而缺乏“压舱矿物”的新元古代，是不是颗粒有机碳比例低下，形成过巨型的溶解有机碳库？海洋大型的溶解有机碳库是怎样形成的，与气候环境有什么关系？又如，大冰期和极端温暖期海洋生物碳泵的特点及其对古气候的贡献，地质时期海洋颗粒有机碳 / 溶解有机碳的比值的变化规律及其受控因素，微生物通过沉淀碳酸盐对碳汇的长期影响等，都是有待于深入探讨的重要课题（谢树成等，2022）。

总之，从地球系统着眼，海洋碳泵就应该是生物泵、微型生物碳泵和矿物泵的“三人舞”，但这是地质历史上尚未系统探索的重要环节。此外，以新视角研究溶解有机碳，也为研究油气和页岩气等能源生成开拓了新方向。大型油气田的产生，都与矿物 - 有机质的相互作用密切相关，可见海洋碳泵的深入研究，不但是基础研究的需要，同时也具有重要的资源和环境效应。

第二节 海洋溶解有机碳与冰期旋回

海洋是地球表层系统中最大的碳储库，以之为枢纽可串联从大气圈、水圈、生物圈到岩石圈的完整碳循环过程。从第四纪的冰期旋回出发，研究发现，许多难解之谜的关键都在于对海洋溶解有机碳认识不足。近年来，我国科学家基于现代观测提出海洋“微型生物碳泵”的新机制（Jiao et al.，2010），并据此提出溶解有机碳假说，解释跨越冰期旋回的碳循环偏心率长周期（Wang et al.，2014），在海洋碳循环和气候演变研究上取得原创性的国际贡献。然而，微型生物碳泵与冰期旋回的研究正在继续，假说正在检验，需要建立溶解有机碳演变的有效实测指标、综合数值模拟与地质记录加以检验，打通古今之间的时空壁垒，才能完整解答地球表层碳循环的机制及其气候环境效应，建立起完整的气候演变理论。

一、冰期旋回中的碳循环

1. 大气 CO_2 与冰期旋回

晚第四纪冰期的直接证据来自阿尔卑斯山和北美洲的陆地大冰盖遗迹，直至 20 世纪中叶，海洋有孔虫 O 同位素的连续沉积记录确切证实晚第四纪气候发生冰期 - 间冰期的旋回式变化（Emiliani，1955）。之后，基于准确厘定海洋沉积记录的年代标尺（Shackleton and Opdyke，1977），才正式确认了地球运行轨道周期引起的日射量变化与冰期旋回的定量对应关系（Hays et al.，1976；Imbrie J and Imbrie J Z，1980），证实了米兰科维奇理论。然而，轨道参数的微小差异，如何通过气候系统中的放大效应引起冰期旋回的巨大变化，其驱动机理至今仍属未解之谜。

事实上，传统的米兰科维奇理论仅论证了北半球高纬夏季日照辐射量的轨道尺度变化对欧亚－北美大陆冰盖体量变化的调控作用，而忽视了低纬地区的动力过程，以及生物地球化学和多种时间尺度过程相互叠加的效应。综合 20 世纪 90 年代以来南极多个站位的冰芯，发现过去 80 万年来南极温度与南极冰芯气泡中保存的大气 CO_2 浓度变化与北半球高纬冰期旋回几乎完全一致（图 2-2）（Lüthi et al.，2008）。这就意味着，北半球高纬的冰盖体量可能并非轨道尺度气候旋回的唯一主导，两半球之间的气候联动、CO_2 等温室气体浓度的气候效应，以及低纬地区大气－大洋环流与海洋碳循环过程等，才是决定气候旋回规律和解答气候演变机制的关键所在。

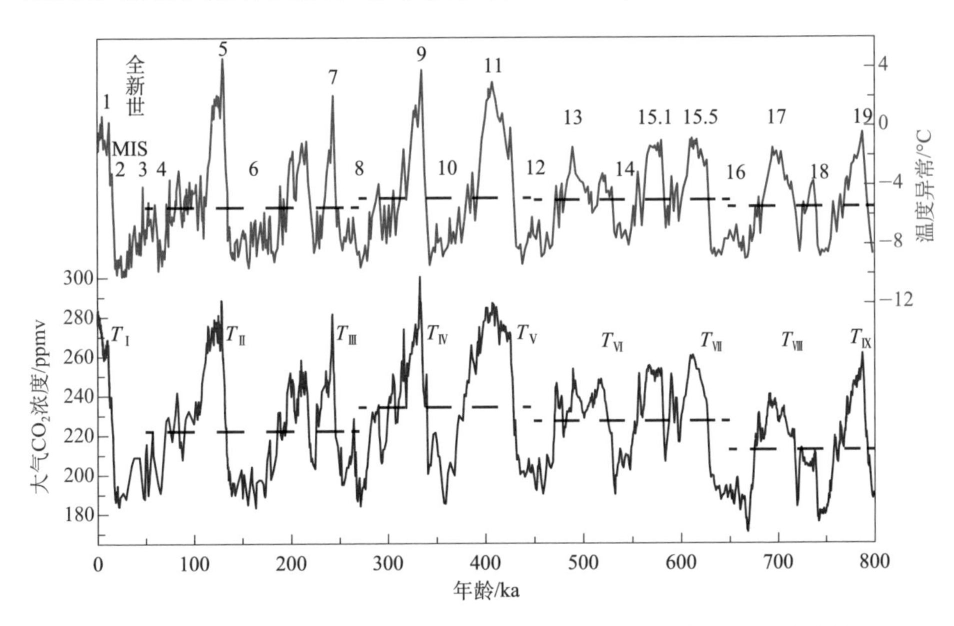

图 2-2　过去 80 万年来的南极冰芯记录的温度异常（上）和大气 CO_2 浓度变化（下）（Lüthi et al.，2008）

“MIS+ 数字”表示海洋氧同位素期次；T 表示冰期终止期；ppmv 中的 v 表示体积，1 ppm=10^{-6}

南极冰芯气泡记录的大气 CO_2 浓度变化，除了显示与全球气候冰期旋回的近同步性外，也被用以定量约束温室效应的气候敏感度（指大气 CO_2 浓度加倍造成的全球平均温度上升幅度）。最近 40 万年来，在典型的冰期－间冰期尺度上，大气 CO_2 浓度在冰期和间冰期平均分别为约 180 ppmv 和约 280 ppmv，对应的平均全球温度变化幅度在 5～7℃（IPCC，2021），显著高于 1850 年以来大气 CO_2 浓度上升大于 100 ppmv 所对应的升温幅度（0.8～1.3℃）

（IPCC，2021）。过去冰期旋回中大气 CO_2 浓度与温度变化的关系，必然包含着其他区域因子长期反馈过程（如冰盖反射、植被变迁和海洋环流）的影响（MARGO Project Members，2009）。热带西太平洋海表温度的冰期旋回变化，被认为较少受到其他因子的干扰，更直接地由大气 CO_2 浓度调控，基于此估算的大气 CO_2 浓度气候敏感度（3～4℃）（Dyez and Ravelo，2013）也被证明更接近于现代观测和模拟结果（2.5～4℃）（IPCC，2021）。

然而，热带西太平洋海表温度与冰期旋回、大气 CO_2 浓度变化的关系并不简单。一系列古温度重建记录显示冰期终止期时，热带西太平洋的海表温度开始升温的时点要早于 O 同位素指示的冰盖消融起始点（Lea et al.，2000），暗示着热带海洋气候过程独立于冰盖驱动变化。整合已有的大量指标重建结果，可以发现冰消期过程中热带西太平洋海表温度的变化基本同步于大气 CO_2 浓度，但是否领先冰盖变化仍不能轻易定论（Liu Z et al.，2018；Dang et al.，2020）。通过整合覆盖全球所有纬度的海洋和陆地温度变化记录，发现末次冰消期过程中，以 1.75 万年前大气 CO_2 浓度起始上升为界，在此之前约 600 年南半球地表温度率先开始上升，而北半球升温整体比大气 CO_2 浓度上升要晚约 700 年（Shakun et al.，2012）。

这些研究结果说明，晚第四纪的冰期旋回绝非简单地由北半球冰盖体量的涨缩来“统领”全球气候变化；恰恰相反，冰盖变化只是地球表层系统因太阳辐射量轨道周期变化反馈过程中的其中一个偏“末端”而非“前端”的环节。近年来，新的研究结果已经表明，热带海洋的次表层环流和热含量（Dang et al.，2020；Jian et al.，2020）、低纬海洋和陆地的水循环（Cheng et al.，2016；Huang et al.，2020）都可直接、近同步地响应太阳辐射量的岁差周期变化，进而通过亚太区域的跨纬度海洋气候过程、太平洋－北美－大西洋的气候联动，影响北大西洋周边的冰盖动力和大西洋经向翻转环流（Walczak et al.，2020）。冰消期过程中南半球率先升温（Shakun et al.，2012），以及大气 CO_2 浓度阶段式突然上升的特征（Marcott et al.，2014），也深刻地揭示着轨道辐射量变化影响南大洋环流动力、造成海洋碳储库向大气释放、引起北半球和全球性变暖的逻辑线索。然而，与地表接收太阳辐射量的轨道尺度变化相关联，海洋环流的物理动力、生物地球化学的碳泵过程、上层海洋水热循环与深部碳循环的联系等具体过程仍然存在大量未知，亟待深入研究来细致解答。

2. 大洋碳储库与冰期旋回

海洋是地球表层系统中最大的碳储库，其碳储量约是大气60倍，上层海洋的碳循环主要涉及较短期的变化，可在数十年到千年尺度上与大气快速交换（Ciais et al.，2013），而深部海洋则在较长期的碳储库变化中起主要作用。因此，海洋碳储库是地球表层碳循环过程的枢纽，其变化深刻决定着大气 CO_2 浓度的变化。据现代观测结果估计，海洋吸收了当前人为排放 CO_2 的30%～40%，其中南半球高纬是海气碳交换的枢纽（DeVries et al.，2017；Long et al.，2021）。晚第四纪冰期极盛期时，高纬陆地植被总量大幅缩减，很显然会向海气系统输入 CO_2（约500 Pg C），因此海洋碳库储量增加是解释冰期大气 CO_2 浓度下降最为合理的途径。单独考量冰期大洋物理条件变化对大气 CO_2 浓度的贡献效应——海水总量成冰减少（释放约8 ppmv）、海水更咸（释放约6 ppmv）和海水变冷（吸收约30 ppmv），总共只能解释约15 ppmv的冰期大气 CO_2 浓度降低（Yu et al.，2013）。因此，从冰期旋回过程来看，海洋碳循环的关键环节和要素在于环流改组、生物泵效率改变、海水碳酸盐补偿效应，以及碳埋藏在陆架和深海之间的转移等（Wan et al.，2017，2020）。换言之，即海洋物理泵（碳溶解与大洋环流）、有机碳泵（生物地球化学）和无机碳泵（碳酸盐补偿和沉淀埋藏）的变化在综合调控着海洋碳循环过程及其与大气、陆地等储库之间的碳交换。

尽管已有诸多研究提出海洋碳储库是调控冰期旋回碳循环的关键，但仍有许多基本问题未得到解答。例如，冰期时大洋碳储库如何增加？在哪里增加？根据大西洋底栖有孔虫的B/Ca值换算的海水溶解无机碳库变化显示，8万～6万年前的冰进期，大西洋深部无机碳储量增加，可以解释同期大气 CO_2 浓度下降量的约80%（Yu et al.，2016）。事实上，现代观测和地质记录重建都表明，相比大西洋，南大洋和太平洋在冰期旋回的全球碳循环中起更重要的作用。

南大洋的极区（antarctic zone）和亚极区（sub-antarctic zone）是全球深层洋流汇聚、绕南极共转并不断进行上涌和下沉的垂向混合枢纽（Talley，2013），与之相应，环南极海区的生物地球化学过程也极端活跃。因此，南大洋正在成为研究全球海洋碳循环及其气候效应的关键所在（Sigman et al.，

2021）。早期认为，南大洋是一个深部海水中储存的生物代谢碳向大气净释放的“碳源”，冰期时南大洋碳源效应“关闭”会导致大气 CO_2 浓度下降（Sarmiento and Toggweiler，1984）。然而，根据 2009～2018 年南大洋上空大气 CO_2 空间分布的最新观测结果，可以发现，45° S 以南的南大洋整体上是一个“碳汇”，每年净吸收约 0.5 Pg C（Long et al.，2021）。这两种认识看似完全对立，实则可以统一。

从南大洋的垂向环流格局出发，极区主要发生深层海水上涌，而亚极区则是这些上涌海水再次下沉，向低纬中–浅层环流再“分发”的部位（图 2-3）（Sigman et al.，2021）。因此，对于海水碳循环而言，极区南大洋的“主题”是深海储存的碳向外释放，而亚极区则是海水营养被利用、生物泵活跃、从

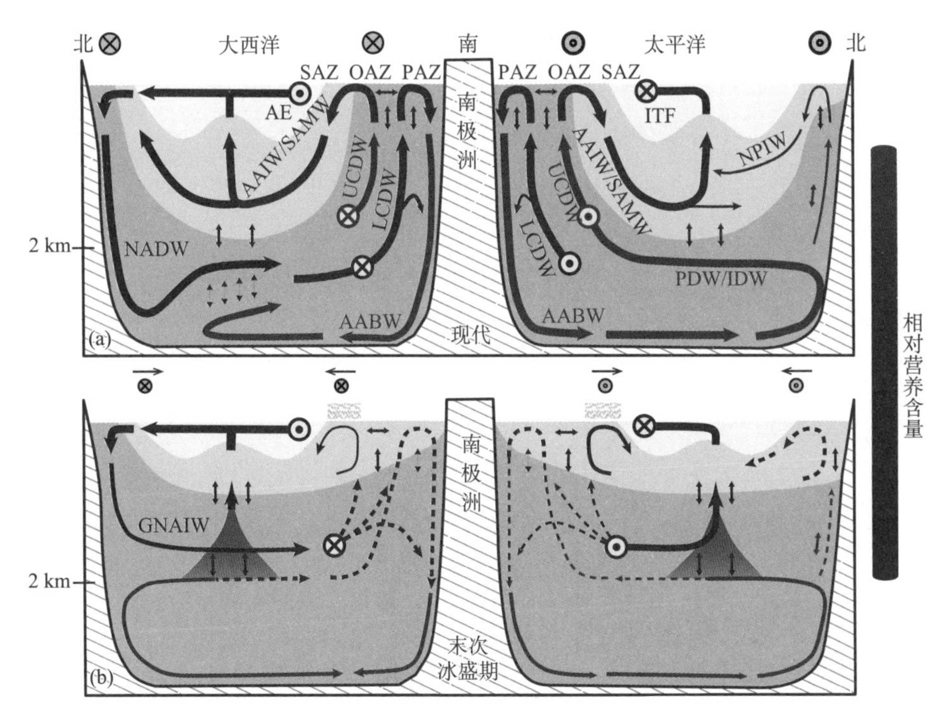

图 2-3　以南极为中心的全球大洋环流和碳循环格局的冰期–间冰期变化模式图（引自 Sigman et al.，2021）

箭头表示主要的环流水团；颜色由蓝渐赤表示其相对营养含量。SAZ：亚南极海区；OAZ：开放大洋南极海区；PAZ：极地南极海区；AE：厄加勒斯涡旋；ITF：印度尼西亚贯穿流；AAIW：南极中层水；SAMW：亚南极模态水；AABW：南极底层水；UCDW：上层绕极深层水；LCDW：下层绕极深层水；PDW：太平洋深层水；IDW：印度洋深层水；NPIW：北太平洋中层水；NADW：北大西洋深层水；GNAIW：冰期北大西洋中层水

大气吸收碳的重心。冰期时，南极海冰范围扩张、极地－副热带间温度梯度增强、西风急流增强等气候因素会深刻改变南大洋极区和亚极区海域的环流、对流和生物泵过程。其中的关键变量，除了前人常提及的极区深层水上涌强度、亚极区风尘铁施肥效应等之外（Sigman et al.，2021），南大洋环流改组导致的大西洋经向翻转环流格局改变、太平洋上层和深层的环流模式变化，以及太平洋与大西洋之间的深水碳交换（Yu et al.，2020）等，都是具有深远意义但仍未完全查明的课题。

太平洋是体积最大的海洋洋盆，所储存的碳库体量最大、海气碳交换活跃、与南大洋紧密联系，是真正解答全球海洋碳循环谜题的核心（Yu et al.，2013，2020；Wan et al.，2020）。根据底栖有孔虫B/Ca值、浮游有孔虫壳体重量等新指标，以及O和C同位素、碳酸钙保存通量等传统方法研究发现，“太平洋型”碳酸钙保存状况变化特征主要由深层海水碳化学组成的溶解效应主导，揭示出太平洋整体的碳储存在冰期时增加、冰消期时向外释放的定性特征（Yu et al.，2013，2020；Qin et al.，2018；Wan and Jian，2014；Wan et al.，2020）。但是，有关太平洋的深部碳储库及其在冰期旋回中变化的认识还存在巨大分歧。要完整解答冰期旋回中海洋碳循环的过程特征和运作机制还有很长的路要走。

从各个洋盆的研究程度来看，南大洋和太平洋深刻决定着全球大洋环流和碳储库格局。因此，探索南大洋的极区和亚极区、大西洋－太平洋－印度洋区块以及不同深度环流水团的物理、化学和生物过程机理，深入了解太平洋的北源深层水形成、不同深度水团及其化学组成，定量评估太平洋深部碳储量的冰期旋回变化，是解答冰期旋回中碳循环过程的关键所在。

二、海洋溶解有机碳库

当前对海洋碳储库的研究往往注重海洋无机碳库，而忽视海洋溶解有机碳库。以最传统的海水C同位素在冰期负偏这一现象为例，现有解释大多只联想到高纬陆地植被有机碳库减少，而对高纬冻土和低纬陆架植被考虑甚少，缺乏对海洋溶解有机碳库变化的考察。实际上，南大洋生物地球化学过程在冰期的巨大重组，显然不仅影响深层海洋无机碳库，也会改变海洋溶解有机碳库。因此，除非查明海洋溶解有机碳库的冰期旋回特征，否则无法真正完整理解海洋碳储库和全球碳循环的冰期旋回变化。

1. 海洋有机碳库

现代海洋碳储库中溶解无机碳储量要远远大于溶解有机碳和颗粒有机碳。近年来的研究进展已经证实，海水溶解有机碳的绝大部分是惰性的，来源于原核微生物的光合作用和代谢、可长达上千年的“谢绝”参与转变循环（Follett et al.，2014）。这些惰性溶解有机碳尚有许多未知，如其浓度、分布、物质组成、可降解性以及时空变化，因此有理由推测，惰性溶解有机碳库有潜力存储更大量的碳，使之长期隔绝于海气碳循环过程，成为海洋碳封存的一种有效途径（Jiao et al.，2020）。

海洋碳循环不仅涉及物理的、化学的过程与机制，还包括生物的过程与机制。人们熟知的生物泵就是其中的一个至关重要的生物过程机制，是近30年来海洋碳循环研究的一个焦点，即初级生产者固定CO_2形成颗粒有机碳后，其中的一小部分颗粒有机碳通过沉降可以从海洋表层到深海甚至沉积物中，从而使这部分碳长期（数百年）不参与大气CO_2循环，起到海洋对大气固碳的作用。这就是基于沉降的经典生物泵。然而，近几十年的研究积累使人们逐渐认识到，生物泵导致的颗粒有机碳向深海的输出是十分有限的，到达沉积物的碳量只有海洋初级生产力的0.1 %，绝大多数颗粒有机碳在沉降途中被降解呼吸转化成CO_2。

其实，海洋中的有机碳除了颗粒有机碳之外，绝大部分是以溶解有机碳的形式存在的，溶解有机碳占总有机碳的90%以上。而这其中约有90%以上的溶解有机碳是生物不能利用的惰性溶解有机碳。惰性溶解有机碳库巨大（约650 Gt），可与大气CO_2总碳量相媲美。我国科学家经多年研究，提出了基于微型生物生态过程的“非沉降生物泵”，即“微型生物碳泵”的概念（图2-4），指出海洋中的微型生物是惰性溶解有机碳的主要贡献者。微型生物个体虽小，但生物量极大，是海洋生态系统生物量和能量流的主要承担者。微型生物是海洋中与溶解有机碳联系最密切的生物组分。已知，自养微型生物可以产生溶解有机碳、异养微型生物可以吸收利用溶解有机碳，如此构成了完整的循环。然而，以往忽视了一个十分重要的过程，就是异养微型生物不仅利用溶解有机碳而且产生溶解有机碳，而其中的一部分就是惰性溶解有机碳，正是这部分惰性溶解有机碳逃逸了生物的利用和操控，进入水体长期积累，才构成了海洋水柱储碳（图 2-4）。微型生物碳泵指的就是这种把活性溶解有机碳转化为惰性溶解有机碳的微型生物生态过程。与经典生物泵相比，微型生物碳泵不依赖于沉降和物理搬运过程，是一个基于生物过程的新机制（Jiao et al.，2010）。

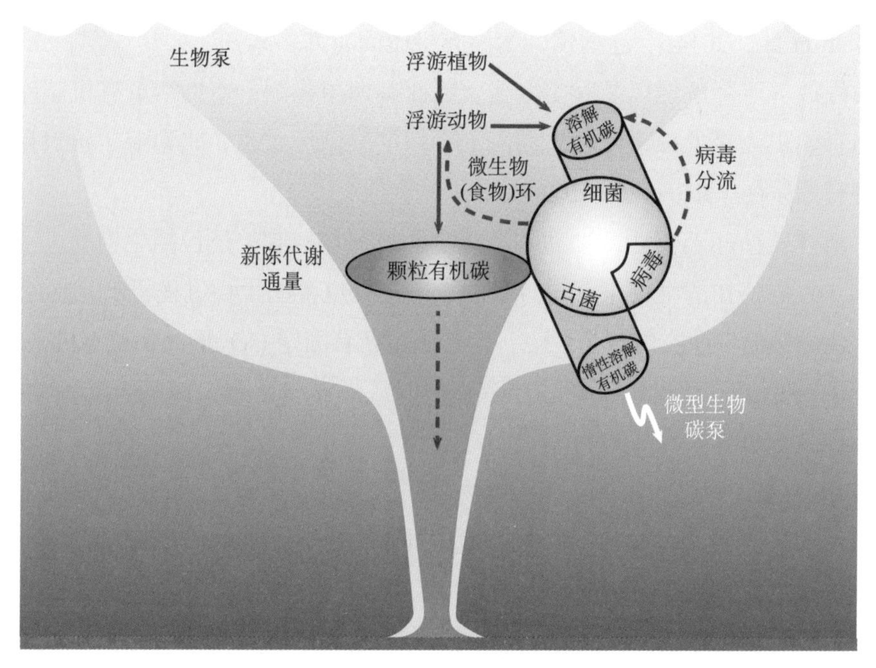

图 2-4 海洋碳循环的主要生物过程（引自 Jiao et al.，2010）

微型生物碳泵是构成海洋溶解有机碳库的关键过程，其把活性溶解有机碳转化为惰性溶解有机碳，并构成海洋水柱储碳

2. 海洋溶解有机碳的变化

海洋生物碳循环实质上应包含三大主要机制：代谢产出颗粒有机碳的生物碳泵、产出和消耗无机碳的碳酸盐泵，以及与溶解有机碳相联系的微型生物碳泵。微型生物碳泵，转化无机碳与有机碳的效率极高，且其过程跨越广泛的空间尺度（从化学键、微生物群落到宏观海洋环境，穿越多重时间尺度），从生物化学反应、海水环流和气候旋回到地球生命历史。因此，解开海洋溶解有机碳的谜题，才能真正解锁海洋碳循环过程的许多根本问题。

溶解有机碳在海水中可相对“惰性”地赋存数千年，具有储碳能力，因而能够在大洋碳储库冰期旋回，或者在跨越冰期旋回的长周期变化中起到关键作用。南海开展的四次大洋钻探发现了晚新生代浮游和底栖有孔虫碳酸钙壳体的 $\delta^{13}C$ 具有显著的 40 万年偏心率长周期，说明大洋碳储库能够通过低纬过程直接响应轨道驱动，推动高纬地区冰盖和冰期旋回变化，并提出了气候演变的高纬和低纬双重驱动的假说，获得国内外学术界的认识和高度评价。进一步研究，将微型生物碳泵概念引申到地质尺度，提出了碳循环 40 万年偏心率长周期的“溶解有机碳假说”（Wang et al.，2014），指出在偏心率极大值时，全球季风增强，陆源化学风化作用增大，通过河流搬运入海的营养盐输入增多，在寡营养海洋中促进营养激发态，激发大型真核浮游植物的生长，影响有机碳库的形成，以及惰性溶解有机碳库与活性溶解有机碳库的分馏效应，最终改变海水的 $\delta^{13}C$ 值（图 2-5）。基于对现代南海观测数据的模拟检验，研究发现，溶解有机碳的活性、半活性和惰性组分浓度及其相互转化具有明显的季节性，与表层海洋初级生产力密切相关，受陆源河流输入、大洋海水侵入及垂向海水混合等物理过程控制（Ma et al.，2021），从而有力地支持了海水 C 同位素的偏心率长周期偏移，与季风降雨、上层海水混合等热带气候驱动因子之间的潜在关联（Ma et al.，2011，2017）。

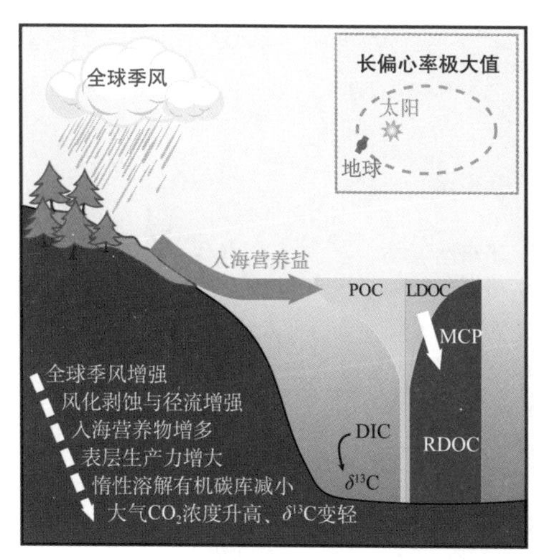

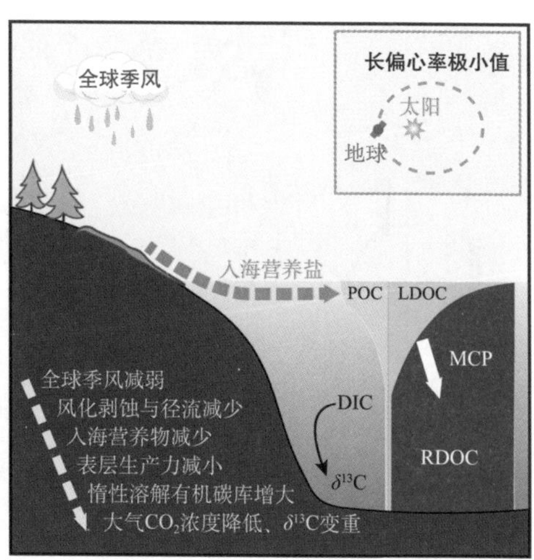

图 2-5　新生代气候变化与大洋碳储库长偏心率周期的“溶解有机碳假说”示意图

POC：颗粒有机碳；LDOC：活性溶解有机碳；MCP：微型生物碳泵；DIC：溶解无机碳；RDOC：惰性溶解有机碳

微型生物碳泵概念的进一步发展和中大尺度的情景模拟（如 Aquatron 大型生态模拟体系）为晚第四纪冰期旋回的大气 CO_2 浓度变化提供了新的机制。海洋溶解有机碳库可以分解为活性、半活性、半惰性和惰性溶解有机碳组分，其中半活性和半惰性溶解有机碳部分可以在一定的地质环境中逐步氧化释放 CO_2。例如，冰期开始阶段，海表温度降低、对流打破海洋层化（stratification）、上层氧气输送到深海缺氧层，导致半活性溶解有机碳库释放 CO_2，从而减缓冰盖的增长；而冰消期开始阶段，温度升高导致酶活性增加、有机物降解作用加强，半惰性溶解有机碳释放 CO_2 到大气中，从而加速了冰盖的融化。因此，在冰期早期和冰消期，深海的半活性和半惰性溶解有机碳减少，会释放较多 ^{12}C 进入海水，使得底栖有孔虫碳酸钙壳体记录的 $\delta^{13}C$ 呈现负偏移（图 2-6）。总的来说，微型生物碳泵和碳酸盐泵（carbonate carbon

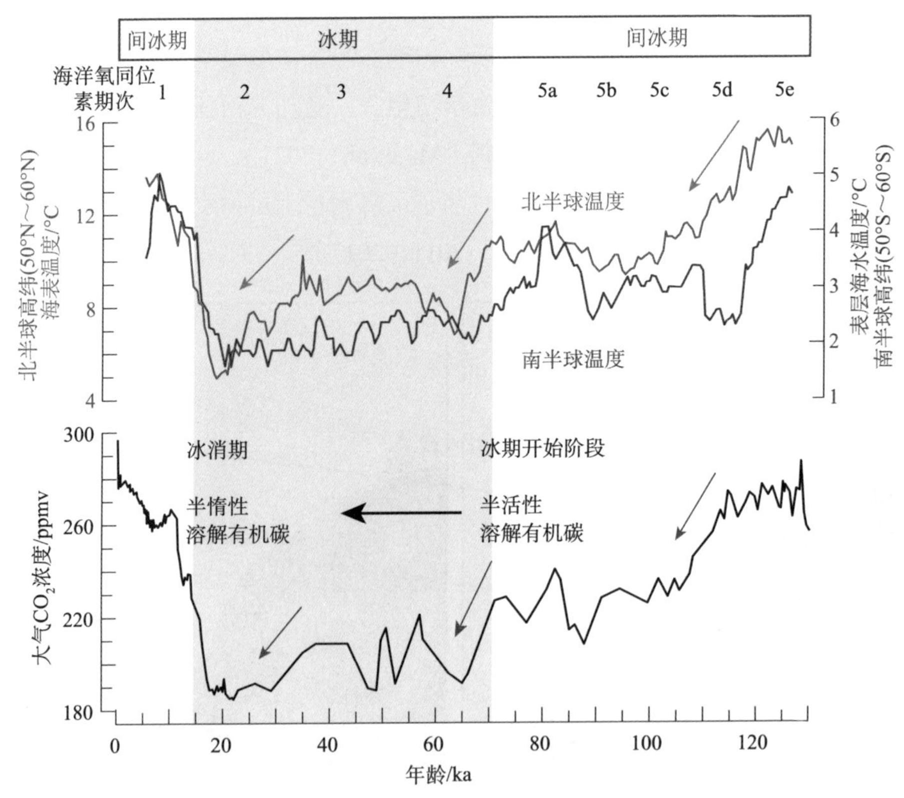

图 2-6　晚第四纪冰期旋回中高纬海区海表温度与大气 CO_2 浓度的变化

冰期开始阶段的半活性溶解有机碳较多，之后惰性溶解有机碳较多；冰消期的半惰性溶解有机碳较多；间冰期的活性溶解有机碳较多

pump，CCP）的运转可以比较好地解释多种地质时间尺度上的碳循环和气候变化，并得到冰期 - 间冰期旋回中海洋溶解有机碳库与大气 CO_2 浓度的数值模拟验证。

然而，研究溶解有机碳的时空变化仍然有许多难点。从现代海洋入手，惰性溶解有机碳分子的降解机理仍有诸多未知，需要将惰性溶解有机碳分子化学键键能、分子极性等生物化学因素与海洋氧化程度、温度等环境因素综合联系开展探索，才能打通从生物化学、海洋生态到地质科学等一系列学科中的认知瓶颈，真正完整理解海洋溶解有机碳的变化机理。对于过去海洋溶解有机碳的变化，找寻能够标记溶解有机碳变化的地质遗存载体和信号，探索海洋颗粒有机碳与溶解有机碳以及生物碳泵与微型生物碳泵的相互关系，解密海水 C 同位素变化等基本原理，都是需要不断推进的课题。

三、冰盖增长期与冰消期的碳循环

1. 冰盖形成与碳循环

纵览地球历史，高纬冰盖并非常态，其存在甚至只占地质历史的一小部分，而南北半球大陆冰盖并存的现象仅见于最近约三百万年间（Westerhold et al.，2020）。伴随着大洋钻探开始实施和古海洋学初步创立，对新生代冰盖出现和逐步增长的解释，主流观点一直强调板块构造运动造成的关键海道打开或关闭具有决定性的意义。海道开合可以造成大洋环流格局重组、改变全球水热交换和分布，如塔斯曼和德雷克海道贯通造就环南极洋流，从而引起南极热隔离、南极冰盖初现（Kennett，1977）；巴拿马地峡关闭造就北大西洋暖流增强，从而引起北大西洋深层水形成、北半球冰盖初现（Keigwin，1982；Haug and Tiedemann，1998）。然而，构造运动的时间尺度长达百万至千万年，而冰盖的出现相较而言要突然、快速得多，同时海道打开或关闭的准确时间和具体过程也常与气候记录的冰盖出现时间不一致。例如，针对北半球冰盖初现与巴拿马地峡关闭的联系就存在诸多质疑（O'Dea et al.，2016；Jaramillo et al.，2017；Molnar，2017），从而引发学界从其他角度来思考冰盖出现的问题。

基于对始新世—渐新世之交海洋－气候－冰盖的耦合模拟，研究发现南极冰盖开始出现的必要条件是大气 CO_2 浓度下降到 750 ppmv 以下，而环南极海道的开放只是一个次要的因素（DeConto and Pollard，2003）；同样地，北半球冰盖能够出现也需要大气 CO_2 浓度大幅下降到 280 ppmv 以下（DeConto et al.，2008）。换句话说，冰盖出现的前提条件是温室效应足够弱、气候背景足够冷。新生代大气 CO_2 浓度变化的直接证据主要来自有孔虫 B 同位素和长链烯酮 C 同位素等指标方法，其整体上支持：伴随着新生代全球变冷，大气 CO_2 浓度也在逐步下降，从新生代早期的约 1000 ppmv 下降到晚第四纪的约 200 ppmv。在冰盖增长的关键时期，大气 CO_2 浓度也确实下降到模拟推算的阈值（图 2-7）（Rae et al.，2021）。

新生代大气 CO_2 浓度为何下降？大气中跑掉的碳去了哪里？仍然是有待回答的重大问题。对于前一问题，传统上认为新生代板块汇聚的主旋律造就了一连串的活动大陆边缘和山脉——特别是青藏高原，会增强大陆岩石风化从而消耗 CO_2，使得大气 CO_2 浓度下降（Raymo et al.，1988；Raymo and Ruddiman，1992）。然而，对风化过程的细致考察发现，事情并非这么简单。大陆山脉的中酸性火成岩基底，风化消耗 CO_2 的效率要远低于洋壳来源的基性火成岩，因此最新的研究更强调深入探索风化母岩的类型（岛弧山脉），而不能只简单地考虑风化基底的面积（大型山脉）（Caves Rugenstein et al.，2019）。而且，新近纪青藏高原隆升期间，周边海域沉积记录显示的高原化学风化通量和速率并没有明显增强，甚至在相对减小，可能是由于主要的高原风化场所在逐步向高原内部转移，暗示高原风化并非大气 CO_2 浓度降低、气候变冷的原因（Clift and Jonell，2021）。对于后一问题，研究和认识的缺口更大。新生代大气中损失的碳最可能的去向就是海洋，赤道太平洋的碳酸盐补偿深度自新生代以来加深了近千米（Pälike et al.，2012），初步揭示深海碳储库增加与大气 CO_2 浓度下降的耦合关系。但这都是定性的观察，量化大洋碳库对新生代变冷、冰盖增长过程的贡献，是未来需要逐步解答的重大课题。

2. 冰盖增长期海洋碳封存

冰盖增长期，大洋碳库是否封存了更多的碳？要清楚解答这一问题，需

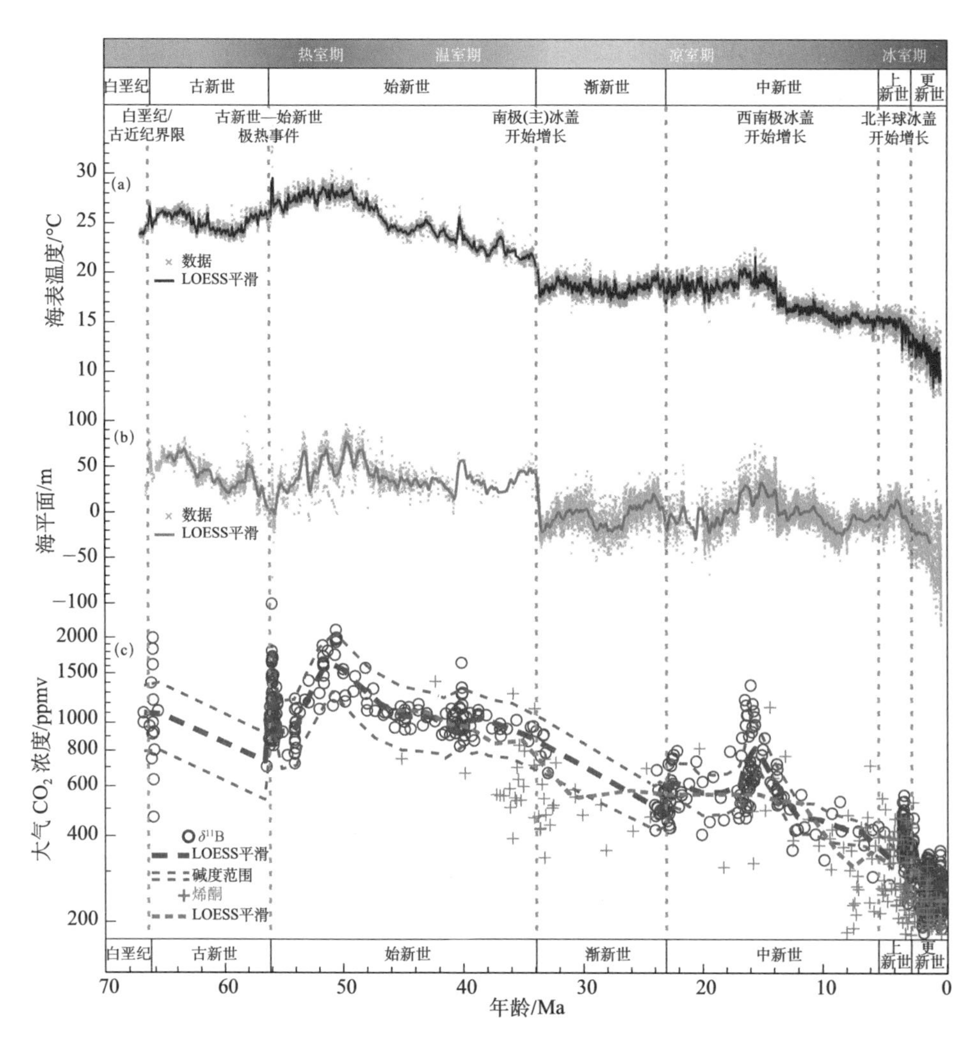

图 2-7 新生代大气 CO_2 浓度和全球气候（引自 Rae et al.，2021）

（a）据底栖有孔虫 O 同位素估算的海表温度；（b）全球平均海平面；（c）由 B 同位素和长链烯酮 C 同位素重建的大气 CO_2 浓度。纵虚线表示地层年代界限，南极冰盖初现于始新世—渐新世之交（约 34 Ma）、北半球冰盖初现于上新世—更新世之交（约 2.6 Ma）

要综合考察环流格局、水团性质、碳化学组成等要素，因此首先需要聚焦个别事件进行综合研究。近年来涌现的研究案例正在不断完善针对这一问题的拼图。例如，针对约 13.8 百万年前东南极冰盖扩张事件，来自中国南海的 Nd 同位素、O 同位素和 C 同位素及 B/Ca 值的综合记录，揭示这一时期大气 CO_2 浓度下降是由陆架碳酸盐风化、陆地生物碳库扩张以及南大洋深层水生成减弱导致的太平洋深层翻转环流减缓等因素共同造就的结果（Ma et al.，2018）。

最近的北半球冰盖增长，也可能与太平洋和大西洋深部碳储库的增加密切相关。无论是约 300 万年前的北半球冰盖初始增长，或是约 100 万年前的北半球冰盖进一步增长，来自太平洋和大西洋的深层水流和碳化学指标证据，正在逐步揭示南大洋来源的海水组分增加、环南极生物泵作用增强，引发的太平洋深部海水无机碳库增加可以解释当时大气 CO_2 浓度下降幅度的约 1/3（Qin et al.，2022）。与之相伴，碳酸钙埋藏也可能从大西洋向太平洋转移，使得全大洋海水碳库改组（Sosdian et al.，2018），这样可能不仅促进了冰盖增长，同时也隐示着晚第四纪冰期旋回之中大气 CO_2 浓度剧烈变动的根本原因。

3. 冰消期海洋碳释放

冰期旋回中的碳循环过程，研究资料最丰富的时期集中在末次冰消期。一方面是因为此时段可应用多种独立测年方法，保证了可以准确划定所探讨的变化过程的时间；另一方面则是因为冰消期的各种海洋、气候和生物地化过程变化的幅度大、速率快，相对更容易清晰识别和鉴别。解答冰消期时大气 CO_2 上升的原因，是完整认识气候变化过程中碳循环机理的钥匙。

微型生物碳泵新概念和海洋深部“老碳”的发现不仅可以用于解释碳循环的偏心率长周期，也可以用于解释冰期旋回中较短时间尺度的碳循环。例如，在现代南海，深层海水从西太平洋进入南海，发生强烈的垂向通风，把年龄偏老的深部碳带到上层海洋，使得现代南海成为大气 CO_2 的弱“源”（Dai et al.，2013；Jin et al.，2018）。但是，末次冰期时，由于海平面下降，南海成为半封闭的海盆，表层生产力增大，同时深部海水的垂向通风减弱，使得南海大气 CO_2 的弱“源”失效，可能成为大气 CO_2 的“汇”（Wan et al.，2018），从而改变冰期旋回中南海海气 CO_2 交换的源汇格局。

又如，在末次冰消期 H1 至 B/A 起始，即 17.5～14.5 ka，伴随着大气 CO_2 浓度快速升高约 30%（约 50 ppmv），大气 ^{14}C 同时迅速衰减 190‰ ± 10‰（Broecker and Barker，2007）。学术界推测，冰期海洋生物泵增强，通过碳酸盐泵的作用，南大洋深部储存较多的极其亏损 ^{14}C 的“老碳”（富含惰性溶解有机碳）；冰消期东北太平洋加利福尼亚半岛岸外（Marchitto et al.，

2007）、北大西洋冰岛海脊（Thornalley et al.，2011）等海域的中层水 ^{14}C 活性显著降低（图 2-8），代表着大洋内部与大气隔离数千年的“老碳”水向上翻涌，是解释冰消期大气 CO_2 浓度快速升高而 ^{14}C 锐减的重要机制。因此，来自深海“老碳”的直接释放，一度被认为是解答冰消期大气 CO_2 增加、全球快速变暖的答案。然而，清晰表征冰消期“老碳”水释放的证据，集中在热带东太平洋和阿拉伯海上升流区以及大西洋最北端，在更广泛的西太平洋、北太平洋和大西洋海域则没有发现（Broecker and Clark，2010）；所推测的来自南极中层水的“老碳”信号，在其上游的智利岸外也完全没有表现。但是，东太平洋表层海水 CO_2 的重建结果又确实表明，冰消期当地的海 - 气分压差增大约 80 ppmv，碳源效应显著增强，必然有海洋内部碳向大气释放（Martínez-Botí et al.，2015）。

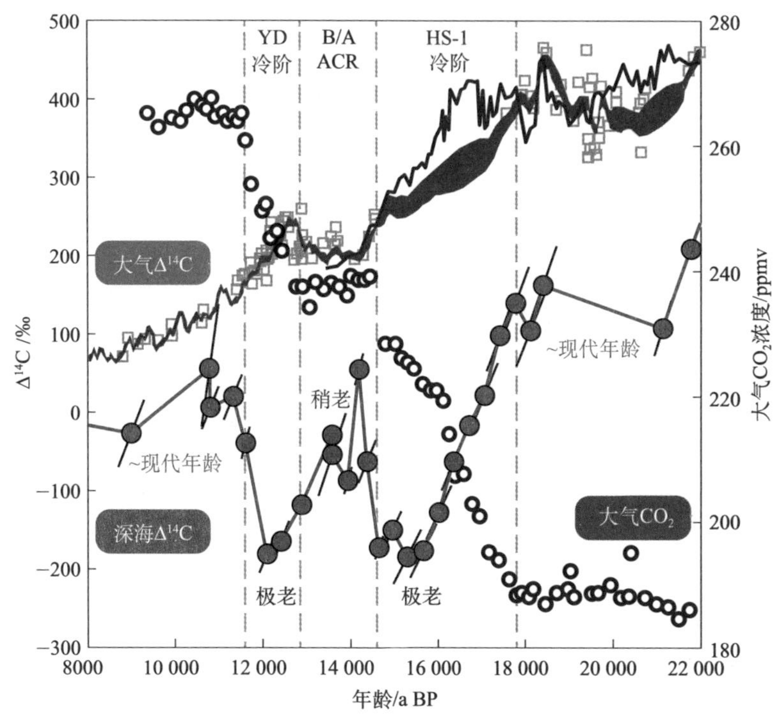

图 2-8　末次冰消期“神秘时期”（17.5～14.5 ka）大气 CO_2 浓度快速上升，而“老碳”水团（$\Delta^{14}C$ 少、年龄偏老）向上翻涌，从赤道东太平洋 Baja California 海区向大气释放 CO_2（Marchitto et al.，2007）

YD：新仙女木冷阶；B/A:Bolling/Allerod 暖阶；ACR：南极冷反转（Antarctic cold reversal）；HS-1：海因里希冷阶 -1（Heinrich stadial-1）

因此，尽管可以确认冰消期大气 CO_2 升高的来源是海洋深部“老碳”库的释放，但是其来源、传播路径和机理、海水化学反馈、生物泵效应等仍需逐步解答（Chen et al.，2015；Chen T et al.，2020）。冰消期已发现的最直接、活跃的海洋碳源在南大洋和赤道东太平洋（Shuttleworth et al.，2021），前者可能主要与全大洋深部环流和南大洋生物泵的变化相关，而后者则不仅联系于南大洋来源的深层碳库，而且紧密联系于热带海洋和气候过程。综合广泛的指标证据，明确各个环节的时间关系，进而完整解答冰消期海洋－大气碳交换过程，是更深入理解地球表层碳循环的一个有力突破口。

四、我国研究方向的建议

1. 建立全大洋跨时间尺度碳循环的系统认识

纵览冰期旋回碳循环的研究可以发现，尽管证据链条和推理线索已经几乎覆盖从大西洋、南大洋到印度－太平洋的绝大部分海域，以及生物碳泵、海水碳化学、沉积碳埋藏等绝大部分环节，但仍然存在重大遗漏。从地理上看，漏掉了副热带“海洋荒漠区”；从机理上看，漏掉了微型生物和惰性溶解有机碳。这些遗漏并非因为它们不重要，而是因为研究者视野不及。因为副热带海域长久以来被认为是营养寡淡、生产力匮乏、沉积保存缺失的地方，因此要么无人关注、要么无从下手。但是越来越多的研究证明，尽管副热带海域寡营养、碳通量低，但却是产生溶解有机碳的核心（Follows et al.，2007），其生物生产力在冰期旋回中巨幅变化（Kemp et al.，2010；Xiong et al.，2015），在海洋碳循环中扮演着重要角色。

因此，继续探索多时间尺度海洋碳循环的机理，从冰期旋回、跨越冰期旋回到新生代演变乃至地球生命史的地质记录中去搜罗线索，是解决上述问题的一条有效途径。但需注意，在现有研究结果的基础上，更应着眼于去副热带海区、溶解有机碳库这样的“黑暗森林”中去找寻丢失的钥匙，尽管目前来看，这些“黑暗森林”中沉积颗粒稀少、研究方法有待建立。同时，要跳出和进入冰期旋回来思考，着手于跨越冰期旋回的长周期碳循环演变、冰期旋回进程中的碳循环细节过程，注重南大洋与热带大洋的高低纬度之间、海洋深部与上层之间、海洋表层与大气之间的碳交换过程演变。这些着眼点和着手处，扼住了碳循环的关键性环节和颠覆性入口，有机会从整体上建立对地表碳循环的系统认识，实现海洋碳循环演变机制的理论突破，解答传统米兰科维奇理论的难题，为预测未来气候系统自然变化趋势提供科学依据。

2. 探索海洋溶解有机碳库的演变及其气候效应

海洋溶解有机碳在气候变化和地质历史中的作用，是一个尚未完全解答但具有深远意义的课题。以海洋溶解有机碳为核心，聚焦地质历史中的碳泵转变与气候转型、第四纪冰期旋回与碳循环等根本性科学问题，检验碳循环的“海洋溶解有机碳”假说，有望将地球生命演化历史、气候旋回变化与全球碳循环完整地联系起来。

“海洋溶解有机碳”假说拓展开来，涵盖生物学、化学与地球科学等前沿领域的诸多方面。探讨海洋溶解有机碳的生成与转变，是确立 C 同位素分馏效应及溶解有机碳演变的有效地质指标的关键；厘清原核藻类与真核藻类等海洋初级生产者的功能和效用、起源和演化，是回答海洋溶解有机碳的“来处”和“去处”及微型生物碳泵演变的关键；构建溶解有机碳的年龄、分布及其变化，是解构大洋环流、生物生产力和海水化学组成等因素之间相互关系，了解古今海洋环境情景下碳源汇转变的边界条件的关键；理清溶解有机碳库与溶解无机碳库对海洋 - 大气碳交换的相对贡献，是理解地球表层系统水循环与碳循环耦合关系的关键。而水循环与碳循环的耦合，是地球科学最高级别的科学问题，也是中国地学界最高级别的研究目标。

总之，探索海洋碳循环变化及其在冰期旋回中的作用，是一个颇具前瞻性和挑战性的具体科学问题，蕴含巨大潜力，有望成为中国地学界打通地球系统科学的时空隧道的重要突破口（汪品先，2009）。想要真正打开这个突破口，需要采用古今结合的思路、地质记录与现代观测相结合的手段，以及多学科交叉的方法，并采用多时间尺度的海洋碳循环气候模式进行检验，才能原创性地发展新技术手段、推进新理论假说，引领地球系统科学的发展。

第三节　有机碳与矿物——从海水到岩层

海洋的初始生产力产生在上层的透光带，但是有机质和海水的比重相差不大，海洋生物泵要将海洋上层产生的有机碳输送至深海，很大程度上要借助于矿物，以其较大的比重加速有机质的沉降、提高生物泵的效率。其中，一类矿物是组成浮游生物骨骼本身的生物矿物（biogenic minerals），其帮助有机质的沉降与保存；另一类矿物是海水中悬浮的黏土矿物和金属氧化物，它们和有机质相互作用形成复合体，对有机质产生吸附、保存及转化的作用，进而影响地球表生环境碳循环过程与烃源岩的形成，对地球温度的波动、化石能源的形成起到重要的调控作用。

一、海洋生物泵与“压舱矿物”

20世纪70年代发明的沉积捕获器打开了追踪颗粒有机碳沉降过程的大门。研究发现，浮游植物颗石藻主要靠小型浮游动物的粪粒沉入海底，而颗石藻表层的方解石质颗石（coccolith）比较容易保存和沉降海底（Honjo，1976），于是提出颗粒有机碳的沉降必须考虑矿物的压舱（ballast）作用（Armstrong et al.，2002）。具体说，颗粒有机碳既可以呈有机质的聚合体形态（>0.5 cm）沉降，也可以由矿物挟带加速沉降，这就是“压舱矿物”。

现代海洋最重要的浮游植物是硅藻，其承担着全球海洋初级生产力的40%和整个生物圈1/5的光合作用（Armbrust，2009）。硅藻蛋白质的外壳就是压舱矿物，不仅如此，硅藻的外壳还有助于保护软体的有机质。但是不同矿物的骨骼产生的压舱作用并不相同，因为碳酸钙壳比蛋白石壳致密，颗石藻钙质骨骼的压舱作用就比硅藻大，沉降速率比硅质壳快一倍以上，钙质压舱矿物对于大洋颗粒有机碳沉降的贡献最大（Klaas and Archer，2002；Iversen and Ploug，2010）。压舱作用在各大洋的贡献也不相同，最显著的是高纬北大西洋，颗粒有机碳沉降的60%与压舱作用有关，而在南大洋只有40%与压舱作用有关（Le Moigne et al.，2014）。

在讨论海洋生物泵时，需要注意碳酸盐矿物的作用。因为颗石的成分是碳酸钙，尽管颗石藻的压舱作用最强，但颗石藻在海洋碳循环中的作用却有两面性：颗石藻的光合作用制造有机质吸收大气CO_2（图2-9中的A），方解石颗石的形成却要释放CO_2（图2-9中的B），这就是所谓的“碳酸盐反向泵”，其会增加大气的温室效应（de Vargas et al.，2007）。

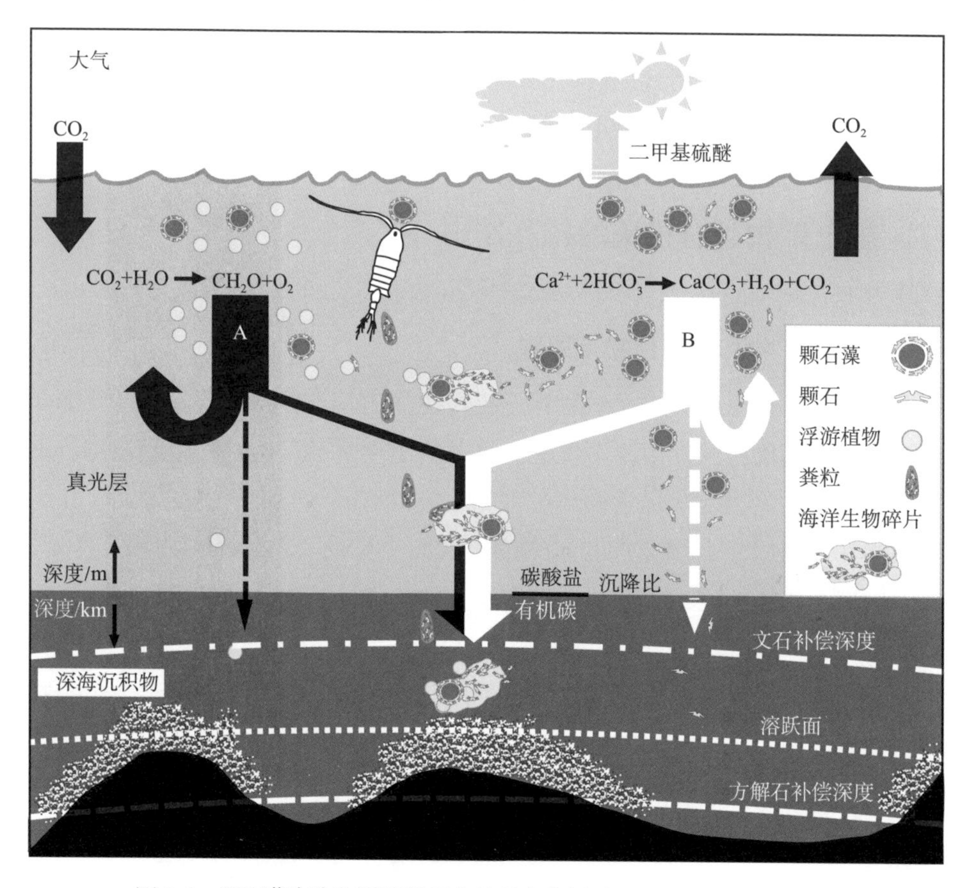

图2-9　颗石藻在生物泵碳循环中的双向作用（de Vargas et al.，2007）

A：有机碳泵吸收CO_2；B：碳酸盐反向泵放出CO_2

即便如此，压舱矿物在海洋生物泵中所起的作用不容置疑。但是在地质历史的长时间尺度上，压舱作用应当说是生物泵演变的一种新现象。早期的浮游植物并没有矿物质的骨骼，海洋也只在浅水有底栖生物形成的生源碳酸盐，要等到两亿多年前发生“中生代海洋革命”，颗石藻和浮游有孔虫开始在深海堆积生源碳酸盐，海洋环境才从“贝壳大洋”转为“白垩大洋”（Zeebe and Westbroek，2003），压舱作用才开始大显身手。但是白垩纪时期大量白垩地层的堆积，又会引发颗石藻的“碳酸盐反向泵”，造成当时暖室期大气 CO_2 出现高值。

然而，白垩纪又是硅藻兴盛的时期。硅藻也是“中生代海洋革命”时期开始出现的浮游植物，但是要到一亿年前才迅速发展，成为新生代海洋最成功的浮游植物和海洋生物泵的主力。只要包括 Si 在内的营养盐到位，硅藻就能迅速勃发，从而抑制其他藻类的生长，新生代晚期转入冰室期，大气 CO_2 急剧下降，硅藻微生物泵做出的贡献功不可没（Armbrust，2009）。

二、黏土矿物与有机质的相互作用

1. 黏土矿物和海洋生物泵固碳

黏土矿物是海洋中常见的悬浮无机颗粒物，其与硅藻、蓝藻等主要海洋浮游生物之间的相互作用，不仅是生物泵的重要环节，也对大空间尺度、长时间尺度上的生物地球化学循环过程和效应具有深远影响。不仅如此，在当前碳中和的背景下，多角度和多维度理解黏土矿物 - 浮游植物的相互作用，是掌握海洋生物泵固碳机制，进而研发高效可持续、生态可接受的海洋固碳增汇技术的基础。

陆源输入、风尘、火山爆发等多种自然过程均向海洋中输入黏土矿物颗粒，其为海洋水体带入 Si、Fe 及微量元素等营养物质，满足了硅藻等浮游生物的生长需要。其中，硅藻在海洋中数量庞大，海洋硅藻通过光合作用所产生的有机碳量与陆地热带雨林有机碳的产量持平。硅藻暴发需要以充足的 Si、Fe 营养供给为前提，而黏土矿物含有充足的 Si 和 Fe，因此这一过程涉及复杂的黏土矿物 - 硅藻相互作用。

通过强化生物泵来促进海洋固碳是学术界多年来的探索方向。影响最大的是美国 Martin（1990）提出的“铁施肥假说”，建议添加少量的 Fe 就可以显著促进海洋浮游植物的生长，产生的有机物埋入海洋，以减少大气的 CO_2。

然而，1993年以来，科学家在多个海域进行了13次人工铁施肥实验，结果都不理想。铁肥确实能促进浮游植物大量生长，但是固定的有机碳还是会在上层海洋分解矿化，重新变成CO_2，不能在海洋中长期封存埋藏。因此，需要另辟蹊径，进一步探索生物泵固碳的途径。

近年来一项新发现是Al元素的作用。硅藻的蛋白石壳体含有少量的Al，增加壳体骨架中的Al含量，可以加强蛋白石壳体的抗溶能力，抑制硅藻生物Si溶解（van Cappellen et al.，2002）。海水里黏土矿物释出的Al既可以提高海洋浮游植物利用海水中Fe和溶解有机磷的效率，提高生产力，并且显著降低生源有机碳的分解速率（Zhou et al.，2021）；又可以提高硅藻壳体里Al：Si的值，加固蛋白石骨架，强化其压舱效应。

研究表明，硅藻能够在较短时间内对黏土矿物颗粒产生溶解作用，导致黏土矿物的溶解和元素的释放，从而获取Si元素（Yuan and Liu，2021）。而释放的Al元素进入硅藻壳体结构中能抑制壳体生物硅的溶解（Liu et al.，2019b）。黏土矿物表面有多种表面基团或吸附位点，能与硅藻、蓝藻等微生物表面有机官能团结合，形成黏土－有机质团聚体（Playter et al.，2017；Liu et al.，2021），有利于有机质的垂向沉降。因此，微观层次的黏土矿物－微生物界面作用，是影响海洋生物泵固碳作用宏观效应（如垂向碳传输的通量、储碳时间等）的重要因素，也是深入理解区域和全球尺度生物地球化学过程不可或缺的环节。

从海洋固碳和碳负排放技术的角度看，海洋生物泵固碳的效率相对不高。由于硅藻硅质骨架的溶解、有机质分解和再循环等作用，最终输出至深海的生物硅量至多仅占表层生物硅量的约3%（Tréguer et al.，2021），进入海洋沉积物埋藏的有机碳则低于1%。因此，促进海洋生物泵固碳的重要研究方向在于调控微藻的生物泵作用，以提高有机碳向下运移至1000 m以下深海的效率。这就要求，从矿物－微生物作用机制的角度入手，寻找矿物强化微生物泵固碳效率的机制和方法［如“矿物增效的生物泵”（mineral-enhanced biological pump，MeBP）］（图2-10）（Yuan and Liu，2021；袁鹏和刘冬，2022），通过人为干预对生物泵作用进行调控。例如，通过提供黏土矿物，对硅藻等生物泵主导的微生物进行“定向”Si、Fe营养供给，通过调控物理、化学和生物过程，提高硅藻等微生物的沉降效率和有机质保存效率。

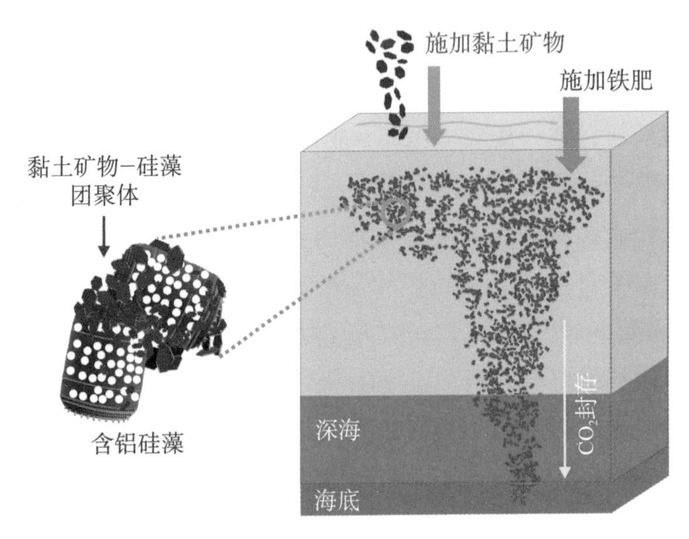

图 2-10　矿物增效的生物泵示意图（袁鹏和刘冬，2022）

2. 黏土矿物和有机质的保存及转化

黏土矿物不仅能提供 Si、Al 等元素，提高微生物泵固碳效率，还能在海洋环境中与有机质紧密结合，形成黏土矿物 – 有机质的复合体（Cotrufo et al.，2019；Hemingway et al.，2019），从而对有机质起到保存作用。黏土矿物具有较大的比表面积（Mayer，1994）、表面电荷（Hedges and Hare，1987）、可膨胀层间域、层间阳离子交换能力（Theng et al.，1986；Kennedy et al.，2002），以及能够形成集合体（Bock and Mayer，2000）等特征，使得黏土矿物与有机质之间能够发生多种作用（图 2-10）。具体说，表面带负电的黏土矿物就可以通过形成阳离子桥（Lützow et al.，2006），或是通过氢键和静电力的相互作用吸附有机分子（Yariv，2002）。黏土矿物还能够通过阳离子交换的方式将有机分子插入可膨胀层间域内（Cai et al.，2007；Liu et al.，2019a），而层间域中有机质的稳定性要高于外表面吸附的有机质（Zeng et al.，2016）。因此，海相页岩和泥岩中的黏土矿物丰度，往往与总有机碳的含量呈正相关（Kennedy et al.，2002，2006）。在一定条件下受黏土矿物层间官能团的（催化等）作用，层间域的有机小分子可以发生聚合或者裂解（生烃）等各种反应（Bu et al.，2019；Liu H et al.，2018）。因此，有机质在黏土矿物层间的赋存作用不仅涉及固碳（Cai et al.，2020），还与生油 / 烃等过程密切相关（Zhu et al.，2016）。

黏土矿物八面体结构是铁的重要赋存场所，黏土矿物结构铁的氧化还原循环与有机质的转化相互耦合。因为黏土矿物结构铁位于其硅酸盐骨架之中，在氧化还原过程中比较稳定。在经历多个氧化还原循环之后，黏土矿物不容易发生矿物的相变，也不会导致氧化还原活性的变化（Yang et al.，2012；Zeng et al.，2017）。黏土矿物结构 Fe（Ⅲ）能够作为微生物呼吸的电子受体，促进有机质的矿化（Dong et al.，2009）（图 2-11）。目前，已经报道多种功能微生物类群能够还原黏土矿物，包括具有代表性的铁还原菌，如希瓦氏菌和地杆菌（Dong et al.，2009），以及硫酸盐还原菌（Liu et al.，2012）、产甲烷菌等（Zhang et al.，2013），说明黏土矿物在微生物铁呼吸过程中扮演重要角色。

另外，在铁还原反应过程中，有机质除了作为电子供体以外，部分具有氧化还原活性的有机质还能作为电子穿梭体加速反应的速率。一些具有醌类官能团的有机质，在黏土矿物铁还原反应中可以扮演电子供体与电子穿梭体的双重角色（Sheng et al.，2021），进一步说明有机质与黏土矿物铁还原过程的紧密联系。

另外，黏土矿物在铁氧化过程中同样也能够表现出催化属性，影响有机质的氧化与矿化。最近的研究发现，在近中性的 pH 条件下，黏土矿物结构 Fe（Ⅱ）氧化能够产生具有强氧化活性的羟基自由基（·OH）和其他活性物质（Zeng et al.，2017；Xie et al.，2020），从而促进有机质的矿化（图 2-11）。产生的 ·OH 可以有效地改造有机质的成分与结构，降低分子量，增加其生物可利用性（Zeng et al.，2020）。这也进一步证明了在一些有机质丰富且氧化还原条件波动的环境中，有机质的氧化速率与 Fe（Ⅱ）的氧化速率呈现正相关性（Hall and Silver，2013）。

3. 黏土矿物 – 有机质复合体与成岩作用

当黏土矿物 – 有机质复合体最终埋藏到一定深度以后，随着温度压力的升高，有机质会经历一系列的复杂转化过程，最终生成烃类物质。在泥质烃源岩中，除了无定型有机质外，还有结构有机质和孢型有机质等（Cai et al.，2020）。采用定量分离和检测发现（Du et al.，2022），不同类型的泥质烃源岩中可溶性有机质（dissolved organic matter，DOM）、矿物结合态有机质

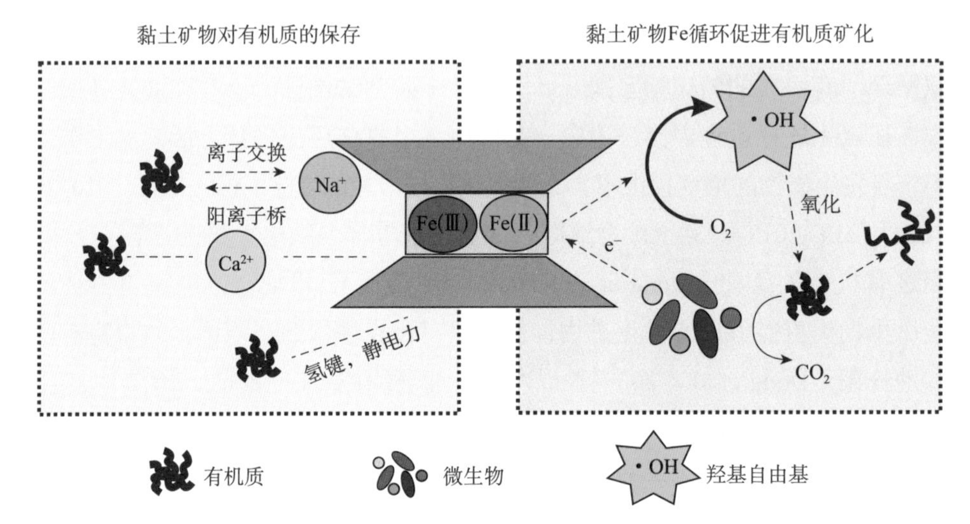

图 2-11　黏土矿物与有机质的相互作用机制

（mineral-associated organic matter，MOM）和颗粒有机质（particulate organic matter，POM）的含量不同，且随埋深增大，矿物吸附有机质的生烃贡献量逐渐增加，展现了黏土矿物吸附有机质及其对有机质生烃的控制作用。

传统的生烃理论强调有机质裂解与黏土矿物的催化作用（Tissot and Welte，1984），但沉积有机质转化成油气必须经历加氢和去氧的过程（Zobell，1945）；众多的含油气盆地中黏土矿物转化与油气生成的高峰是一致的（Seewald，2003），这些都说明在有机质生烃过程中，黏土矿物与有机质之间存在着相互作用。模拟实验表明，随着蒙脱石向伊利石转化，黏土矿物吸附态的有机质会经历解吸附过程（Du et al.，2021a）；而黏土矿物固体酸性［布朗斯特（Brönsted）酸与路易斯（Lewis）酸］的变化，既促进了有机质的裂解（Du et al.，2021b），又为有机质生烃提供了无机氢源。进一步的模拟实验研究发现，不同类型黏土矿物对有机质生烃产物的差异具有控制作用（图 2-12）（Cai et al.，2022a）。所有这些特征都表明黏土矿物在有机质生烃过程中的作用不容忽视。

黏土矿物吸附有机质还有利于高质量有机质的保存（图 2-12）（Cai et al.，2022b）。在埋藏演化过程中，随着黏土矿物转化，有机质会发生解吸作用，经过氧化作用或酸化作用转化成甲烷或无机碳；或者经过固体酸化作用转化成油气，构成了黏土矿物调控的有机碳循环系统。

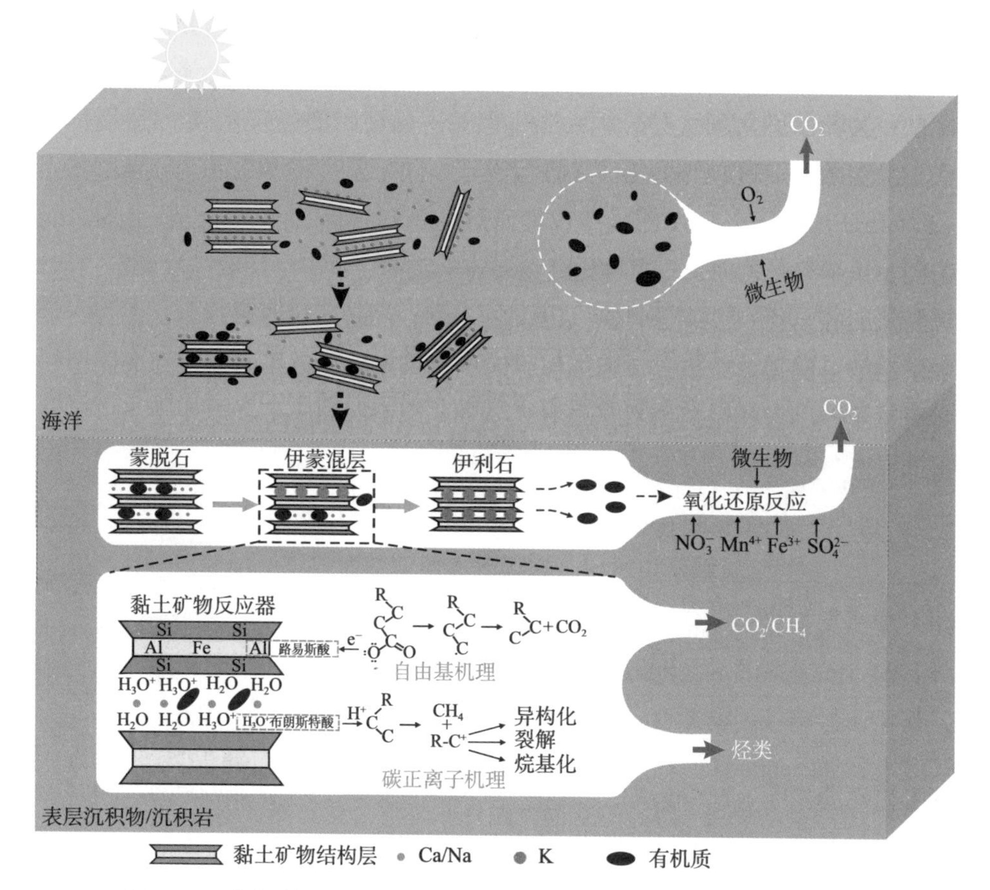

图 2-12　黏土矿物－有机质相互作用下有机碳循环图（Cai et al.，2022a）

4. 黏土矿物与干酪根的相互作用及其气候效应

黏土矿物－有机质复合体经过埋藏后，在高温高压条件下，可转化成不溶于一般有机溶剂的干酪根，总量可达到 1.5×10^7 Pg C，是岩石圈有机碳库的主体，占地球上还原形式碳的 99.9%，而构造隆升和剥蚀可导致每千年有 150 Pg C 干酪根剥露到地表而发生风化作用（Hedges and Oades，1997）。干酪根的这种风化过程（氧化作用）消耗 O_2，并向大气圈释放 CO_2（Blattmann，2022）。相反地，海洋沉积物中生物圈碳的埋藏移除了地球表层的碳，在地质时间尺度上降低大气 CO_2、提高 O_2 含量（Galy et al.，2008）。因此，干酪根的风化作用和沉积有机碳在海洋中的埋藏，对于控制大气化学成分起到重要的补偿作用（图 2-13）。

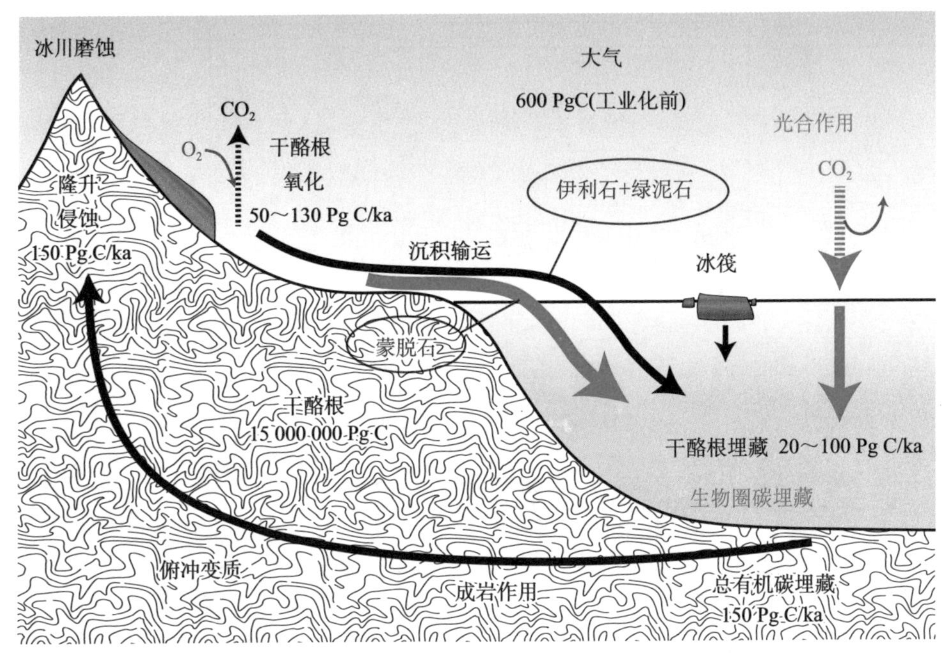

图 2-13　有机碳循环与干酪根（黑色实线）和生物圈碳（绿色实线）的运移路径（Blattmann et al.，2019；Blattmann，2022）

在冰期 / 间冰期气候变化的尺度上，冰期时由于冰川和冰盖的作用，干酪根很少发生氧化作用，在地表封闭的外生循环系统中转变，再埋藏的效率提高；而在间冰期时期，干酪根的氧化效率提高，有更多的碳释放到大气中，在地表开放的外生循环系统中转变，再埋藏的效率降低（Blattmann，2022）。由此看出，干酪根循环在很大程度上影响或决定地质时间尺度上大气 CO_2 和 O_2 成分的变化，从而影响气候的长期演变。然而，干酪根风化和再埋藏的定量研究目前还非常局限，阻碍着人们对地质时期干酪根再循环行为的认知，而这种知识对于理解包括 CO_2 和 O_2 在内的大气化学成分演化和有机质沉积记录中的生物地球化学信息都至关重要。

近期的海洋观测研究发现，随构造隆升剥露到地表的干酪根，有相当一部分与黏土矿物（如伊利石、绿泥石）紧密结合，从剥露、侵蚀、搬运到沉积的整个过程中既不会释放碳，也不会被氧化；而发生氧化作用的另一部分干酪根就会将碳释放到大气圈和生物圈，作为土壤成因碳与次级黏土矿物（如蒙脱石）相结合，搬运到海洋后再次进行循环（Blattmann et al.，2019）。

Blattmann 和 Liu（2021）利用这种干酪根和黏土矿物的密切关系，尝试提出干酪根再埋藏的黏土矿物定量指标，揭示海洋沉积物中的伊利石和绿泥石与干酪根之间存在的直接线性关系。例如，当伊利石＋绿泥石为 100% 时，干酪根的重量百分含量约为 0.5%；当伊利石＋绿泥石为 50% 时，干酪根的重量百分含量约为 0.2%。受伊利石和绿泥石相对含量的影响（Liu et al.，2016），这种直接的线性关系在内陆流域沉积物中的显示有一定的分散性，而对于海洋沉积物来说，可能在沉积动力分选作用下显得线性相关的程度更高。尽管这个指标存在着一定的局限性，然而将黏土矿物与干酪根的相互作用作为指标，在地质时间尺度上通过研究干酪根氧化释放 CO_2 的效率，能够为获取干酪根含量提供一种非常简易和高效的途径。

三、金属氧化物矿物对有机质的吸附与转化

1. 铁铝氧化物对有机质吸附与共沉淀

铁铝等氧化物在海洋沉积物中广泛分布，它们通过多种方式与有机质相结合，提高沉积物中有机碳的储存量和稳定性，其中铁氧化物比铝氧化物与有机碳结合的能力更强。铁氧化物结合态的有机碳，在海洋沉积物总有机碳库的总量中占 21.5% ±8.6%（Lalonde et al.，2012）。

有机碳和铁氧化物的结合方式主要有两种：吸附和共沉淀。两者的差异在于，吸附是在形成铁氧化物之后，有机碳与其表面发生的作用；而共沉淀是在 Fe（Ⅱ）氧化形成铁氧化物的过程中，将有机碳结合于三价铁矿物结构而发生的共同沉淀（Kleber et al.，2015）。Chen 等（2014）利用同步辐射技术发现，通过形成三价铁－有机配体等复杂作用，铁碳共沉淀比吸附过程结合的有机碳容量更大。此外，有机碳还会影响铁氧化物的形成和转化路径，铁氧化物的形成和转化又反过来调控有机碳的固定。研究显示，有机碳促进弱晶质铁氧化物的形成，并抑制其转化成结晶度高的矿物，弱晶质铁氧化物反过来又能够结合更多有机碳，促进有机碳的共沉淀作用，从而构成一个正反馈的关系（Chen et al.，2018，2021）。有机碳－铁氧化物共沉淀的结合方式，通常存在于氧化还原条件动态变化的环境中。例如，在沉积物－海水界面，

沉积物中的 Fe（Ⅱ）被快速氧化成 Fe（Ⅲ）氧化物，这些新生成的 Fe（Ⅲ）氧化物与芳香族等难降解的陆源可溶性有机质发生共沉淀反应，导致陆源有机质被长期保存，因此陆海交界处的氧化还原界面可能是一个天然屏障，极大地降低了陆源有机碳向大洋的输送量（Riedel et al.，2013）。

铁氧化物与有机质的结合具有选择性，所以铁氧化物会有选择地稳定有机质中的特定组分。一般地说，非晶态的金属氧化物由于具有较大的比表面积和反应活性，吸附和固定有机质的能力更强。在以吸附方式形成的铁氧化物－有机碳复合体中，可能包含更多的陆源有机碳，而共沉淀形成的复合体中含有更多的海源有机碳。铁氧化物对有机碳的吸附作用取决于特定官能团与矿物表面的相互作用，特别是羧基在这里发挥着重要作用。在与水铁矿共沉淀的过程中，羧基碳含量较高的聚合物通常具有更大的吸附量。有机配位体和天然有机质通过羧基官能团，吸附到水铁矿和短程有序铁（氢）氧化物的表面，而有机质与铁氧化物的结合强度与多糖羧基碳呈正相关（Henneberry et al.，2012）。在含有不同类型的有机化合物中，铁铝氧化物会选择性地吸附分子量大、富含羧基碳和芳香碳的组分（Lv et al.，2016；Yeasmin et al.，2017）。

2. 铁氧化物与有机碳转化的耦合

除了对有机碳的固定作用以外，铁氧化物的氧化还原循环也驱动着有机质的转化过程（图 2-14）。其中，有机质的转化过程主要包括 Fe（Ⅲ）异化还原介导的有机质转化，以及由 Fe（Ⅱ）氧化产生的活性氧所驱动的有机碳转化（Chen et al.，2018；Chen C et al.，2020；Kleber et al.，2021）。Fe（Ⅲ）是海洋沉积物含量丰富的电子受体之一，在厌氧环境下，铁还原微生物利用 Fe（Ⅲ）作为电子受体，采用有机质作为电子供体，将 Fe（Ⅲ）还原为 Fe（Ⅱ），并促进有机质降解或者矿化为 CO_2（Pan et al.，2016；Chen et al.，2018）。在过去 20 年，对全球滨海沼泽和红树林的观测发现，铁异化还原对有机碳代谢的贡献率为 5%～108%，说明铁异化还原是湿地厌氧有机碳代谢的重要途径之一，其反应速率通常受到铁氧化物丰度和矿物特征、有机质的含量、铁还原微生物的丰度、pH 和氧化还原电位等因素的影响（Yu et al.，2021）。铁还原的微生物代谢过程不仅直接耦合有机碳分解，还会导致与其相结合的有机碳的释放，增加有机质的生物可利用性，促进有机质的转化（Pan et al.，2016；Chen C et al.，2020）。当环境从厌氧转变为有氧时，铁异化还原过程产生的 Fe（Ⅱ）能够产生具有强氧化性的羟基自由基（·OH）和其他氧化性物质，进而氧化各类有机物，促进有机碳的转化（Du et al.，2020；Chen et al.，2021）。

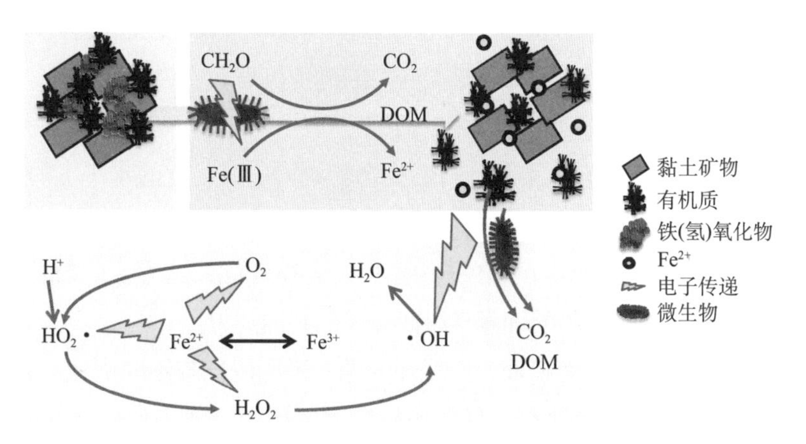

图 2-14 含铁矿物动态转化对有机碳固定与分解的调控作用

综上所述，铁氧化物的矿物学特性以及氧化还原的敏感性，都与有机碳的动态变化紧密耦合。以往的研究过于简单，只考虑铁矿物对有机质的保护作用，未来的工作应该充分考虑铁矿物动态转化对有机质固定与转化的多重调控机制及其与环境条件之间的复杂关系。

四、我国研究方向的建议

矿物－有机质相互作用在地球系统及其演变历史中扮演着重要角色，在空间上覆盖主要的地球环境，在时间上几乎贯穿整个地球历史。矿物对有机质的形成、转化和归趋发挥着重要作用，进而影响海陆生态系统的塑造、物质循环、油气资源生成等重要过程。相反，有机质对矿物的形成和转化也同样具有重要影响，主要表现为对矿物相变和演化、生物矿化和效应等过程的制约。

矿物－有机质相互作用这一方向将来需要关注四个主题：①海陆相互作用过程中的矿物－有机质作用；②矿物与有机质相互作用的微观机理及宏观

效应；③矿物－有机质周转过程与速率；④表征矿物－有机质相互作用的关键技术方法。

无论是海洋沉积物还是陆地含水层沉积物，都广泛存在着矿物－有机质相互作用。目前，有关的认识大多来自于陆地土壤环境，对于海洋沉积环境、海陆交换带中的矿物－有机质作用的研究还很欠缺；需要以学科交叉的视角，综合微生物学、地质学、海洋化学等领域的理论与方法，剖析海洋沉积体系和海陆相互作用体系中矿物－有机质作用的微观机理和宏观效应。

目前，有关矿物－有机质作用的研究大多集中在实验室微观机理的揭示，而对典型地质样品的研究还有待向更微观（矿物晶格尺度的水平）的方向进一步深入。同时，对矿物－有机质相互作用的宏观效应的评估还显得不足，微观机理与宏观效应有机结合的理论模型还有待建立，这需要矿物学、地球化学、有机化学、微生物学等多学科研究者的共同努力。

与元素循环相似，有机质也有生命周期，不同阶段与不同矿物发生作用，从而影响其周转方向和速率。目前的研究大多集中于地表的低温低压环境，对矿物和有机质演化周期的考虑还远远不够。实际上，地下深部的矿物与有机质作用（如成岩以及后期的生烃等过程），无论是其机制、程度，还是其宏观效应，都与地表环境有显著差异。因此，未来研究需要更加注重对矿物－有机质相互作用的整个生命周期的综合考虑，以充分认识这一地球系统中的关键过程。最后，表征矿物－有机质相互作用的关键技术既包括地球科学领域的方法，也涉及化学、生物学等其他领域的手段，应当强调多学科技术的联合和融合，并且开发适合本领域的新技术与新手段。

第四节　生物碳泵的地质演化

人们对地质时期海洋生物碳泵了解得很少，基本是粗线条的框架性认识，缺乏定量化评估（谢树成等，2022）。一方面，生物经历了从原核微生物到藻类再到多细胞动物的演化，导致古海洋生物碳泵的阶段性演化。另一方面，生物碳泵的演化对古气候、大气氧化事件、古海洋环境乃至生物演化等产生重要影响。定量评估海洋生物碳泵的地质演化过程，必将有助于了解地球系统各圈层之间存在的复杂相互作用关系[①]。

一、地质时期生物碳泵研究的挑战

现代海洋可以通过检测水体里的一系列参数查明海洋生物泵和微型生物碳泵的变化，而古海洋这些碳泵的空间和时间变化都浓缩到岩石里。从岩石中解析这些碳泵的具体过程和通量变化的难度可见一斑，极具挑战性。其中，地质时期的海洋生产力以及颗粒有机碳和溶解有机碳的定量、海洋各类微生物功能群的识别和定量是最具挑战性、最为关键的两大难题。

1. 古海洋生产力、颗粒有机碳和溶解有机碳的定量评估

生物泵是海洋生产力通过颗粒有机碳实现储碳的，而微型生物碳泵则是通过惰性溶解有机碳实现储碳的，不过这两种储碳的时间尺度大不相同。查明地质历史时期海洋生物碳泵实质上需要定量评估海洋生产力以及颗粒有机碳和溶解有机碳的变化。实际上，地质时期海洋生产力的数据很少。如果说叶绿素 a 的变化可以用来反映现代海洋生产力的变化，那么地质时期用什么指标来记录古生产力还争议很大。微体古生物学方法和生物地球化学方法可以用来计算海洋古生产力（谢树成等，2016）。目前已经开发出用于估算古生产力的一些替代性指标，包括 Si、P、Ba、Fe、Al、Cu 等元素都能较好地表征古生产力的变化（黄永建等，2005），Cd 等同位素组成也可以用来表征古生产力的变化（Zhang et al.，2018）。

地质脂类分子化石可以用来评估古海洋生产力及其结构的变化。光合自养生物具有植醇侧链或者卟啉化合物，由这些化合物衍生出的姥鲛烷和植烷是研究地质时期海洋生产力的重要地质记录。在缺乏陆源高等植物有机质输入的海区，姥鲛烷和植烷的总丰度在一定程度上能够反映光合自养生物的丰度。最近，卟啉化合物的 N 同位素可以用来揭示古海洋生产力的变化，并取

① 相关关键地质时期生物泵的研究进展，请参阅《科学通报》2022 年第 67 卷第 15 期的“生物泵演化与重大地质事件专辑”中的论文。

得了较好的效果（Shen et al.，2018）。

尽管人们已经开发了一些研究古海洋生产力的替代性指标，但对古海洋不同水柱的颗粒有机碳和溶解有机碳的变化却了解得极少。人们根据有机碳同位素与无机碳同位素的关系提出了新元古代埃迪卡拉纪的海洋存在一个大型的溶解有机碳库，但实际上这个溶解有机碳库到底有多大，人们无从得知，一些学者甚至怀疑是否存在这个大型溶解有机碳库。之所以存在这些争议，主要在于颗粒有机碳和溶解有机碳缺乏可靠的代用指标。在新生代大洋，有机碳同位素值可能反映了海洋颗粒有机碳 / 溶解有机碳的相对变化（Wang et al.，2014，2017）。海相碳酸盐岩的热释光也被认为可以记录古海洋的生产力和溶解有机碳变化（Wang et al.，2015；Qiu et al.，2019）。然而，地质时期海洋颗粒有机碳和溶解有机碳的定量评估还有很长的路要走，当务之急是开发可以记录颗粒有机碳、溶解有机碳或者它们相对变化的替代性指标。这是评估地质时期海洋生物碳泵的一个关键环节，亟待突破。

2. 微生物功能群的地质演化与定量评估

自养微生物是生物碳泵研究的关键环节之一，直接与海洋有机质的合成有关。人们对一些自养微生物功能群的起源和演化有了一些重要认识，但总体还很欠缺，特别是对同一微生物功能群的不同类别的起源和演化还不清楚。例如，与氮循环有关的微生物功能群对碳循环影响很大，但有关固氮微生物功能群不同类别的起源时间和演化路径人们还了解得很少。即使是人们非常熟悉的蓝细菌这类固氮微生物，对它们不同属种的演化关系也很不清楚。

异养微生物则与有机质的转化和溶解有机碳的形成有关。初级生产者的绝大部分有机质都在海洋不同深度的水柱里被消耗掉，只有很少部分最终才以颗粒有机碳的形式沉降到沉积物而被埋藏起来。同时，颗粒有机碳要转化成惰性溶解有机碳，也主要依靠异养微生物的降解作用实现。这两个碳泵过程都与异养微生物的作用有关。然而，与自养微生物相比，人们对异养微生物的起源时间和演化途径了解得更少。

人们对自养微生物和异养微生物的定量化研究更加薄弱。对于生物碳泵特别重要的蓝细菌、藻类等光合自养生物，其绝对丰度在地质时期的变化人们还知之甚少，仅仅是大致了解一些相对丰度的变化。例如，元古宙是蓝细菌时代，但这个时期海洋蓝细菌的丰度到底是多少，至今没有一个确切的数据。绿藻是古生代重要的光合自养真核生物，但它在真核生物的具体占比是多少、在海洋里的丰度是多少，人们还不得而知。甚至，绿藻与原核自养生物相比哪个更多，人们也无从回答。

与生物碳泵有关的不同微生物的起源和演化可以从现代微生物入手，利用分子钟的手段进行探索。例如，利用分子钟方法估算了两次氨氧化古菌的起源和演化，对应于两次大氧化事件（Ren et al.，2019），其分别代表了氨氧化古菌在陆地上的出现和在海洋里从浅水向深水的扩展。然而，分子钟方法却不能解决微生物的生物量难题。

生物量则可以从形态学方法入手，根据生物个体进行统计分析，但受到保存条件、鉴定困难等因素的影响。生物标志化合物及其同位素组成是解决生物量难题的一个重要抓手。在原核生物中，蓝细菌等固氮微生物是最重要的海洋生产力组成之一，其标志化合物主要是2-甲基藿类（如2-甲基藿醇、2-甲基藿烷等），特别是碳数在C_{31}以上的同系物（Summons et al.，1999）。一些蓝细菌还具有许多中等碳链长度的单甲基和双甲基的支链烷烃化合物。如果能把这些分子化石与N同位素组成结合，则更有利于探讨固氮微生物的丰度变化。

各种不同的藻类具有很好的甾醇类标志化合物（Volkman et al.，1998），其是研究地质时期藻类丰度变化的关键记录。红藻和绿藻分别具有高含量的C_{27}和C_{29}甾类化合物，它们的比值往往可以在缺乏陆源输入的海区反映出这两类真核微生物对海洋生产力的相对贡献大小。现代海洋中的三大浮游植物都有特征性的标志化合物。硅藻的分子标志化合物为菜籽甾醇。C_{25}和C_{30}长支链类异戊二烯也主要与硅藻来源有关（Volkman et al.，1998）。甲藻具有4-甲基甾类标志化合物。一些颗石藻则有特征性的长链烯酮化合物。疑源类在某些地质时期对海洋生产力的贡献较大，特别是在早古生代，这类生物具有诸如C_{33}正烷基环己烷的特征性分子化石（Grice et al.，2005）。

未来很长一段时间，除了利用各类分子化石探索不同微生物的起源和演化以外，更重要的是定量评估不同光合自养生物对初级生产力的贡献大小。

二、不同地质时期的海洋生物碳泵

1. 太古宙

太古宙海洋生物碳泵有两个重要的特征性影响因素：一是光合原核生物，二是缺氧的海洋环境（谢树成等，2022）。由于光合作用的能量利用效率远比化能的要高，光合自养原核生物的生物量比早期化能自养生物高三个数量级，因此光合自养生物的生物泵作用比化能自养有所提高，尽管仍比元古宙藻类的要低。同时，太古宙的缺氧环境有利于有机质的埋藏，有机碳埋藏量相对比较高，生物泵效率也有所增高。在产氧光合作用出现之前，太古宙海洋浅水区的有机质主要是由非产氧光合微生物形成的（Mojzsis et al.，1996；Tashiro et al.，2017）。

然而，原核生物细胞总体比较小、难以沉降，因此有利于异养微生物对有机质的降解作用，形成比较多的惰性溶解有机碳，有利于微型生物碳泵的发展。特别是，当海洋主体是缺氧环境时，更有利于颗粒有机碳转化成惰性溶解有机碳。太古宙的海洋环境总体以缺氧为主，初级生产者以较难沉降的原核微生物为主，这样的生物和环境背景条件在地质历史上是绝无仅有的。那么，这种长期缺氧环境是更有利于原核生物的生物泵过程埋藏有机碳，还是更有利于异养微生物把颗粒有机碳转化为惰性溶解有机碳而储存在海水里的微型生物碳泵过程？

虽然太古宙海洋是缺氧环境，生物泵和微型生物碳泵的效率应当都比较高，有机碳的储存效率自然也比较高，但是有机碳埋藏分数却是整个地质历史时期最低的（图 2-15）（Krissansen-Totton et al.，2021）。这说明海洋里的碳大多是以碳酸盐形式沉积的。然而，碳酸盐沉积在把海水里的无机碳埋藏到沉积物的同时，还把一部分海水里的碳返回到大气里。有多少碳储存到沉积物里去，对应地就有多少碳被释放到大气里，用化学式表示为：$Ca^{2+} + 2HCO_3^- \rightarrow CaCO_3 + CO_2 + H_2O$，因此碳酸盐泵也常被称作“反泵”（Manno et al.，2018）。但从地质时间尺度考虑，微生物沉淀碳酸盐起到了碳汇的作用。那么，在立体生态系统建立之前，太古宙海洋生物碳泵对大气 CO_2 的调节能力到底有多强？

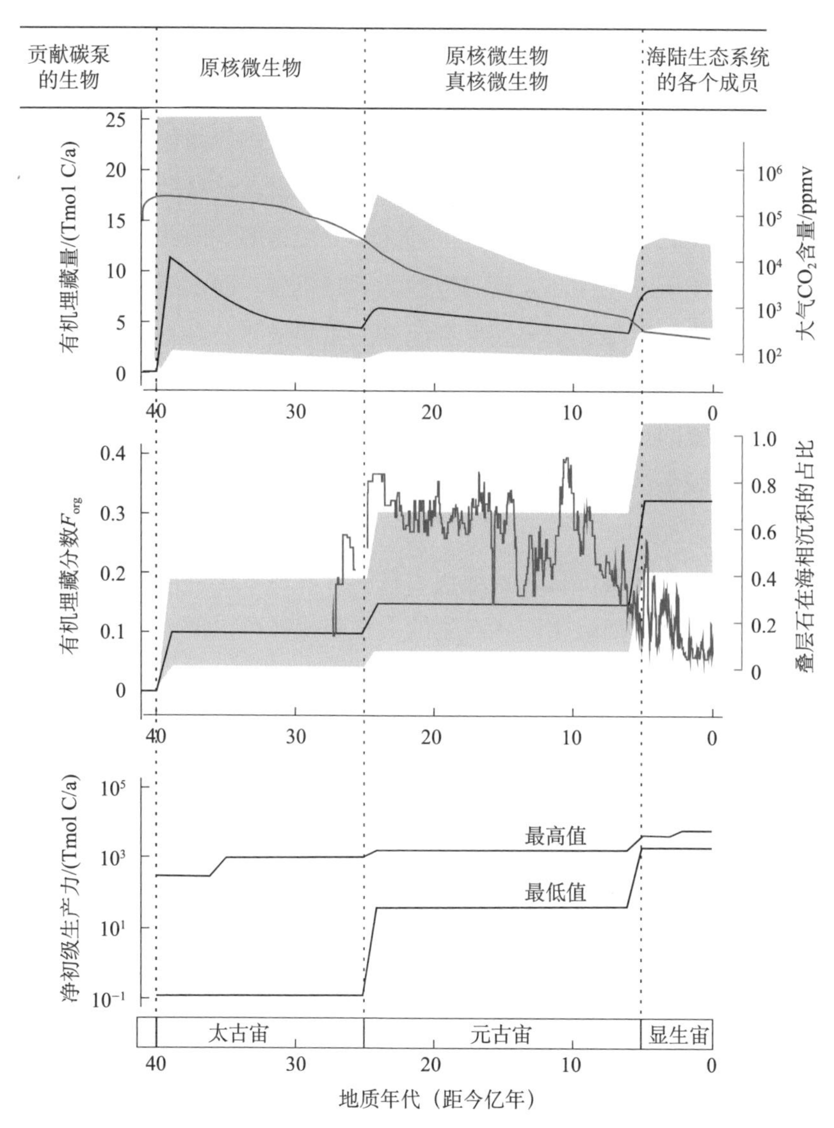

图 2-15　地质时期贡献生物碳泵的生物类别以及与碳循环有关的参数（Krissansen-Totton et al., 2021）

有机埋藏分数是埋藏的有机碳占埋藏总碳量（有机碳和无机碳）的比例，灰色阴影区代表 95% 的置信区间。叠层石在海相沉积的占比是根据露头数计算的（Peters et al., 2017）

2. 元古宙

与太古宙相比，元古宙海洋生物碳泵出现了两个重要的影响因素：一是藻类的出现并不断在海洋初级生产者中占据重要位置；二是表层海洋维持着氧化状态，但深海还是缺氧铁化状态。

首先，蓝细菌和藻类是这个时期的主要初级生产者，净初级生产力要比太古宙的高许多，这为提升生物泵和微型生物碳泵的作用创造了很好的物质基础。在早—中元古代，蓝细菌是主要初级生产者。这些蓝细菌的细胞明显比真核生物藻类的细胞要小得多，沉降速率要慢得多，因此微型生物碳泵的作用很强，海洋里可能存在大量的惰性溶解有机碳。而初级生产者的有机质要通过生物泵过程沉降到深海底保存起来，主要依靠与黏土矿物形成聚合体而沉降，从而出现许多黑色泥岩（张兴亮，2022）。在新元古代，藻类已经出现并占据了重要的初级生产者位置。它与产氧光合原核微生物一起构成了最重要的海洋初级生产者。藻类细胞远比原核微生物细胞大，更容易沉降，生物泵效率明显加强。

其次，当时大气还没有达到现代大气的含氧量水平，深海主要是缺氧铁化的状态。浅水地区初级生产者产生的大量有机质可以形成大量的溶解有机碳，从而出现比现代海洋要大百倍的溶解有机碳库（Rothman et al.，2003），并在海洋的一定深度形成大量的溶解有机碳，说明这个时期的微型生物碳泵作用非常强。最近的研究提出了框架性的机制认识。陆地风化作用向海洋输入了大量营养盐，使得近岸区域表层海水生产力得到极大的提高，进而提升了近岸表层海洋的溶解氧，出现硫酸盐的积累，从而使得硫酸盐等氧化剂存在一个水平梯度，即表层海水中的硫酸盐含量存在从近岸向远洋逐渐减少的特征（Shi et al.，2018；Li et al.，2020）。这样，古海洋陆架区域由于生产力和氧化剂供给相对充足，是微生物形成惰性溶解有机碳（即微型生物碳泵过程）的主要区域。这些近岸表层海水中的氧气和硫酸盐向下部和远洋水体扩散而逐步氧化其中的溶解有机碳，使得在最为还原的深部水体里储存了大量的惰性溶解有机碳（石炜等，2017）。但最近的数值模型模拟结果指出，当时的溶解有机碳库没有之前认为的那么大（Fakhraee et al.，2021）。如果不存在大型溶解有机碳库，那么溶解有机碳 / 颗粒有机碳的相对比例又是多少，大氧化事件是否对溶解有机碳 / 颗粒有机碳的相对比例产生影响？

最后，蓝细菌等原核微生物除了与黏土矿物共沉降以外，还可以在浅水地区形成大量的微生物碳酸盐岩。这个时期的微生物碳酸盐岩（如叠层石）的丰度和多样性都是很高的，甚至可能是地质时期最发育的时期。元古宙的许多微生物碳酸盐岩是白云岩，尽管对于沉积学之谜的白云岩形成有多种假说，但越来越多的证据显示，微生物在白云岩形成过程中起了很大的作用。白云石最初可能是在微生物及相关有机质的诱导下以无序白云石形式沉积，并在浅埋藏阶段转换为有序白云石（Chang et al.，2020）。这些白云岩是研究元古宙微生物碳汇作用的一个重要地质记录。

3. 古生代

与元古宙相比，古生代海洋生物碳泵出现的重要影响因素有绿藻类、多细胞动物和陆地植物生态系统，以及整体氧化的海洋环境。

后生动物等消费者在新元古代晚期开始出现，使得生态系统从扁平状态向立体状态转变（汪品先等，2018），生态系统食物链结构变得更加完善。后生动物开始捕食初级生产者，这使得初级生产者的有机碎片大量出现，并与动物粪球粒一起沉降，大大增加了颗粒有机碳的沉积速率，使生物泵效率明显加强。同时，绿藻和疑源类比元古宙和太古宙的原核微生物更容易沉降，从而进一步加强了生物泵的效率。

同时，由于后生动物的起源而出现了著名的寒武纪底质革命，动物对沉积物的扰动作用明显增强，导致一部分以生物泵形式沉降到海底沉积物的有机质遭到破坏，这些有机质被转化成 CO_2、CH_4 等后又返回至水体乃至大气。当然，这个过程还释放了大量营养盐进入水体，又进一步刺激了微生物生产力，另外也增加了一部分颗粒有机碳在沉积物转化成溶解有机碳或者惰性溶解有机碳的机会，从而可能加强了微型生物碳泵的作用。

多细胞动物已经在新元古代晚期出现，并在寒武纪出现生命大爆发；植物也已经登上陆地（Rubinstein et al.，2010），形成繁盛的陆地生态系统。一个如此完整而发达的海、陆立体生态系统已经在古生代构建起来，应该对古气候具有重要的调节能力。那么，这个古生代生态系统是如何通过影响生物泵和微型生物碳泵进而影响重大气候环境事件的？特别是对晚奥陶世和石炭纪—二叠纪的两大冰期有着怎样的影响？

4. 中—新生代

与古生代的相比，中—新生代海洋生物碳泵出现的重要影响因素有红枝藻类、现代动物群以及以被子植物为代表的陆地生态系统（图 2-16）。

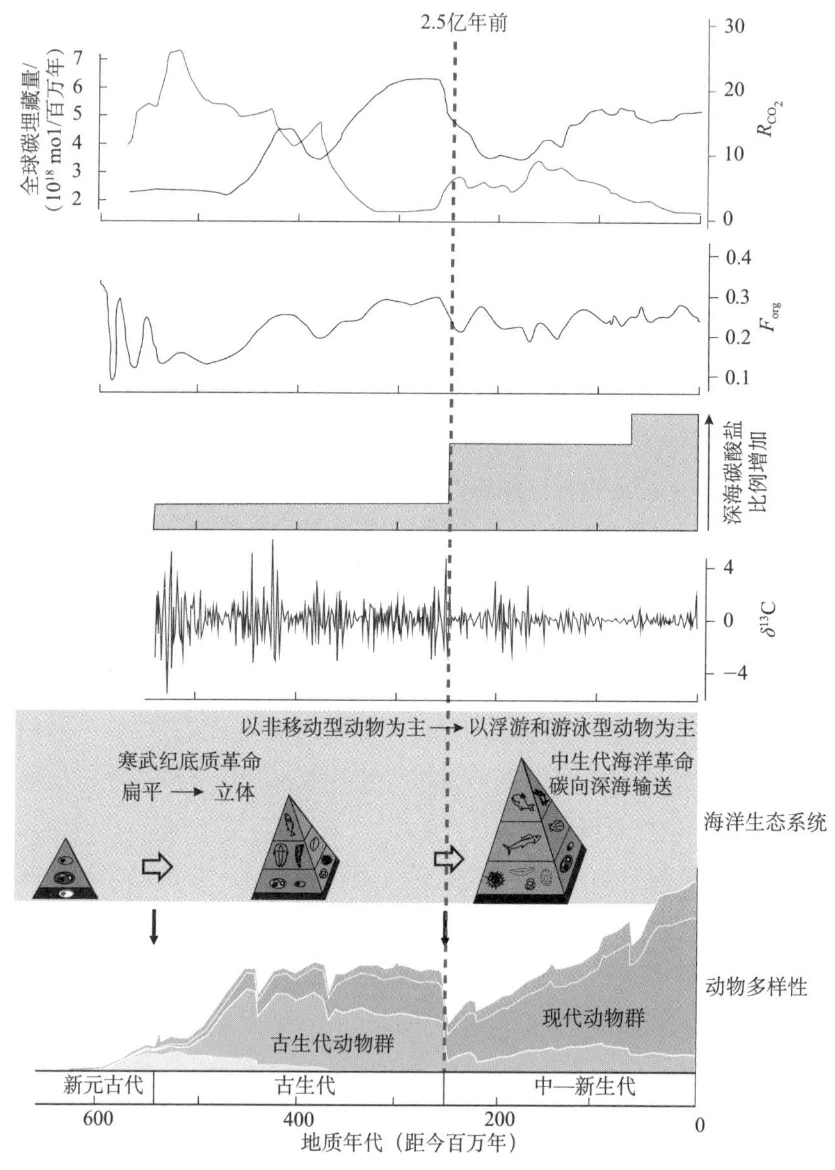

图 2-16　显生宙与碳循环有关的参数变化

动物多样性（Sepkoski，1984）、海洋生态系统、无机碳同位素组成（$\delta^{13}C$，‰）（Eichenseer et al.，2019）、深海碳酸盐沉积比例的变化（Ridgwell，2005）、有机埋藏分数 F_{org}（Hayes et al.，1999）、全球碳埋藏量（Berner，2001）以及大气 CO_2 含量（相对于工业革命前的比值）（Berner，2003）的变化。在古生代—中生代之交（251.9 Ma）出现了最大规模的动物大灭绝，随后绿藻类向红枝藻类（颗石藻、甲藻、硅藻）转变（Falkowski et al.，2004），红枝藻类能把碳向深海传输，增强了对碳循环的缓冲能力，碳同位素变化趋于平缓。海洋生态系统食物链的绿色生物体代表绿藻类，红色生物体代表红枝藻系列，黑色区域代表缺氧环境，蓝色区域代表氧化环境（谢树成等，2022）

首先，以非移动型动物为主的古生代动物群转变为以浮游和游泳型动物为主的现代动物群（图 2-16），生态系统的食物链结构更加复杂，大量的初级生产者被啃食，有机碎片遍布海洋的整个水柱，特别是上层海洋。古生代动物群因以底栖生活为主而主要捕食从海水表层沉降下来的有机碎片或者初级生产者，其影响主要局限在海洋底层。与之相比，现代动物群由于能够四处游走，可以摄食海洋表层的初级生产者，对海洋的整个水柱都能产生重要影响，从而对生物泵和微型生物碳泵都产生重要影响。海洋由于存在非常复杂而完善的生态系统食物链结构，有机碎片丰富，给许多异养微生物降解这些有机质提供了机会。不同微生物之间的协同作用，使得不同水柱的大量有机碎屑转化成大量的惰性溶解有机碳，微型生物碳泵过程发育。

二叠纪—三叠纪之交动物大灭绝之后，一些红枝藻类先后出现，包括甲藻、颗石藻、硅藻等微体生物相继出现，并最终成为现代海洋的主要光合真核微体生物。诸如颗石藻、硅藻等光合真核微体生物由于具有钙质、硅质等无机壳体，容易快速沉降，可以把一些有机物质快速带入沉积物埋藏，增强了生物泵效率。诸如颗石藻等光合真核微体生物可以把表层的无机碳带入深海底以碳酸钙形式沉积下来，使得深海对碳具有很大的缓冲能力，表现在无机碳同位素变化幅度显著降低，碳酸盐泵可能从古生代的浅水环境向中、新生代的深水环境扩展。

中—新生代生态系统是在二叠纪—三叠纪之交最大规模的动物大灭绝之后发展起来的，初级生产者和动物群都发生了大变革。如果说古生代的海洋生物碳泵可能对两大冰期事件产生重要影响，那么中—新生代生态系统又是如何通过生物泵和微型生物碳泵途径对古气候产生影响的，特别是早三叠世、白垩纪、古新世—始新世之交等时期的极端温暖气候？虽然人们已经发现，颗石藻等真核微生物因向深海输入了大量的碳酸盐而对碳循环起了缓冲作用（Eichenseer et al.，2019），生物泵与微型生物碳泵产生的颗粒和溶解有机碳的相对变化也可能对新生代 40 万年长偏心率周期的海洋碳循环做出重要贡献（Wang et al.，2014），但海洋生物碳泵与这些极端温室气候又有怎样的因果联系，目前还不得而知。对比研究海洋生物碳泵对这三大极端温室气候事件的贡献具有极其重要的意义。

三、重点研究方向

1. 生物碳泵演化对大气和海洋氧化状态的影响

地质历史时期生态系统的一个重要作用是增氧，其使得地球有别于其他星球。在前寒武纪，自养生物的光合作用使得大气含氧量不断升高。蓝细菌是地球上最古老的产氧光合生物，它的异形胞可以保护对氧气极为敏感的固氮酶，在有氧环境下仍能够将氮气转化为生物可利用氮（Tomitani et al.，2006）。蓝细菌被认为是大氧化事件（great oxidation event，GOE）之前海洋表层“有氧绿洲”的主要贡献者（Lyons et al.，2014），也可能使地球在23.3亿年前后出现了第一次大氧化事件（Magnabosco et al.，2018）。而绿藻等光合真核生物的作用使地球在8亿～6亿年前出现了第二次大氧化事件。生物通过光合作用产氧的同时，会消耗大气CO_2合成有机质，因此生物的产氧与降温相伴，元古宙两次大氧化事件均伴随着大冰期或者雪球地球的出现，这与生物的作用吻合。因此，早元古代以蓝细菌为主要生产者的海洋生物碳泵、晚新元古代以绿藻和蓝细菌为主要生产者的海洋生物碳泵对元古宙的两次大氧化事件作出了重要贡献。虽然地球深部过程可能也对这两次大氧化事件作出了重要贡献，但海洋生物碳泵和深部过程对两次大氧化事件的相对贡献的大小还很不清楚。

生物碳泵除了贡献大气成氧以外，还可以导致海洋的缺氧（陈曦等，2022）。现代海洋出现的最小含氧带（oxygen minimum zone，OMZ）就是生物碳泵的杰作。20世纪70年代提出的大洋缺氧事件（oceanic anoxic events，OAE）是古海洋乃至地球科学领域的热点问题（Schlanger and Jenkyns，1976），虽然它的触发因素主要归因于大火成岩省岩浆作用（Turgeon and Creaser，2008；Scaife et al.，2017），但主要还是通过海洋生物碳泵途径发挥作用的（Kuypers et al.，2002；Mort et al.，2007）。白垩纪大洋缺氧事件2（oceanic anoxia event 2，OAE2）是一次全球性大洋缺氧事件，也是迄今为止研究程度最高的中生代古海洋事件之一，该事件导致黑色页岩在全球范围内广泛分布，沉积物总有机碳含量特别是在有上升洋流的区域明显升高，这与海洋表层生产力提升和海洋缺氧状态有关（Mort et al.，2007）。大火成岩省的强烈岩浆作用向海洋输入大量生物营养元素，而高温、高 CO_2 条件促使全球水文循环加强和大陆风化增强，进一步提升海洋中生物营养元素的含量（Jenkyns，2010）。这些过程刺激海洋表层生产力（Kuypers et al.，2002），而生产者的有机质降解又消耗海水溶解氧，引起 OAE2 期间海洋缺氧。在缺氧条件下，营养元素 P 从沉积物中释放，又进一步促进生产力提升（Mort et al.，2007）。因此，生产力增强和缺氧条件形成正反馈，增加了沉积物中有机质输入通量，也改善了有机质保存条件，共同促使有机质埋藏量增加，但到底是生产力模式还是埋藏模式才导致大规模黑色岩系的形成还存在很大的争议。

2. 生物碳泵演变与古气候的关系

新元古代埃迪卡拉纪是地球演化史上的一个关键时期。根据无机碳和有机碳同位素的非耦合现象，人们提出当时古海洋深处存在一个超大型溶解有机碳库。这个溶解有机碳库比现代海洋溶解有机碳库要大 100～1000 倍，在海洋居留的时间也远超过 10000 年（Rothman et al.，2003；Fike et al.，2006；McFadden et al.，2008）。这一超大型溶解有机碳库的存在被认为可能与微型生物碳泵强烈活动所形成的深海大型溶解有机碳库有关（焦念志等，2013；Jiao et al.，2014）。在华南埃迪卡拉纪浅水区的宜昌樟村坪剖面，Δ47 计算的古温度显示，大型溶解有机碳库的积累对应的温度逐步下降，而溶解有机碳库的氧化分解对应的温度逐步升高。这一对应关系说明，大型溶解有机碳库的积累与氧化分解对地表温度有重要影响，特别是 580 Ma Gaskiers 冰期的出现可能与古海洋大型溶解有机碳库的积累有关。因此，微型生物碳泵作用与大型溶解有机碳库、古温度变化之间存在密切关系。

古生代出现了两大著名的冰期，即晚奥陶世冰期和石炭纪—二叠纪冰期。卟啉化合物的 N 同位素和碳循环模型的模拟分析显示（Shen et al.，2018），海洋生物泵效率的增加触发了晚奥陶世的大冰期。陆地植物的作用或者火山作用导致陆地风化作用加强，使得大量的营养元素 P 输入海洋。P

的输入使得藻类大发展，增加了C的输出埋藏，加上海侵作用，使得大量有机碳被埋藏，增加了生物泵的碳埋藏效率，从而导致冰期的形成。与奥陶纪相比，石炭纪—二叠纪的陆地植被发育更加繁盛，大量的蕨类植物甚至可以成为高大的乔木。这些陆地植被通过风化作用也将向海洋输入较多的N、P等营养元素。这个时期的冰室气候是否与海洋的生物泵和微型生物碳泵作用有关，目前还无从得知。虽然许多学者提出广袤无垠的沼泽湿地植被通过直接碳埋藏对这个冰期的形成起关键作用（Montañez，2016），但陆地系统是否通过影响海洋生物碳泵对冰期起作用，还有待证实或者证伪。

如果说古生代的海洋生物碳泵可能对两大冰期产生重要影响，那么中—新生代生态系统又是如何通过生物泵和微型生物碳泵途径对古气候产生影响的，特别是早三叠世、白垩纪、古新世—始新世之交等时期的这些极端温暖气候？虽然海洋生物碳泵与这些极端温室气候的因果关系目前还不得而知，但有研究显示，尽管古新世—始新世极热事件与大陆坡天然气水合物分解或高纬冻土消融释放的巨量轻碳有关，但海洋生物泵效率的提高可能加快了这次事件的回返（陈祚伶，2022）。古新世—始新世极热事件（Paleocene-Eocene Thermal Maximum，PETM）时期大陆风化加强，大量N、P和Fe等营养物质以径流方式输送到海洋，势必会刺激海洋输出生产力的增加，海洋输出生产力比事件发生前提高了近3倍（Ma et al.，2014）。在北冰洋和北大西洋海岸带，有机碳沉积通量在古新世—始新世极热事件时期增加了一个数量级，而且只有在考虑磷通量增加促使生物泵效率显著提高的条件下，模型模拟结果才能与地质记录最为吻合（Komar and Zeebe，2017）。不难看出，地球表层系统的碳循环过程具有自我调节和修复的功能，这其中海洋生物碳泵起重要作用。海洋生物碳泵对地球系统的这种自我调节和修复作用还有待于更深入研究。

3. 生物碳泵与生物演化的关系

生物碳泵与生物演化的关系应该是双向的。一方面，在地质历史上，生物演化对生物碳泵产生重要影响，效应不断加强（图2-17）（贾恩豪等，2022）。海洋生物实现了从化能自养微生物到光能自养微生物、从原核微生物到真核微生物、从扁平生态系统到立体生态系统的三次大革新，导致海洋生物碳泵不断演化。由于光合作用的能量利用效率远比化能的要高，储碳效率也可能要高。藻类细胞远比原核微生物细胞大，更容易沉降，生物泵效益也明显加强。后生动物出现后，开始捕食海洋初级生产者，这使得初级生产者的有机碎片大量出现，并与动物粪球粒一起沉降，增加了颗粒有机碳的沉积速率，生物泵效率也明显加强。

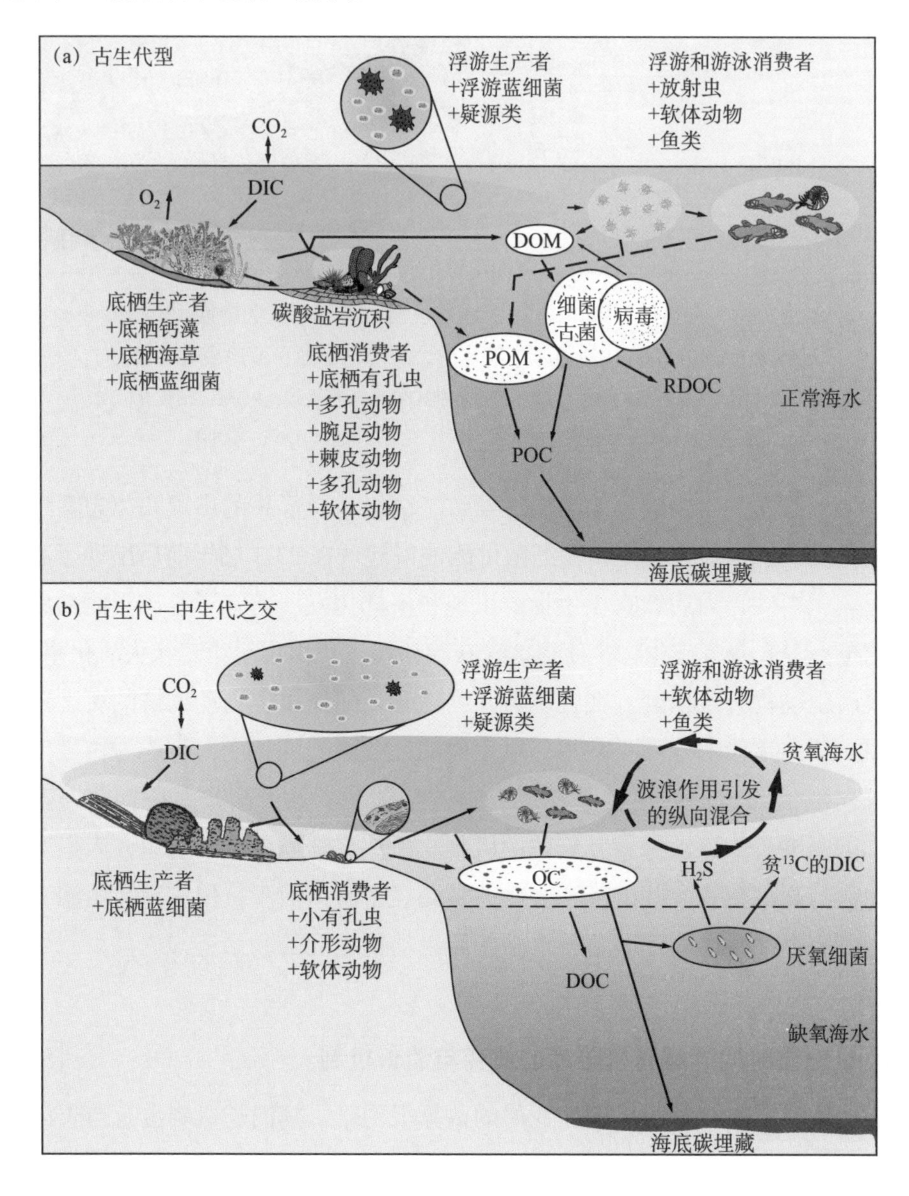

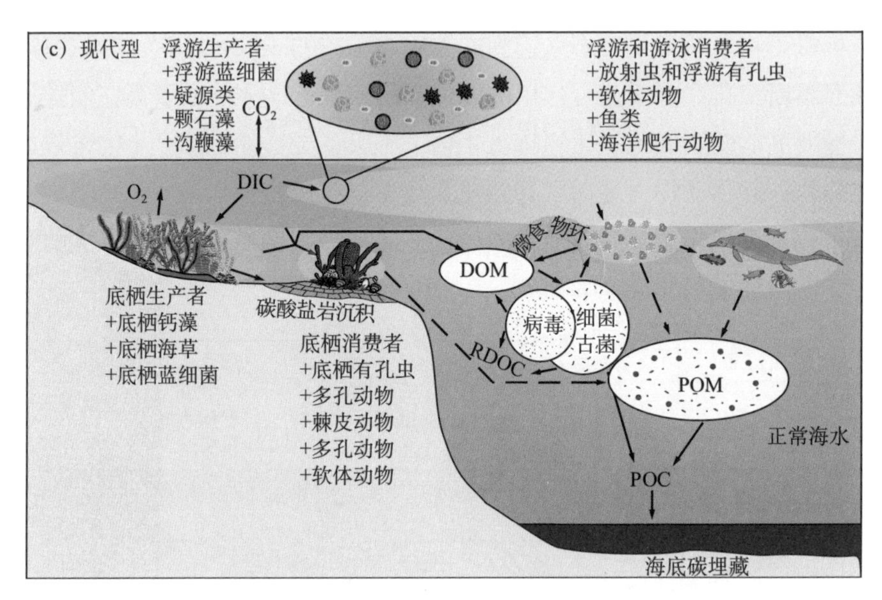

图 2-17　古生代型（a）、古生代—中生代之交动物大灭绝期（b）和现代型（c）的海洋生物泵示意图（焦念志等，2013；贾恩豪等，2022）

DOC：溶解有机碳；DOM：溶解有机质；POC：颗粒有机碳；POM：颗粒有机质；DIC：溶解无机碳；RDOC：惰性溶解有机碳；OC：有机碳

另一方面，生物碳泵的演化也导致了高级生命形式的出现和生态系统的复杂化发展。在前寒武纪，蓝细菌可能使得地球在23.3亿年前后出现了第一次大氧化事件，为后续真核生物的出现和多样化发展奠定了基础。而随后出现的绿藻等光合真核生物，使得地球在晚新元古代出现了第二次大氧化事件，导致后生动物开始出现。在显生宙，生物碳泵的作用也与动物群的更替密切相关。从古生代的绿藻类向中—新生代的红枝藻类的转变，可能为古生代动物群向现代动物群的更替奠定了食物链基础。当然，这方面还存在许多争议，需要进一步深入探索其具体的机制。虽然在陆地生态系统里，人们对后生动物与高等植物之间的互利共生关系已经了解得很多，但在海洋生态系统里，人们对微生物与不同营养水平的后生动物之间的联系还知之甚少，亟待突破。

4. 地质时期溶解有机碳库的演变与消长机制

地质时期对溶解有机碳库变化的估算很困难，其消长机制也有待于深入调查。如前所述，根据无机碳和有机碳同位素的非耦合关系，估算晚新元古代埃迪卡拉纪的深海存在一个大型的溶解有机碳库。最近的研究提出了框架性的机制认识，认为这个大型溶解有机碳库的积累和消耗与非动物主导的生态系统中微生物的作用以及海水氧化剂的空间差异性有关（石炜等，2017）。也就是说，生态系统和海洋环境条件对溶解有机碳库的增大或减小都有重要影响，但这两个条件在不同地质时期的影响程度可能存在很大的差异，需要深入研究。

值得指出的是，在现代海洋生态系统，除了细菌、古菌和藻类以外，病毒对碳循环也产生重要影响。病毒对微生物细胞的裂解作用对于溶解有机碳的产生至关重要。然而，人们对地质时期病毒的认识基本是空白，主要的难题在于很难识别岩石中保存的病毒。建立地质时期病毒的识别标志是解决这一难题的第一步，由此才能进一步定量评估地质时期的病毒对海洋生物碳泵的作用。

四、我国研究方向的建议

1. 不同冰盖条件下的海洋生物碳泵

地质历史时期出现了无冰盖、单极冰盖、两极冰盖乃至雪球地球等多种场景。在这些不同的气候场景中，海洋生物碳泵具有怎样的规律，目前还不清楚。最近根据地质记录和数值模拟发现，在单极有冰的中中新世的 100 ka 冰期－间冰期旋回里出现了有孔虫 C、O 同位素的正相关，而在两极有冰的第四纪却表现为负相关，这与冰盖变化所引起的海洋生物碳泵和碳酸盐泵有关联（图 2-18）（Ma et al.，2022）。在中中新世冰盖生长时，海平面下降，陆架碳酸盐向深海倾泻，同时伴随陆源输入和生物碳泵减弱，引起深海碳酸盐堆积增加。而在间冰期冰盖消融时，海平面上升，陆架碳酸盐和珊瑚礁重建，同时降水增加导致陆源输入增加、生物碳泵活跃、生产力增加，进而导致深海碳酸盐减少。这体现了高纬冰盖和低纬降水对海洋生物碳泵和碳酸盐泵的共同影响（Ma et al.，2022）。

值得关注的是，在第四纪之前的海洋里，普遍发现了 $\delta^{13}C$ 存在 40 万年长偏心率的旋回（田军等，2022），并被认为与季风驱动的生物泵和微型生物碳

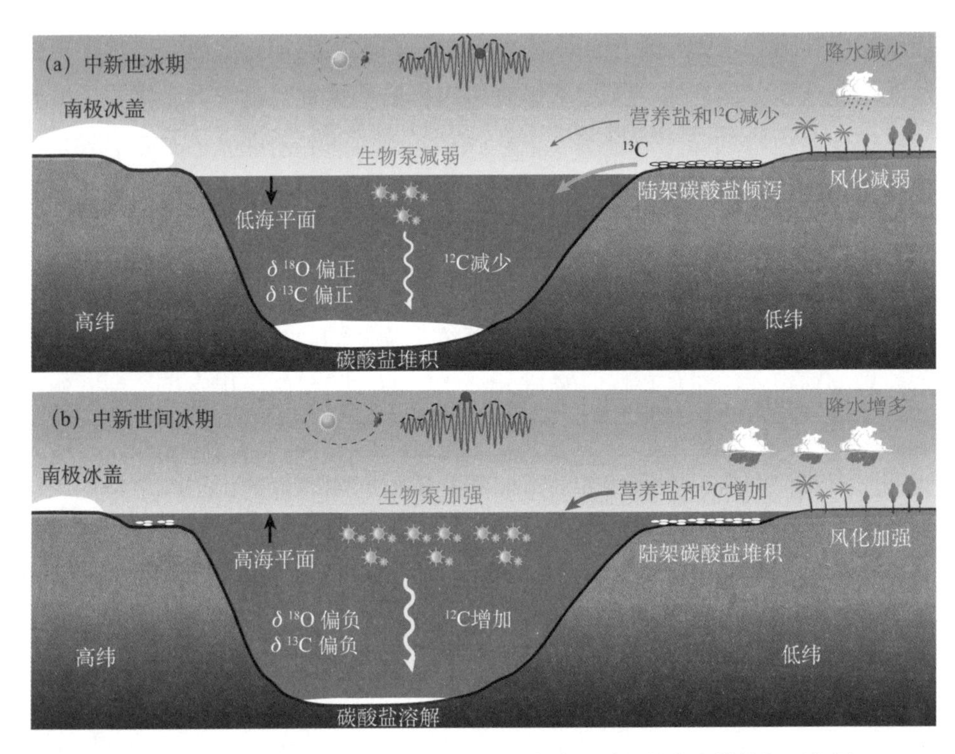

图 2-18　中中新世南极冰盖的 100 ka 周期变化通过低纬和高纬的相互作用对海洋生物碳泵产生影响（Ma et al.，2022）

泵变化有关，即“溶解有机碳假说”（汪品先等，2015；Wang et al.，2017）。季风控制的营养物质输送，改变着海水中颗粒有机碳和溶解有机碳的比例，进而引起 δ^{13}C 的 40 万年周期变化。自 1.6 Ma 以来，δ^{13}C 的循环周期由 40 万年扩展为 50 万年，但这一长周期的变化应该依然与颗粒有机碳 / 溶解有机碳的变化有关（汪品先等，2015）。贫营养海洋环境中层状硅藻席的沉积和南大洋中蛋白石的最大值等重要发现都支持这一假说。40 万年长偏心率周期在新生代、中生代、古生代乃至前寒武纪都存在，被称为地球气候演化的“心跳”（Pälike et al.，2006）。如果“溶解有机碳假说”能解释地质时期气候变化的“心跳”，那么海洋生物碳泵的演化则无疑在全球气候变化中起了关键作用，而不管冰盖是否存在。也就是说，海洋溶解有机碳可能具有双向的气候调节作用。我国科学家具有开展这方面研究的关键优势，可以将古气候的低纬驱动与溶解有机碳假说联合，形成中国学派。

2. 生物大灭绝期的生物碳泵

显生宙出现了五次生物大灭绝，导致海洋生态系统发生重大变化，包括诸多微生物的变化。其中，二叠纪—三叠纪之交发生了最大规模的生物大灭绝，一些地质微生物功能群出现了异常繁盛，包括固氮微生物（如蓝细菌）、反硝化微生物、硫酸盐还原微生物、H_2S 的厌氧氧化微生物、产甲烷微生物、甲烷的好氧氧化微生物等，进而导致了 C、N、S 的生物地球化学循环异常（罗根明等，2014）。同时，古生代大量繁盛的底栖藻类和疑源类在二叠纪—三叠纪之交则出现了丰度大幅度降低。这些细菌、古菌和藻类的变化显著地影响了古海洋的生产力结构，进而影响生物泵过程，也会对颗粒有机碳转化为溶解有机碳产生影响，进而影响微型生物碳泵过程。

尽管人们已经了解到动物大灭绝期间海洋微生物在结构、组成和丰度上发生了一些重要变化，但是动物大灭绝前后古海洋生产力是如何变化的，是增加了还是降低了，目前还存在很大争议。动物大灭绝期间的缺氧硫化环境对生物碳泵的效应是如何影响的，也还没有得到很好的解释。我国拥有很好的五次生物大灭绝及其微生物变化的地质记录。我国科学家在有关生物大灭绝的过程和机制方面取得了长足进展，在国际上占有一席之地。近年来，我国科学家在这些生物大灭绝期的微生物变化方面也取得了很好的研究成果，有望进一步深入探索生物大灭绝期间的海洋生物碳泵的特征，包括古海洋生产力的变化、溶解有机碳库的大小及其成因机制、不同海区有机质的沉积和埋藏过程，以及生物碳泵对古气候、古海洋环境乃至生物演化的影响等（贾恩豪等，2022；姜仕军，2022）。

3. 陆地生态系统对海洋生物碳泵的影响

海洋生物碳泵在一定程度上反映了海洋微生物与环境之间的一种相互作用关系，它也必然受到陆地生态系统的影响。在地质历史时期，陆地生态系统出现了四次重要变革，分别是地衣的出现、高等植物的登陆、C4 植物的出现以及人类的出现。这些变革对海洋生物碳泵均产生了重要影响，但人们真正认识到陆地生态系统对海洋的影响是在高等植物登陆之后。

维管植物的辐射演化使得河流形态发生变化。自奥陶纪晚期以来，河流形态逐渐由席状 - 辫状河过渡为河道 - 辫状河，而单一河道的曲流河最早出现于志留纪晚期。至泥盆纪，这种形态的河流已达到当时的地层单元中河流总记录的30%以上。这些都反映了植被登陆对大陆风化作用、河道堤岸及洪泛平原稳定性的贡献，进而通过输入营养元素而影响海洋的微生物系统和相应的生物碳泵。之后在新近纪早期乃至古近纪晚期出现了C4植物。C4植物含有大量的植物硅酸体（植硅石），这些植物硅酸体可以大量输入海洋，导致海洋的SiO_2含量激增，这又进一步激发了新生代海洋硅藻的大量繁盛，成为现代海洋三大浮游植物之一。陆地C4植物的演化与海洋硅藻的大发展密切相关，很好地诠释了陆地生态系统对海洋生物碳泵的影响。

陆地生态系统对海洋系统的最重要影响是人类的出现及其发展。在现代海洋系统，人类活动向海洋系统输入了大量的营养盐，造成局部海洋出现富营养化，出现一些光合自养微生物的大暴发，对海洋生物碳泵产生了重要影响。海洋生物碳泵进而又影响了海洋环境，出现了局部的季节性缺氧、酸化和生态危机。这已引起人们的高度重视，但目前还缺乏定量化的研究，需要把人类活动的影响与自然过程的影响进行定量化区分。

4. 火山活动对生物碳泵的影响

火山作用连接了地球深部过程和表层系统，是地球系统研究的一个关键抓手。火山活动通过改变地形地貌、释放温室气体、形成基性超基性岩而加强风化作用等过程而影响地球表层系统（包括海洋系统）。实际上，人们已经证实，地质时期大规模火山活动和生物大灭绝事件之间存在很好的相关性，火山活动通过造成海洋缺氧、高温、酸化等事件而影响生态系统。然而，人们对于火山活动对海洋生物碳泵的影响却了解得很少。

火山作用带来的重金属元素使得水体毒化，影响海洋生态系统；火山作用带来的营养物质则可以大大促使海洋表层初级生产力的提高，海洋表层初级生产者繁盛而产生的大量有机质在沉降过程中又会消耗水体中大量的氧气，造成水体大规模缺氧。当海洋水体缺氧达到一定程度时，就对多细胞动物产生严重影响，引起动物死亡甚至灭绝。不仅是缺氧，火山活动导致的酸化、毒化、高温等环境波动也会对动物的生存和演化带来致命危害，从而通过影响食物链结构而影响生物碳泵。所有这些过程产生的正、负反馈效应都很好地记录在地质体里，需要进行综合评估才能了解一次大规模火山活动对生物碳泵的净效应问题。火山作用效应的复杂性在于它能引发大气圈、陆地系统、海洋系统和生物圈的连锁反应，因此需要定量评估这种系统性的变化才能确定它对生物碳泵所产生的是正反馈还是负反馈效应。

5. 海洋溶解有机碳的数值模拟

定量评估海洋溶解有机碳的变化需要涉及碳循环模型。最近，通过海洋－大气碳循环箱式模型（long-term ocean-atmosphere-sediment cArbon cycle reservoir model，LOSCAR）和地质记录，成功解释了新生代大气 CO_2 浓度、风化作用和碳酸盐补偿深度（carbonate compensation depth，CCD）的关系（Komar and Zeebe，2021），其中的重要认识是确认了温度对海洋生物泵的重要影响。增温有利于提高海洋初级生产力，导致输出生产力的增加；同时，温度越高，有机物在水体中的分解速率越快。新生代温暖期，高温更有利于有机物的矿化分解，最终导致有机碳净埋藏通量减少，大气 CO_2 浓度增加。中等复杂程度地球系统模式（carbon-centric grid enabled integrated earth system model，cGENIE）的结果显示，伴随着全球海洋变冷，虽然颗粒有机碳输出通量逐渐降低，但是其矿化速率显著降低，最终导致颗粒有机碳输出效率增长了三倍。因此，气候变冷反而使生物泵的效率大大提升。如此，颗粒有机碳可能起了正反馈作用，但溶解有机碳是否具有双向调节作用还需要更多的地质记录加以证实。

与新生代相比，前新生代海洋溶解有机碳的数值模型模拟很少，结果也存在很大的不确定性。例如，最近的模型模拟显示，地质历史时期海洋溶解有机碳库的大小总体比较稳定，受一些地质事件的影响比较有限。模型结果与许多认识存在矛盾，这正说明了人们对海洋生物碳泵地质演化的认识还有待深入。无论是箱式模型还是中等复杂程度地球系统模式，模拟的空间分辨率都较低，模拟结果的不确定性仍然很大。新一代地球系统模式正在向高分辨率发展。中尺度过程会对海洋碳循环结果影响巨大，需要重新评估海洋碳循环收支及其对古气候记录的影响。中国科学家在这方面的研究相对比较薄弱，有待于加强。

包括生物泵和微型生物碳泵在内的海洋生物碳泵，是海洋生态系统通过碳循环调节地球环境变化的关键途径之一，对宜居地球起到增氧、减碳和降温等方面的作用。深入了解海洋生物碳泵的地质演化过程，不仅为认识宜居地球的形成机制打开了一个“时空隧道”，而且在气候变化趋势严峻的当下，这条“隧道”可望通向碳中和策略的出口（谢树成等，2022）。

本章参考文献

陈曦，郭会芳，姚翰威，等. 2022. 白垩纪大洋缺氧事件 OAE2 期间碳循环扰动的过程与机制. 科学通报，67（15）：1677-1688.

陈祚伶. 2022. 古新世－始新世极热事件碳循环研究进展. 科学通报，67（15）：1704-1714.

黄永建，王成善，汪云亮. 2005. 古海洋生产力指标研究进展. 地学前缘，12（2）：163-170.

贾恩豪，宋海军，雷勇，等. 2022. 古生代－中生代之交海洋生物泵演变与浮游革命. 科学通报，67（15）：1660-1676.

姜仕军. 2022. 白垩纪－古近纪生物大灭绝后海洋生物碳泵的破坏与恢复. 科学通报，67（15）：1689-1703.

焦念志，张传伦，李超，等. 2013. 海洋微型生物碳泵储碳机制及气候效应. 中国科学：地球科学，43（1）：1-18.

罗根明，谢树成，刘邓，等. 2014. 二叠纪－三叠纪之交重大地质突变期微生物对环境的作用. 中国科学：地球科学，44（6）：1193-1205.

石炜，李超，Algeo T J. 2017. 埃迪卡拉纪 Shuram 碳同位素负偏事件有机碳氧化假说的定量模型评估. 中国科学：地球科学，47（12）：1436-1446.

田军，吴怀春，黄春菊，等. 2022. 从 40 万年长偏心率周期看米兰科维奇理论. 地球科学，47（10）：3543-3568.

汪品先. 2009. 穿凿地球系统的时间隧道. 中国科学 D 辑，39（10）：1313-1338.

汪品先，李前裕，田军，等. 2015. 从南海看第四纪大洋碳储库的长周期循环. 第四纪研究，35（6）：1297-1319.

汪品先，田军，黄恩清，等. 2018. 地球系统与演变. 北京：科学出版社.

谢树成，焦念志，罗根明，等. 2022. 海洋生物碳泵的地质演化：微生物的碳汇作用. 科学通报，67（15）：1715-1726.

谢树成，颜佳新，史晓颖，等. 2016. 烃源岩地球生物学. 北京：科学出版社.

袁鹏，刘冬 . 2022. 矿物增效的生物泵：基于矿物 – 微生物作用的水体 CO_2 增汇策略 . 科学通报，67（10）：924-932.

张兴亮 . 2022. 海洋惰性溶解有机碳库与海侵黑色页岩 . 科学通报，67（15）：1607-1613.

Armbrust E V. 2009. The life of diatoms in the world's oceans. Nature, 459: 185-192.

Armstrong R A, Lee C, Hedges J I, et al. 2001. A new, mechanistic model for organic carbon fluxes in the ocean based on the quantitative association of POC with ballast minerals. Deep Sea Research part Ⅱ: Topical Studies in Oceanography, 49(1-3): 219-236.

Berner R A. 2001. Modeling atmospheric O_2 over Phanerozoic time. Geochimica et Cosmochimica Acta, 65(5): 685-694.

Berner R A. 2003. The long-term carbon cycle, fossil fuels and atmospheric composition. Nature, 426(6964): 323-326.

Bickert T, Curry W B, Wefer G. 1997. Late Pliocene to Holocene (2.6～0 Ma) western Equatorial Atlantic deep-water circulation: inferences from benthic stable isotopes. Proceedings of the Ocean Drilling Program, Scientific Results, 154: 239-253.

Blattmann T M. 2022. Ideas and perspectives: emerging contours of a dynamic exogenous kerogen cycle. Biogeosciences, 19(2): 359-373.

Blattmann T M, Liu Z. 2021. Proposing a classic clay mineral proxy for quantifying kerogen reburial in the geologic past. Applied Clay Science, 211: 106190.

Blattmann T M, Liu Z, Zhang Y, et al. 2019. Mineralogical control on the fate of continentally derived organic matter in the ocean. Science, 366(6466): 742-745.

Bock M J, Mayer L M. 2000. Mesodensity organo-clay associations in a near-shore sediment. Marine Geology, 163(1-4): 65-75.

Broecker W, Barker S. 2007. A 190‰ drop in atmosphere's $\Delta^{14}C$ during the "Mystery Interval" (17.5 to 14.5 kyr). Earth and Planetary Science Letters, 256(1-2): 90-99.

Broecker W, Clark E. 2010. Search for a glacial-age ^{14}C-depleted ocean reservoir. Geophysical Research Letters, 37(13): L13606.

Bu H, Yuan P, Liu H, et al. 2019. Formation of macromolecules with peptide bonds via the thermal evolution of amino acids in the presence of montmorillonite: insight into prebiotic geochemistry on the early Earth. Chemical Geology, 510: 72-83.

Cai J, Bao Y, Yang S, et al. 2007. Research on preservation and enrichment mechanisms of organic matter in muddy sediment and mudstone. Science in China Series D: Earth Sciences,

50: 765-775.

Cai J, Du J, Chao Q, et al. 2022a. Evolution of surface acidity during smectite illitization: implication for organic carbon cycle. Marine and Petroleum Geology, 138: 105537.

Cai J, Du J, Song M, et al. 2022b. Control of clay mineral properties on hydrocarbon generation of organo-clay complexes: evidence from high-temperature pyrolysis experiments. Applied Clay Science, 216: 106368.

Cai J, Zhu X, Zhang J, et al. 2020. Heterogeneities of organic matter and its occurrence forms in mudrocks: evidence from comparisons of palynofacies. Marine and Petroleum Geology, 111: 21-32.

Caves Rugenstein J K, Ibarra D E, von Blanckenburg F. 2019. Neogene cooling driven by land surface reactivity rather than increased weathering fluxes. Nature, 571(7763): 99-102.

Chang B, Li C, Liu D, et al. 2020. Massive formation of early diagenetic dolomite in the Ediacaran ocean: constraints on the "dolomite problem". Proceedings of the National Academy of Sciences, 117(25): 14005-14014.

Chen C, Dynes J J, Wang J, et al. 2014. Properties of Fe-organic matter associations via coprecipitation versus adsorption. Environmental Science & Technology, 48(23): 13751-13759.

Chen C, Hall S J, Coward E, et al. 2020. Iron-mediated organic matter decomposition in humid soils can counteract protection. Nature Communications, 11(1): 2255.

Chen C, Meile C, Wilmoth J, et al. 2018. Influence of pO_2 on iron redox cycling and anaerobic organic carbon mineralization in a humid tropical forest soil. Environmental Science & Technology, 52 (14): 7709-7719.

Chen N, Fu Q, Wu T, et al. 2021. Active iron phases regulate the abiotic transformation of organic carbon during redox fluctuation cycles of paddy soil. Environmental Science & Technology, 55 (20): 14281-14293.

Chen T, Robinson L F, Burke A, et al. 2015. Synchronous centennial abrupt events in the ocean and atmosphere during the last deglaciation. Science, 349(6255): 1537-1541.

Chen T, Robinson L F, Burke A, et al. 2020. Persistently well-ventilated intermediate-depth ocean through the last deglaciation. Nature Geoscience, 13(11): 733-738.

Cheng H, Edwards R L, Sinha A, et al. 2016. The Asian monsoon over the past 640, 000 years and ice age terminations. Nature, 534(7609): 640-646.

Ciais P, Sabine C, Bala G, et al. 2013. Carbon and other biogeochemical cycles//Stocker T F, Qin D,

Plattner G K, et al. Climate Change 2013: The Physical Science Basis. Contribution of Working Group I to the Fifth Assessment Report of the Intergovernmental Panel on Climate Change. Cambridge, United Kingdom and New York, NY, USA: Cambridge University Press: 465-570.

Clift P D, Jonell T N. 2021. Himalayan-Tibetan erosion is not the cause of Neogene global cooling. Geophysical Research Letters, 48(8): e2020GL087742.

Cotrufo M F, Ranalli M G, Haddix M L, et al. 2019. Soil carbon storage informed by particulate and mineral-associated organic matter. Nature Geoscience, 12: 989-994.

Dai M, Cao Z, Guo X, et al. 2013. Why are some marginal seas sources of atmospheric CO_2? Geophysical Research Letters, 40(10): 2154-2158.

Dang H, Jian Z, Wang Y, et al. 2020. Pacific warm pool subsurface heat sequestration modulated Walker circulation and ENSO activity during the Holocene. Science Advances, 6(42): eabc0402.

de Vargas C, Aubry M, Probert I, et al. 2007. Origin and evolution of coccolithophores: from coastal hunters to oceanic farmers//Falkowski P G, Knoll A H. Evolution of Primary Producers in the Sea. Burlington: Academic Press.

DeConto R M, Pollard D. 2003. Rapid Cenozoic glaciation of Antarctica induced by declining atmospheric CO_2. Nature, 421(6920): 245-249.

DeConto R M, Pollard D, Wilson P A, et al. 2008. Thresholds for Cenozoic bipolar glaciation. Nature, 455(7213): 652-656.

DeVries T, Holzer M, Primeau F. 2017. Recent increase in oceanic carbon uptake driven by weaker upper-ocean overturning. Nature, 542(7640): 215-218.

Dong H, Jaisi D P, Kim J, et al. 2009. Microbe-clay mineral interactions. American Mineralogist, 94(11-12): 1505-1519.

Du H, Chen C, Yu G, et al. 2020. An iron-dependent burst of hydroxyl radicals stimulates straw decomposition and CO_2 emission from soil hotspots: consequences of Fenton or Fenton-like reactions. Geoderma, 375: 114512.

Du J, Cai J, Chao Q, et al. 2021a. Variations and geological significance of solid acidity during smectite illitization. Applied Clay Science, 204: 106035.

Du J, Cai J, Lei T, et al. 2021b. Diversified roles of mineral transformation in controlling hydrocarbon generation process, mechanism, and pattern. Geoscience Frontiers, 12(2): 725-736.

Du P, Cai J, Liu Q, et al.2022. Control of different occurrence types of organic matter on hydrocarbon generation in mudstones. Petroleum Science, 19(4): 1483-1493.

Dyez K A, Ravelo A C. 2013. Late Pleistocene tropical Pacific temperature sensitivity to radiative greenhouse gas forcing. Geology, 41(1): 23-26.

Eichenseer K, Balthasar U, Smart C W, et al. 2019. Jurassic shift from abiotic to biotic control on marine ecological success. Nature Geoscience, 12(8): 638-642.

Emiliani C. 1955. Pleistocene temperatures. The Journal of Geology, 63(6): 538-578.

Fakhraee M, Tarhan L G, Planavsky N J, et al. 2021. A largely invariant marine dissolved organic carbon reservoir across Earth's history. Proceedings of the National Academy of Sciences, 118(40): e2103511118.

Falkowski P G, Katz M E, Knoll A H, et al. 2004. The evolution of modern eukaryotic phytoplankton. Science, 305(5682): 354-360.

Fike D A, Grotzinger J P, Pratt L M, et al. 2006. Oxidation of the Ediacaran ocean. Nature, 444(7120): 744-747.

Follett C L, Repeta D J, Rothman D H, et al. 2014. Hidden cycle of dissolved organic carbon in the deep ocean. Proceedings of the National Academy of Sciences, 111(47): 16706-16711.

Follows M J, Dutkiewicz S, Grant S, et al. 2007. Emergent biogeography of microbial communities in a model ocean. Science, 315(5820): 1843-1846.

Galy V, Beyssac O, France-Lanord C, et al. 2008. Recycling of graphite during Himalayan erosion: a geological stabilization of carbon in the crust. Science, 322(5903): 943-945.

Grice K, Twitchett R J, Alexander R, et al. 2005. A potential biomarker for the Permian-Triassic ecological crisis. Earth and Planetary Science Letters, 236(1-2): 315-321.

Hall S J, Silver W L. 2013. Iron oxidation stimulates organic matter decomposition in humid tropical forest soils. Global Change Biology, 19(9): 2804-2813.

Hansell D A, Carlson C A. 2015. Dissolved organic matter in the ocean carbon cycle. Eos, 96(15): 8-12.

Haug G H, Tiedemann R. 1998. Effect of the formation of the Isthmus of Panama on Atlantic Ocean thermohaline circulation. Nature, 393(6686): 673-676.

Hayes J M, Strauss H, Kaufman A J. 1999. The abundance of ^{13}C in marine organic matter and isotopic fractionation in the global biogeochemical cycle of carbon during the past 800 Ma. Chemical Geology, 161(1-3): 103-125.

Hays J D, Imbrie J, Shackleton N J. 1976. Variations in the Earth's Orbit: Pacemaker of the Ice

Ages: for 500, 000 years, major climatic changes have followed variations in obliquity and precession. Science, 194(4270): 1121-1132.

Hedges J I, Hare P E. 1987. Amino acid adsorption by clay minerals in distilled water. Geochimica et Cosmochimica Acta, 51(2): 255-259.

Hedges J I, Oades J M. 1997.Comparative organic geochemistries of soils and marine sediments. Organic Geochemistry, 27 (7-8): 319-361.

Hemingway J D, Rothman D H, Grant K E, et al.2019. Mineral protection regulates long-term global preservation of natural organic carbon. Nature, 570 (7760): 228-231.

Henneberry Y K, Kraus T E C, Nico P S, et al. 2012. Structural stability of coprecipitated natural organic matter and ferric iron under reducing conditions. Organic Geochemistry, 48: 81-89.

Honjo S. 1976. Cocoliths: production, transportation and sedimentation. Marine Micropaleontology, 1: 65-79.

Honjo S, Manganini S J, Krishfield R A, et al. 2008. Particulate organic carbon fluxes to the ocean interior and factors controlling the biological pump: a synthesis of global sediment trap programs since 1983. Progress in Oceanography, 76(3): 217-285.

Houghton R A. 2007. Balancing the global carbon budget. Annual Review of Earth and Planetary Sciences, 35: 313-347.

Huang E, Wang P, Wang Y, et al. 2020. Dole effect as a measurement of the low-latitude hydrological cycle over the past 800 ka. Science Advances, 6(41): eaba4823.

Imbrie J, Imbrie J Z. 1980. Modeling the climatic response to orbital variations. Science, 207(4434): 943-953.

IPCC. 2021. Climate Change 2021: The Physical Science Basis. Cambridge: Cambridge University Press.

Iversen M H, Ploug H. 2010. Ballast minerals and the sinking carbon flux in the ocean: carbon-specific respiration rates and sinking velocity of marine snow aggregates. Biogeosciences, 7: 2613-2624.

Jaramillo C, Montes C, Cardona A, et al. 2017. Comment (1) on "Formation of the Isthmus of Panama" by O'Dea et al. Science Advances, 3(6): e1602321.

Jenkyns H C. 2010. Geochemistry of oceanic anoxic events. Geochemistry, Geophysics, Geosystems, 11(3): Q03004.

Jian Z, Wang Y, Dang H, et al. 2020. Half-precessional cycle of thermocline temperature in the western equatorial Pacific and its bihemispheric dynamics. Proceedings of the National Academy of Sciences, 117(13): 7044-7051.

Jiao N, Herndl G J, Hansell D A, et al. 2010. Microbial production of recalcitrant dissolved organic matter: long-term carbon storage in the global ocean. Nature Reviews Microbiology, 8(8): 593-599.

Jiao N, Liu J, Jiao F, et al. 2020. Microbes mediated comprehensive carbon sequestration for negative emissions in the ocean. National Science Review, 7(12): 1858-1860.

Jiao N, Robinson C, Azam F, et al. 2014. Mechanisms of microbial carbon sequestration in the ocean-future research directions. Biogeosciences, 11(19): 5285-5306.

Jin H, Jian Z, Wan S. 2018. Recent deep water ventilation in the South China Sea and its paleoceanographic implications. Deep Sea Research Part I: Oceanographic Research Papers, 139: 88-94.

Keigwin L. 1982. Isotopic paleoceanography of the Caribbean and East Pacific: role of Panama uplift in late Neogene time. Science, 217(4557): 350-353.

Kemp A E S, Grigorov I, Pearce R B, et al. 2010. Migration of the Antarctic Polar Front through the Mid-Pleistocene transition: evidence and climatic implications. Quaternary Science Reviews, 29(17-18): 1993-2009.

Kennedy M, Droser M L, Mayer L M, et al.2006. Late Precambrian oxygenation； inception of the clay mineral factory. Science, 311(5766): 1446-1449.

Kennedy M J, Pevear D R, Hill R J. 2002. Mineral surface control of organic carbon in black shale. Science, 295(5555): 657-660.

Kennett J P. 1977. Cenozoic evolution of Antarctic glaciation, the circum-Antarctic Ocean, and their impact on global paleoceanography. Journal of Geophysical Research, 82(27): 3843-3860.

Klaas C, Archer D E. 2002. Association of sinking organic matter with various types of mineral ballast in the deep sea: implications for the rain ratio. Global Biogeochemical Cycles, 16(4): 1116.

Kleber M, Bourg I C, Coward E K, et al. 2021. Dynamic interactions at the mineral-organic matter interface. Nature Reviews Earth and Environment, 2(6): 402-421.

Kleber M, Eusterhues K, Keiluweit M, et al. 2015. Mineral-organic associations: formation, properties, and relevance in soil environments. Advances in Agronomy, 130: 1-140.

Komar N, Zeebe R E. 2017. Redox-controlled carbon and phosphorus burial: a mechanism for enhanced organic carbon sequestration during the PETM. Earth and Planetary Science Letters, 479: 71-82.

Komar N, Zeebe R E. 2021. Reconciling atmospheric CO_2, weathering, and calcite compensation depth across the Cenozoic. Science Advances, 7: eabd4876.

Krissansen-Totton J, Kipp M A, Catling D C. 2021. Carbon cycle inverse modeling suggests large changes in fractional organic burial are consistent with the carbon isotope record and may have contributed to the rise of oxygen. Geobiology, 19(4): 342-363.

Kuypers M M, Pancost R D, Nijenhuis I A, et al. 2002. Enhanced productivity led to increased organic carbon burial in the euxinic North Atlantic basin during the late Cenomanian oceanic anoxic event. Paleoceanography, 17(4): 3-1, 3-13.

Lalonde K, Mucci A, Ouellet A, et al. 2012. Preservation of organic matter in sediments promoted by iron. Nature, 483(7388): 198-200.

Le Moigne F A C K, Pabortsava C L J, Martin M P, et al. 2014. Where is mineral ballast important for surface export of particulate organic carbon in the ocean? Geophysical Research Letters, 41(23): 8460-8468.

Lea D W, Pak D K, Spero H J. 2000. Climate impact of late Quaternary Equatorial Pacific sea surface temperature variations. Science, 289(5485): 1719-1724.

Li C, Shi W, Cheng M, et al. 2020. The redox structure of Ediacaran and early Cambrian oceans and its controls. Science Bulletin, 65(24): 2141-2149.

Liu D, Dong H, Bishop M E, et al. 2012. Microbial reduction of structural iron in interstratified illite-smectite minerals by a sulfate-reducing bacterium. Geobiology, 10(2): 150-162.

Liu D, Tian Q, Yuan P, et al. 2019a. Facile sample preparation method allowing TEM characterization of the stacking structures and interlayer spaces of clay minerals. Applied Clay Science, 171: 1-5.

Liu D, Yuan P, Tian Q, et al. 2019b. Lake sedimentary biogenic silica from diatoms constitutes a significant global sink for aluminium. Nature Communicaitons, 10(1): 4829.

Liu H, Yuan P, Liu D, et al. 2018. Pyrolysis behaviors of organic matter (OM) with the same alkyl main chain but different functional groups in the presence of clay minerals. Applied Clay Science, 153: 205-216.

Liu H, Yuan P, Liu D, et al. 2021. Insight into cyanobacterial preservation in shallow marine environments from experimental simulation of cyanobacteria-clay co-aggregation. Chemical Geology, 577: 120285.

Liu Z, Huang S, Jin Z. 2018. Breakpoint lead-lag analysis of the last deglacial climate change and atmospheric CO_2 concentration on global and hemispheric scales. Quaternary International, 490: 50-59.

Liu Z, Zhao Y, Colin C, et al. 2016. Source-to-sink transport processes of fluvial sediments in the South China Sea. Earth-Science Reviews, 153: 238-273.

Long M C, Stephens B B, McKain K, et al. 2021. Strong Southern Ocean carbon uptake evident in airborne observations. Science, 374(6572): 1275-1280.

Lüthi D, Le Floch M, Bereiter B, et al. 2008. High-resolution carbon dioxide concentration record 650, 000-800, 000 years before present. Nature, 453(7193): 379-382.

Lützow M V, Kögel-Knabner I, Ekschmitt K, et al. 2006. Stabilization of organic matter in temperate soils: mechanisms and their relevance under different soil conditions-a review. European Journal of Soil Science, 57(4): 426-445.

Lv J, Zhang S, Wang S, et al. 2016. Molecular-scale investigation with ESI-FT-ICR-MS on fractionation of dissolved organic matter induced by adsorption on iron oxyhydroxides. Environmental Science & Technology, 50(5): 2328-2336.

Lyons T W, Reinhard C T, Planavsky N J. 2014. The rise of oxygen in Earth′s early ocean and atmosphere. Nature, 506(7488): 307-315.

Ma W, Tian J, Li Q, et al. 2011. Simulation of long eccentricity (400-kyr) cycle in ocean carbon reservoir during Miocene Climate Optimum: weathering and nutrient response to orbital change. Geophysical Research Letters, 38(10): L10701.

Ma W, Wang P, Tian J. 2017. Modeling 400-500-kyr Pleistocene carbon isotope cyclicity through variations in the dissolved organic carbon pool. Global and Planetary Change, 152: 187-198.

Ma W, Xiu P, Yu Y, et al. 2021. Production of dissolved organic carbon in the South China Sea: a modeling study. Science China Earth Sciences, 65(2): 351-364.

Ma X, Ma W, Tian J, et al. 2022. Ice sheet and terrestrial input impacts on the 100-kyr ocean carbon cycle during the Middle Miocene. Global and Planetary Change, 208: 103723.

Ma X, Tian J, Ma W, et al. 2018. Changes of deep Pacific overturning circulation and carbonate chemistry during middle Miocene East Antarctic ice sheet expansion. Earth and Planetary Science Letters, 484: 253-263.

Ma Z, Gray E, Thomas E, et al. 2014. Carbon sequestration during the Palaeocene-Eocene Thermal Maximum by an efficient biological pump. Nature Geoscience, 7(5): 382-388.

Magnabosco C, Moore K R, Wolfe J M, et al. 2018. Dating phototrophic microbial lineages with reticulate gene histories. Geobiology, 16(2): 179-189.

Manno C, Giglio F, Stowasser G, et al. 2018. Threatened species drive the strength of the carbonate pump in the northern Scotia Sea. Nature Communications, 9(1): 4592.

Marchitto T M, Lehman S J, Ortiz J D, et al. 2007. Marine radiocarbon evidence for the mechanism of deglacial atmospheric CO_2 rise. Science, 316(5830): 1456-1459.

Marcott S A, Bauska T K, Buizert C, et al. 2014. Centennial-scale changes in the global carbon cycle during the last deglaciation. Nature, 514(7524): 616-619.

MARGO Project Members. 2009. Constraints on the magnitude and patterns of ocean cooling at the Last Glacial Maximum. Nature Geoscience, 2: 127-132.

Martin J H. 1990. Glacial-interglacial CO_2 change: the Iron Hypothesis. Paleoceanography, 5(1): 1-13.

Martínez-Botí M A, Marino G, Foster G L, et al. 2015. Boron isotope evidence for oceanic carbon dioxide leakage during the last deglaciation. Nature, 518(7538): 219-222.

Mayer L M. 1994. Relationships between mineral surfaces and organic carbon concentrations in soils and sediments. Chemical Geology, 114(3-4): 347-363.

McFadden K A, Huang J, Chu X, et al. 2008. Pulsed oxidation and biological evolution in the Ediacaran Doushantuo Formation. Proceedings of the National Academy of Sciences, 105(9): 3197-3202.

Mojzsis S J, Arrhenius G, McKeegan K D, et al. 1996. Evidence for life on Earth before 3, 800 million years ago. Nature, 384(6604): 55-59.

Molnar P. 2017. Comment (2) on "Formation of the Isthmus of Panama" by O'Dea et al. Science Advances, 3(6): e1602320.

Montañez I P. 2016. A Late Paleozoic climate window of opportunity. Proceedings of the National Academy of Sciences, 113(9): 2334-2336.

Mort H P, Adatte T, Föllmi K B, et al. 2007. Phosphorus and the roles of productivity and nutrient recycling during oceanic anoxic event 2. Geology, 35(6): 483-486.

Morton O. 2005. Major shifts in climate and life may rest on feats of clay. Science, 309(5739): 1320-1321.

O'Dea A, Lessios H A, Coates A G, et al. 2016. Formation of the Isthmus of Panama. Science Advances, 2(8): e1600883.

Pälike H, Lyle M W, Nishi H, et al. 2012. A Cenozoic record of the equatorial Pacific carbonate compensation depth. Nature, 488(7413): 609-614.

Pälike H, Norris R D, Herrle J O, et al. 2006. The heartbeat of the Oligocene climate system. Science, 314(5807): 1894-1898.

Pan W, Kan J, Inamdar S, et al. 2016. Dissimilatory microbial iron reduction release DOC (dissolved organic carbon) from carbon-ferrihydrite association. Soil Biology and Biochemistry, 103: 232-240.

Peters S E, Husson J M, Wilcots J. 2017. The rise and fall of stromatolites in shallow marine environments. Geology, 45(6): 487-490.

Playter T, Konhauser K, Owttrim G, et al. 2017. Microbe-clay interactions as a mechanism for the preservation of organic matter and trace metal biosignatures in black shales. Chemical Geology, 459: 75-90.

Qin B, Li T, Xiong Z, et al. 2018. Deep-water carbonate ion concentrations in the Western Tropical Pacific since the Mid-Pleistocene: a major perturbation during the Mid-Brunhes. Journal of Geophysical Research: Oceans, 123(9): 6876-6892.

Qin B, Jiao Q, Xiong Z, et al.2022. Sustained deep Pacific carbon storage after the Mid-Pleistocene Transition linked to enhanced Southern Ocean stratification. Geophysical Research Letters, (4): 49.

Qiu Z, Song H, Hu C, et al. 2019. Carbonate thermoluminescence and its implication for marine productivity change during the Permian-Triassic transition. Palaeogeography, Palaeoclimatology, Palaeoecology, 526: 72-79.

Rae J W, Zhang Y G, Liu X, et al. 2021. Atmospheric CO_2 over the past 66 million years from marine archives. Annual Review of Earth and Planetary Sciences, 49: 609-641.

Raymo M E, Ruddiman W F. 1992. Tectonic forcing of late Cenozoic climate. Nature, 359(6391): 117-122.

Raymo M E, Ruddiman W F, Froelich P N. 1988. Influence of late Cenozoic mountain building on ocean geochemical cycles. Geology, 16(7): 649-653.

Ren M, Feng X, Huang Y, et al. 2019. Phylogenomics suggests oxygen availability as a driving force in Thaumarchaeota evolution. The ISME Journal, 13(9): 2150-2161.

Ridgwell A. 2005. A Mid Mesozoic Revolution in the regulation of ocean chemistry. Marine Geology, 217(3-4): 339-357.

Riedel T, Zak D, Biester H, et al. 2013. Iron traps terrestrially derived dissolved organic matter at redox interfaces. Proceedings of the National Academy of Sciences, 110(25): 10101-10105.

Rothman D H, Hayes J M, Summons R E. 2003. Dynamics of the Neoproterozoic carbon cycle. Proceedings of the National Academy of Sciences, 100(14): 8124-8129.

Rubinstein C V, Gerrienne P, de la Puente G S, et al. 2010. Early Middle Ordovician evidence for land plants in Argentina (eastern Gondwana). New Phytologist, 188(2): 365-369.

Sarmiento J L, Toggweiler J R. 1984. A new model for the role of the oceans in determining atmospheric PCO_2. Nature, 308(5960): 621-624.

Scaife J D, Ruhl M, Dickson A J, et al. 2017. Sedimentary mercury enrichments as a marker for submarine large igneous province volcanism? Evidence from the Mid-Cenomanian event and Oceanic Anoxic Event 2 (Late Cretaceous). Geochemistry, Geophysics, Geosystems, 18(12): 4253-4275.

Schlanger S O, Jenkyns H C. 1976. Cretaceous oceanic anoxic events: causes and consequences. Geologie en Mijnbouw, 55(3-4): 179-184.

Seewald J S. 2003. Organic-inorganic interactions in petroleum-producing sedimentary basins. Nature, 426(6964): 327-333.

Sepkoski J J. 1984. A kinetic model of Phanerozoic taxonomic diversity. Ⅲ. Post-Paleozoic families and mass extinctions. Paleobiology, 10(2): 246-267.

Shackleton N J, Opdyke N D. 1977. Oxygen isotope and palaeomagnetic evidence for early Northern Hemisphere glaciation. Nature, 270(5634): 216-219.

Shakun J D, Clark P U, He F, et al. 2012. Global warming preceded by increasing carbon dioxide concentrations during the last deglaciation. Nature, 484(7392): 49-54.

Shen J, Pearson A, Henkes G A, et al. 2018. Improved efficiency of the biological pump as a trigger for the Late Ordovician glaciation. Nature Geoscience, 11(7): 510-514.

Sheng Y, Dong H, Kukkadapu R K, et al. 2021. Lignin-enhanced reduction of structural Fe(Ⅲ) in nontronite: Dual roles of lignin as electron shuttle and donor. Geochimica et Cosmochimica Acta, 307: 1-21.

Shi W, Li C, Luo G M, et al. 2018. Sulfur isotope evidence for transient marine-shelf oxidation during the Ediacaran Shuram Excursion. Geology, 46(3): 267-270.

Shuttleworth R, Bostock H C, Chalk T B, et al. 2021. Early deglacial CO_2 release from the Sub-Antarctic Atlantic and Pacific oceans. Earth and Planetary Science Letters, 554: 116649.

Sigman D M, Fripiat F, Studer A S, et al. 2021. The Southern Ocean during the ice ages: a review of the Antarctic surface isolation hypothesis, with comparison to the North Pacific. Quaternary Science Reviews, 254: 106732.

Sosdian S M, Rosenthal Y, Toggweiler J R. 2018. Deep Atlantic carbonate ion and $CaCO_3$ compensation during the Ice Ages. Paleoceanography and Paleoclimatology, 33(6): 546-562.

Summons R E, Jahnke L L, Hope J M, et al. 1999. 2-Methylhopanoids as biomarkers for cyanobacterial oxygenic photosynthesis. Nature, 400(6744): 554-557.

Talley L D. 2013. Closure of the Global Overturning Circulation through the Indian, Pacific, and Southern Oceans: Schematics and transports. Oceanography, 26(1): 80-97.

Tashiro T, Ishida A, Hori M, et al. 2017. Early trace of life from 3.95 Ga sedimentary rocks in Labrador, Canada. Nature, 549(7673): 516-518.

Theng B K G, Churchman G J, Newman R H. 1986. The occurrence of interlayer clay-organic complexes in two New Zealand soils. Soil Science, 142(5): 262-266.

Thornalley D J R, Barker S, Broecker W S, et al. 2011. The deglacial evolution of North Atlantic deep convection. Science, 331(6014): 202-205.

Tissot B P, Welte D H.1984. Petroleum Formation and Occurrence. Berlin: Springer-Verlag.

Tomitani A, Knoll A H, Cavanaugh C M, et al. 2006. The evolutionary diversification of cyanobacteria: molecular-phylogenetic and paleontological perspectives. Proceedings of the National Academy of Sciences, 103(14): 5442-5447.

Tréguer P J, Sutton J N, Brzezinski M, et al. 2021. Reviews and syntheses: the biogeochemical cycle of silicon in the modern ocean. Biogeosciences, 18(4): 1269-1289.

Turgeon S C, Creaser R A. 2008. Cretaceous oceanic anoxic event 2 triggered by a massive magmatic episode. Nature, 454(7202): 323-326.

van Cappellen P, Dixit S, van Beusekom J. 2002. Biogenic silica dissolution in the oceans: reconciling experimental and field-based dissolution rates. Global Biogeochemical Cycles, 16(4): 23-1-23-10.

Volk T, Hoffert M I. 1985. Ocean carbon pumps: analysis of relative strengths and efficiencies in ocean-driven atmospheric CO_2 changes//Sundquist E T, Broecker W S. The Carbon Cycle and Atmospheric CO_2: Natural Variations Archean to Present: Geophysical Monograph Series 32.

Washington D C: American Geophysical Union: 99-110.

Volkman J K, Barrett S M, Blackburn S I, et al. 1998. Microalgal biomarkers: a review of recent research developments. Organic Geochemistry, 29(5-7): 1163-1179.

Walczak M H, Mix A C, Cowan E A, et al. 2020. Phasing of millennial-scale climate variability in the Pacific and Atlantic Oceans. Science, 370(6517): 716-720.

Wan S, Clift P D, Zhao D, et al. 2017. Enhanced silicate weathering of tropical shelf sediments exposed during glacial lowstands: a sink for atmospheric CO_2. Geochimica et Cosmochimica Acta, 200: 123-144.

Wan S, Jian Z. 2014. Deep water exchanges between the South China Sea and the Pacific since the last glacial period. Paleoceanography, 29(12): 1162-1178.

Wan S, Jian Z, Dang H. 2018. Deep hydrography of the South China Sea and deep water circulation in the Pacific since the Last Glacial Maximum. Geochemistry, Geophysics, Geosystems, 19(5): 1447-1463.

Wan S, Jian Z, Gong X, et al. 2020. Deep water [CO_3^{2-}] and circulation in the south China sea over the last glacial cycle. Quaternary Science Reviews, 243: 106499.

Wang H, Li C, Hu C, et al. 2015. Spurious thermoluminescence characteristics of the Ediacaran Doushantuo Formation (ca. 635-551 Ma) and its implications for marine dissolved organic carbon reservoir. Journal of Earth Science, 26(6): 883-892.

Wang P, Li Q, Tian J, et al. 2014. Long-term cycles in the carbon reservoir of the Quaternary ocean: a perspective from the South China Sea. National Science Review, 1(1): 119-143.

Wang P X, Wang B, Cheng H, et al. 2017. The global monsoon across time scales: mechanisms and outstanding issues. Earth-Science Reviews, 174: 84-121.

Westerhold T, Marwan N, Drury A J, et al. 2020. An astronomically dated record of Earth's climate and its predictability over the last 66 million years. Science, 369(6509): 1383-1387.

Xie W, Yuan S, Tong M, et al. 2020. Contaminant degradation by ·OH during sediment oxygenation: dependence on Fe(Ⅱ) species. Environmental Science & Technology, 54(5): 2975-2984.

Xiong Z, Li T, Algeo T, et al. 2015. The silicon isotope composition of Ethmodiscus rex laminated diatom mats from the tropical West Pacific: implications for silicate cycling during the Last Glacial Maximum. Paleoceanography, 30(7): 803-823.

Yang J, Kukkadapu R K, Dong H, et al. 2012. Effects of redox cycling of iron in nontronite on reduction of technetium. Chemical Geology, 291: 206-216.

Yariv S. 2002. IR spectroscopy and thermo-IR spectroscopy in the study of the fine structure of organo-clay complexes//Yariv S, Cross H. Organo-Clay Complexes and Interactions. New York: Marcel Dekker: 345-462.

Yeasmin S, Singh B, Johnston C T, et al. 2017. Organic carbon characteristics in density fractions of soils with contrasting mineralogies. Geochimica et Cosmochimica Acta, 218: 215-236.

Yu C, Xie S, Song Z, et al. 2021. Biogeochemical cycling of iron (hydr-)oxides and its impact on organic carbon turnover in coastal wetlands: a global synthesis and perspective. Earth-Science Reviews, 218: 103658.

Yu J, Anderson R F, Jin Z, et al. 2013. Responses of the deep ocean carbonate system to carbon reorganization during the Last Glacial—interglacial cycle. Quaternary Science Reviews, 76: 39-52.

Yu J, Menviel L, Jin Z D, et al. 2016. Sequestration of carbon in the deep Atlantic during the lastglaciation. Nature Geoscience, 9(4): 319-324.

Yu J, Menviel L, Jin Z D, et al. 2020. Last glacial atmospheric CO_2 decline due to widespread Pacific deep-water expansion. Nature Geoscience, 13(9): 628-633.

Yuan P, Liu D. 2021. Proposing a potential strategy concerning Mineral-enhanced Biological Pump (MeBP) for improving Ocean Iron Fertilization (OIF). Applied Clay Science, 207: 106096.

Zeebe R E, Westbroek P. 2003. A simple model for the $CaCO_3$ saturation state of the ocean: The "Strangelove", the "Neritan", and the "Cretan" Ocean. Geochemistry, Geophysics, Geosystems, 4(12): 1104.

Zeng Q, Dong H, Wang X, et al. 2017. Degradation of 1, 4-dioxane by hydroxyl radicals produced from clay minerals. Journal of Hazardous Materials, 331: 88-98.

Zeng Q, Dong H, Zhao L, et al. 2016. Preservation of organic matter in nontronite against iron redox cycling. American Mineralogist, 101(1): 120-133.

Zeng Q, Wang X, Liu X, et al. 2020. Mutual interactions between reduced Fe-bearing clay minerals and humic acids under dark, oxygenated conditions: hydroxyl radical generation and humic acid transformation. Environmental Science & Technology, 54(23): 15013-15023.

Zhang J, Dong H, Liu D, et al. 2013. Microbial reduction of Fe(Ⅲ) in smectite minerals by thermophilic methanogen Methanothermobacter thermautotrophicus. Geochimica et

Cosmochimica Acta, 106: 203-215.

Zhang Y, Wen H, Zhu C, et al. 2018. Cadmium isotopic evidence for the evolution of marine primary productivity and the biological extinction event during the Permian-Triassic crisis from the Meishan section, South China. Chemical Geology, 481: 110-118.

Zhou L, Liu F, Liu Q, et al. 2021. Aluminum increases net carbon fixation by marine diatoms and decreases their decomposition: evidence for the iron—aluminum hypothesis. Limnology and Oceanography, 66(7): 2712-2727.

Zhu X, Cai J, Liu W, et al. 2016. Occurrence of stable and mobile organic matter in the clay-sized fraction of shale: significance for petroleum geology and carbon cycle. International Journal of Coal Geology, 160-161: 1-10.

Zobell C E.1945. The role of bacteria in the formation and transformation of petroleum hydrocarbons. Science, 102(2650): 364-369.

第三章

水循环及其轨道驱动

第一节　引　　言

一、米兰科维奇理论及其难题

气候演变的轨道驱动，通称为米兰科维奇理论，和板块学说并列为20世纪地球科学的两大突破。该理论发现地球轨道参数的变化导致北极冰盖的消长，造成了10万年的冰期旋回。米兰科维奇理论将星体运动和气候系统连接起来，不仅为定量古气候学提供了理论基础，也为地球系统科学研究树立了成功的典范。

但是这项理论有与生俱来的“硬伤”。理论的关键是每隔10万年出现的冰期旋回，对应于黄道偏心率的10万年周期。但这只是大体上的对应，假如仔细推敲就会发现矛盾：一是10万年偏心率对太阳辐射量的功率影响太小，不足以引起冰期旋回；二是冰期旋回的时间，也并不都和偏心率周期相对应。于是这项理论在建立时，就伴随着一串无法解释的“难题”（Imbrie et al.，1993），而更大的麻烦还在后面。近20年来，一系列的新发现向米兰科维奇理论的传统版本提出了挑战，问题就出在如何理解轨道驱动的水循环。

水的气、液、固态三相转换和运移是气候系统运作的重要过程，而太阳辐射是水循环的主要驱动力。高纬区固 / 液态转换和感热作用突出，低纬区气 / 液态转换和潜热作用突出。地球轨道的周期性变化影响辐射量的时空分布：斜率影响辐射量在高低纬度间的空间分配，对高纬区作用大；岁差影响冬夏季节间的时间分配，因此对季风等低纬过程的影响最大（Ruddiman，2001）。米兰科维奇理论计算北半球高纬 65°N 所接收的太阳辐射量，发现轨道参数的变化能导致北半球冰盖的进退，冰盖又调控北大西洋深层水，进而通过“大洋传送带”驱动全球气候的周期变化，主张北半球高纬区的水循环变化主宰着全球的气候旋回。

二、气候演变轨道周期的新发现

近年来，对极地冰芯气泡和洞穴石笋碳酸钙氧同位素的分析却发现，水循环主要呈现 2 万年的岁差周期，而不是冰盖消长的 10 万年周期（Petit et al.，1999；Cheng et al.，2016a）。不但如此，连季风区海水的氧同位素记录突出的也是岁差周期，足见以季风雨为标志的低纬水循环并不简单遵循高纬的冰期旋回（Wang P X et al.，2017）。其实地球上的水循环有两个对流不稳定区：在低纬区，高温低盐的上层海水蒸发，形成上升气流；在高纬区，低温高盐的高密度水下沉，形成深层水，从而构成三相转换在空间里的两种模式：低纬区的气 / 液态转换，方向朝上；后者是固 / 液态转换，方向朝下（图 3-1）（Webster，1994）。

米兰科维奇理论传统版本的弱点，就在于将全球气候变化的根源归结为高纬的固 / 液态转换，事实上低纬气 / 液态转换的能量要高出其 7 倍，何况太阳辐射给予地球的热量本来就集中在低纬，然后再向高纬输送。

石笋、冰芯气泡和季风区深海沉积的氧同位素分析反映的正是气 / 液态转换的低纬水循环信息。换句话说，第四纪冰期旋回固然重要，但是以全球季风为代表的低纬水循环，本身就能够直接响应太阳辐射的轨道驱动，并不都靠北极冰盖的推动（Wang P X et al.，2017）。

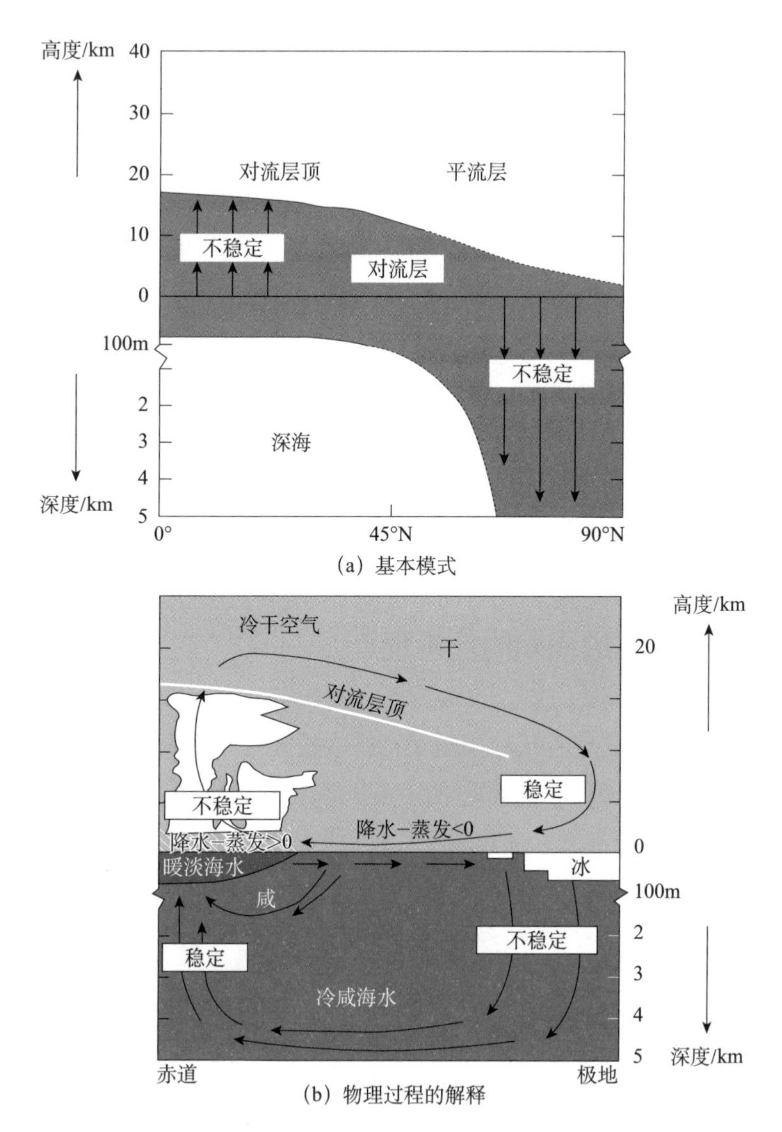

(a) 基本模式

(b) 物理过程的解释

图 3-1　气候系统两大不稳定区的水循环（据 Webster，1994 改）

不仅如此，北半球高纬过程主宰全球气候的观点，与越来越多的新发现相矛盾。例如，北大西洋深层水推动"大洋传送带"、驱动全球气候的理论也正在受到质疑，看来全大洋深层环流的推动力主要来自南大洋而不是北大西洋（Marshall and Speer，2012）。再如，把南极冰盖看作"白色高原"，以及其在第四纪冰期中无所作为的观点已经被抛弃，相反，北极冰盖发生的巨变，源头可能出在南极。又如，约 108 万年前西南极冰盖曾一度全部消融

（Scherer et al.，2008），最终导致“中更新世革命”。

学术界对北极冰盖作用的夸大有着深刻的历史根源。古气候学的产生就是源于阿尔卑斯山大冰期的发现，而低纬区水循环变化长期以来缺乏标志，难以辨识。而早期的古海洋学采用微体化石的转换函数求取表层海水古温度，发现冰期时低纬海区的降温低于误差范围（CLIMAP Project Members，1976，1981），从而推论说低纬区对气候变化不灵敏。等到 30 年后采用化学分析的新方法，才发现热带大西洋冰期时表层降温将近 3℃，这说明原来采用的方法有误（MARGO Project Members，2009）。

从本质上讲，米兰科维奇理论遇到的困难源于其本身的时空局限性。提出理论的依据，在时间上限于晚第四纪最近的 60 万年，在空间上基本缺乏陆地低纬区和南半球的材料。地球科学的突破，通常都是从特定的时空范围内开始然后推向全球，这并不奇怪，但是切忌将最初突破点上的认识夸大为全球的共同规律。米兰科维奇理论也不例外，只要走出晚第四纪的框架，气候的轨道周期就大不相同。

三、全面探索气候系统的演变机制

如果放眼五六亿年来的显生宙，地球南北两极只是在最近的三百万年才出现冰盖，尤其到晚第四纪北极冰盖增大，因此米兰科维奇理论探讨的是历史上绝无仅有的特殊时期。太阳系星体运动造成地球轨道几何形态的多种周期变化，其中最为稳定的是 40 万年偏心率长周期（Matthews and Froelich，2002），不但是天文地质年代学地质计时的基础（Kent et al.，2017；田军等，2022），也是地球表层系统的“心跳”（Pälike et al.，2006），是贯穿地质历史的气候主要周期。但是在地质记录中，40 万年长周期曾经多次遭受破坏，反映了气候系统内反馈的重大事件，近几十万年的第四纪晚期就是其中之一（Wang P X et al.，2017）。探索这种破坏的起因和后果，正是当前古气候学面临的重要任务。

再看历史上的气候环境，并不只是轨道尺度上的周期性变化，更为重大的是水循环格局在构造尺度上的改组。最为惊人的是距今七亿年前后的“雪球事件”，地球整体被冰雪覆盖，水循环出现难以想象的变化

（Pierrehumbert et al.，2011）。多次发生的改组则是冰室期和暖室期的交替，包括极热事件的出现。然而，科学上的挑战还不在于这类改组事件的识别和描述，而是揭示其产生的原因和后果。天文方面，如太阳演化早期的光度不足，或者太阳系经过银河系旋臂时的宇宙射线异常（Shaviv and Veizer，2003）；地球内部方面，如岩浆火山活动、超级大陆的聚合与解体；生物圈方面，如光合作用的产生与大气圈的氧化、植物登上陆地等（Kenrick and Crane，1997），都会导致水循环途径和气候特征的改变（陈波和朱茂炎，2023）。

可见，探索气候演变的机制，决不可囿于晚第四纪的特殊条件，需要从地球历史的高度充分估计水循环格局的多样性。同样，在空间域里也切忌一叶障目、不见全球。其实米兰科维奇理论建立之初，已有研究发现非洲湖泊干湿气候的两万年周期（Kutzbach，1980）与冰期旋回不符。当时被认为是区域季风造成的局部现象；三十多个年头后，新的认识才将这归因于气候热带的南北移动，反映了低纬区全球季风的周期（Wang P X et al.，2017）。同时，更多的南半球资料揭示，冰期旋回在南北半球的发展会有不对称性，同一个间冰期南半球偏冷、北半球偏热，同一个冰期北极冰盖的增长可以比南极更快（Guo et al.，2009），而两半球的不对称性又会对季风气候产生影响（Shi et al.，2020）。所以说，米兰科维奇计算 65°N 太阳辐射量是抓住了“牛鼻子”，取得了突破，但是想要获得全球气候变化的规律，还必须走南北半球结合和高低纬相互作用的研究途径。

最后，在空间域研究的发展方面，值得注意的方向是对海陆表面以下的深入。例如，海洋不光要注意表层水温，还要研究表层下的跃层温度才能知道海水储存的能量（Jian et al.，2022）；冰盖的融解也不能只看表面和大气的温度，因为冰盖的崩解往往是自下而上的过程（Shepherd et al.，2018）；尤其重要的是巨大的地下水库，大陆和海洋底下，尤其是深层的地下水，是地球上最大而了解最少的液态淡水库，尽管我们至今连其规模大小、形成年龄都不了解（Garven，1995），但其却是表层气候水文和深部地壳活动的连接口（Hebig et al.，2012），必将会成为水循环深入研究的未来方向，我国应当密切注意。

第二节　40万年偏心率长周期的破坏

地球轨道周期的研究，正在从第四纪冰期向深时地质推进，发现40.5万年的偏心率长周期贯穿整个地质历史，是地球表层系统的“心跳”。通过对其运行和破坏的研究，可望穿越暖室和冰室期，建立起完整的气候演变理论。

米兰科维奇理论发现，气候冰期旋回受地球轨道周期的调控，与板块构造学说一同成为20世纪地球科学的两大突破。虽然迄今还不足百年，但气候变化轨道驱动的研究却已经有了重大飞跃，正在为出现一个完整的气候演变学说准备条件。在这些飞跃中，有着中国科学家和中国地层剖面的大量贡献。气候演变完整理论的突破“花落谁家”，中国的古气候研究能不能“丰产丰收”，都有待时间来作出回答。

一、第四纪轨道周期研究的挑战

1. 轨道学说的难题

米兰科维奇理论的价值，在于首次将时间因素引进地质历史，因此阿尔卑斯山发现了冰期旋回以后，还要等半个多世纪，才有严格定年的深海沉积加以证明。在深海氧同位素分析的基础上，根据岁差、斜率和偏心率三项轨道参数的变化，成功解释了近50万年来的冰期旋回（Hays et al.，1976），但是留下了一串难以解释的“难题”（Imbrie et al.，1993），“难题”的核心在偏心率：偏心率有40万年和10万年长、短两种周期，但是对太阳辐射量的影响极小，为什么冰期的周期是10万年，而40万年周期根本看不见？

现在看来“难题”的“难处”在于记录太短，几十亿年的地质历史只看几十万年，当然不容易看懂。就像“地心说”，光看太阳下山、月亮升起，确实都像是围绕着地球在转，但是别的行星如何运行就成了“难题”。这只有走出太阳系才能看懂，结果产生了“日心说”。理解轨道周期，也得走出第四纪。

2. 跨冰期长周期的发现

随着地质记录种类增多、年代加长，对轨道周期的理解也逐渐加深。在对深海沉积氧同位素分析的基础上，建起了冰期旋回的海洋氧同位素阶段（Marine Isotope Stages，MISs），成为第四纪年代对比的基础，同时又发现只有特别强的冰期，才会在阿尔卑斯山地貌上有明显反应，这就是两万年前的玉木冰期（MIS2）、14 万年前的里斯冰期（MIS6）、40 余万年前的民德冰期（MIS12）和 60 余万年前的贡兹冰期（MIS16），所以陆地第四纪的冰期比深海的记录短（Raymo，1997）。然而，中国黄土剖面却记录了所有的冰期旋回，并且可以上溯到两千多万年前（Guo et al.，2002）。记录长了，很容易看出冰期旋回的差别来，一般的间冰期只有万把年长，而黄土剖面里就有超长的间冰期，如相当于 MIS13～15 的古土壤层 S5 超过 10 万年（Hao et al.，2015）。十多年前，过去全球变化计划（Past Global Changes，PAGES）设立了工作组，专门研究第四纪间冰期之间的差异，发现 MIS13 之后间冰期变得更暖（Tzedakis et al.，2009）。

其实何止是间冰期，MIS13 之后的冰期也变得更强，也就是说，北半球的冰期旋回整体强化，这就是 40 万年前所谓的“中布容事件”（Mid-Brunhes event，MBE）：从 MIS12/11 起，冰期旋回振幅大幅度增大（Jansen et al.，1986）。这种冰期旋回的转型是一种跨冰期的变化，单从轨道参数里看不出原因。前面一次的转型变化更大：冰期旋回的长度，在 90 万年前是 4 万年，到 60 万年以后变为平均 10 万年。这次转型有 30 万年的过渡期，称为“中更新世转型”事件（Mid-Pleistocene transition，MPT），此后不但气候振幅增大，还出现了气候曲线的“锯齿状”不对称结构，即冰盖增长慢、消融快（Elderfield et al.，2012）。

这两次冰期旋回转型，反映的都是北极冰盖规模增大的阶段。然而，我国在南海发现每次转型前大洋无机碳同位素（$\delta^{13}C$）都先有一次重值期（$\delta^{13}C_{max}$）（图 3-2）（Wang et al.，2014a），这说明冰期旋回的转型很可能与碳循环相关。回溯 500 万年来的深海记录，$\delta^{13}C$ 都有 40 万年长偏心率周期，但是到 160 万年前随着南大洋深部碳储库的生成，$\delta^{13}C$ 的 40 万年周期受到破坏，延长到 50 万年（Wang et al.，2010）。看来单纯依靠水循环的物理过程（冰盖消长）不足以解释第四纪的跨冰期旋回，至少在 10^5 年的时间尺度上，还要考虑碳循环的生物地球化学过程。

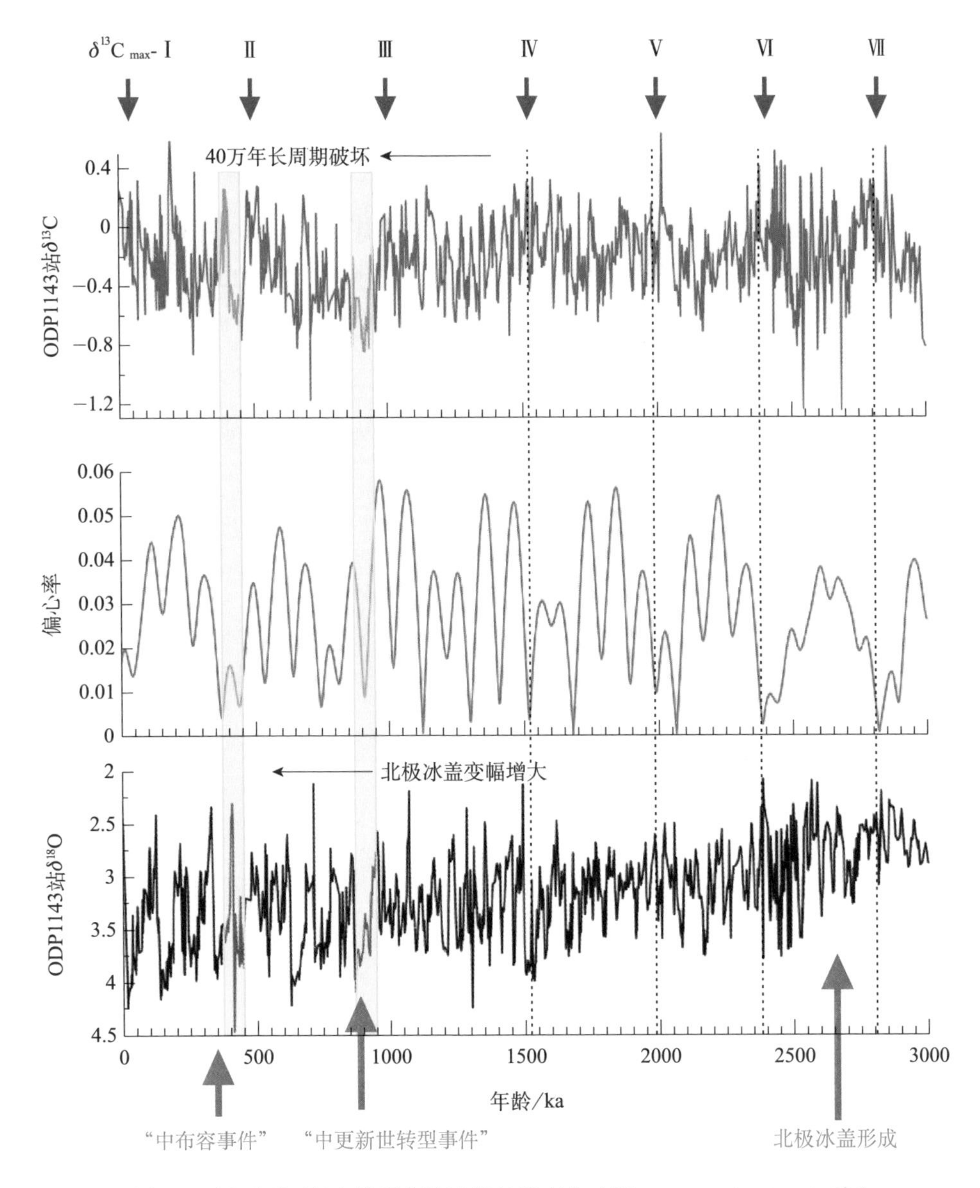

图 3-2 近三百万年来的重大跨冰期长期变化（据 Wang et al.，2014a 改）

黄色表示由 $\delta^{13}C_{max}$ 发展到北极冰盖事件的转折期；虚线表示与偏心率最低值对应的 $\delta^{13}C_{max}$

3. 水循环和碳循环

如果放眼晚第四纪以前的 $\delta^{13}C$ 记录，就会看到碳同位素重值期（$\delta^{13}C_{max}$）每40万年出现一次，对应于地球轨道偏心率的最低值（图3-2红线）。这是因为偏心率长周期驱动着季风降雨的变化，而季风降雨的水循环决定着风化作用和营养元素输入海洋的强度，通过生物泵的变化调控着大洋的碳循环。由于碳在海洋里的滞留时间长达十多万年，对于几万年长的冰期旋回并不敏感，敏感的就是40万年的偏心率长周期，于是产生了40万年一次的碳同位素重值期（Ma et al.，2011）。

然而，北极冰盖的发育改变了水循环的周期性，进而干扰了大洋碳循环的40万年长周期。近百万年来，两次冰期转型（MPT、MBE）之前都有碳同位素重值期出现，但又都不对应偏心率的低谷，以致大洋碳循环出现类似50万年的周期变化。正是水、碳循环的相互作用，才导致了南北两半球冰盖的互动，塑造了第四纪冰期的历史（图3-2）（Wang et al.，2014a），这就是40万年长周期破坏的最新实例。

4. 气候变化的低纬驱动

最近，包括我国在内的全球21家实验室总结了20年来14个大洋钻探航次氧、碳稳定同位素（$\delta^{18}O$、$\delta^{13}C$）的研究结果，重建了整个新生代6600万年大洋水、碳循环的演变历史［新生代全球参考底栖有孔虫碳氧同位素数据集（CENOzoic Global Reference benthic foraminifer carbon and oxygen Isotope Dataset，CENOGRID）气候标准曲线］，发现40万年长周期正是贯穿新生代最为稳定的主导周期（Westerhold et al.，2020）。其中，前3400万年没有大陆冰盖，属于暖室期，气候的轨道周期比较规则；随着南极冰盖的逐步发育，尤其是最近330万年北极冰盖的出现，轨道驱动变得复杂，关键就在于高低纬度过程的相互作用。

其实地球轨道驱动的气候周期有两大类：一类是高纬的冰期旋回，另一类是低纬的季风周期（Ruddiman，2001）。两者都是太阳辐射量驱动地球表层水循环的变化周期，前者是水的固态/液态的转换，后者是气态/液态的转换，因为后者看不见也查不清，于是就把气候旋回都推在前者的头上。所谓气/液态转换的低纬过程，其实就是蒸发/降水，现在地球上降水最大的变量就是季风降雨。最初在20世纪80年代发现非洲北部的湖面升降有两万年的岁差周期，但与冰盖涨缩无关，从而提出了古季风的轨道周期（Kutzbach and Otto-Bliesner，1982）。近年来，有铀系法独立定年的华南石笋$\delta^{18}O$记录，有力地证明低纬水文循环以岁差周期为主，并且已经上溯到64万年前（Cheng et al.，2016a）。现在看来，各大陆的季风演变都受“气候赤道”，即热带辐合带（inter-tropical convergence zone，ITCZ）位移的控制，构成全球季风系统。在第四纪期间，轨道参数调控太阳辐射量的分布，在高纬度表现为冰期旋回，在低纬度表现为季风的周期（Wang P X et al.，2017）。

水循环的低纬过程当然也会出现在海洋记录里。第四纪冰期最系统的证据就来自海洋，深海氧同位素$\delta^{18}O$被认为是冰盖涨缩的标志，冰期旋回的分期就由此而来。但是南海表层水的$\delta^{18}O$却反映出具有两万年岁差周期的特色，与华南石笋$\delta^{18}O$的周期性具有相似性（Wang et al.，2016）。同样，大洋碳循环也受低纬过程轨道周期的驱动，其表现就是40万年的碳同位素长周期。偏心率最小期季风最弱，生物泵强度减弱，于是出现$\delta^{13}C_{max}$。这种低纬过程为主的周期变化，构成了地球表层系统变化的基本节奏，被誉为地球的“心跳”（Pälike et al.，2006）。北极冰盖的发育打乱了大洋碳循环的节奏，引发了冰期旋回转型的跨冰期变化，导致地球的“心律不齐”。

第四纪冰期之外又出现一类气候周期，这在学术上是一个重大挑战。但是第四纪只是地质历史的一小部分，气候系统的演变是一个长期的连续过程。想要理解现代气候长期演变的天然背景，我们就应当抓住40万年长周期稳定性并将其作为抓手，以整个地质历史的大视野来探讨当前面临的问题。

二、深时地质气候演变的轨道周期

1. 40万年偏心率长周期

跳出第四纪来看轨道周期，就会发现研究的重点从气候旋回转移到了沉积韵律，转移到了天文地层学。19世纪晚期，在Croll（1864）首先提出冰期旋回轨道驱动的概念后，Gilbert（1895）针对美国白垩系提出了沉积韵律的轨道驱动，依据的轨道参数也和第四纪10^4等级的岁差、斜率不同，转移到了40万年，准确说是40.5万年的偏心率长周期。这一方面固然是因为分辨率（深时地质不容易做到高分辨率），另一方面也是因为40万年长偏心率是地球轨道参数中最为稳定的一项，被称为地质时间的“音叉”（Matthews and Froelich，2002）。

岁差和斜率受月地关系调控，20亿年前月球离地球近得多，因此岁差（现在2万年）和斜率周期（现在4万年）还都不到1.5万年，有成倍的差别。偏心率受木星和金星影响而与月地距离无关，指的是地球公转的黄道圆不圆，偏心率越大或者说黄道越不圆，地球离太阳的近日点和远日点的差距就越明显。尤其是40万年的偏心率长周期在各种轨道参数中最为稳定，计算2.5亿年前的偏心率长周期，其不确定性也不超过0.2%（Laskar et al.，2004）。同时，岁差和斜率只能改变太阳辐射在地球表面的时间分布和空间分布，只有偏心率才能改变年度辐射的总量。

可是偏心率的变化幅度很小，现在是偏心率低值期，只有0.016，20万年前的高值期也不过0.05，加上地球离太阳太远，近日点和远日点的这点差距起不了多大的作用，所以偏心率影响气候不是靠日地距离的变化，而是靠调控气候岁差的变幅。气候岁差决定什么季节到近日点。如果夏至到近日点、冬至到远日点，那么气候的季节性就强。如果偏心率为0、黄道是圆的，就无所谓近日点、远日点，季节性最弱；反之，如果偏心率增大，岁差造成的季节差就会加强。不仅如此，偏心率还能改变季节的长度。例如，现在北半球的夏季比冬季长4.5天，春季比秋季长约3天，如果偏心率变大，夏季会比冬季更长（Buis，2020）。因此，偏心率是影响气候季节性的轨道参数，偏心率越大全球季风也就越强。总之，偏心率与低纬过程密切相关，偏心率的增减控制着低纬过程的活跃程度。既然40万年长周期调控的是低纬过程，最显著的表现应该在没有大冰盖的暖室期，白垩纪就是一例。

2. 白垩纪暖室期的轨道周期

上面提到美国白垩系的沉积韵律早在19世纪就已经被注意到，并推测是受偏心率和岁差的轨道驱动所致（Gilbert，1895）。20世纪80年代，又从意大利亚平宁山脉白垩纪的页岩/泥灰岩沉积韵律中看到了轨道周期（Herbert and Fischer，1986），经过进一步与深海沉积的对比，发现晚白垩世的碳酸盐地层有10万年、40万年和更高一层240万年的偏心率周期。可见，在没有冰盖的地球上，由于轨道变化的非线性放大效应，大洋碳循环出现了与冰期旋回不相同的另一类气候周期（Herbert，1997）。

白垩纪的这种碳酸盐周期，是由全球性的海洋生产力所决定的，因此南北半球的变化基本同时。即便地层没有明显的碳酸盐沉积韵律，也会有风尘记录之类的季风演变历史，同样有明显的 10 万年、40 万年和 240 万年的偏心率周期，说明在白垩纪暖室期，风力强度或者物源区的干旱程度所反映的季风气候同样受到轨道周期的调控（Latta et al.，2006），进一步说明低纬水循环与大洋碳循环之间的密切关系。

3. 三叠纪的天文地层学

沉积韵律不限于海相地层，陆相地层受轨道驱动也会产生清晰的沉积韵律，最著名的如美国东北部纽瓦克－哈特福德（Newark-Hartford）盆地晚三叠世的湖相地层。从三叠纪晚期到侏罗纪初，裂谷盆地上的巨大湖泊沉积了红褐－灰黑交替的碎屑层。这种韵律早在 20 世纪 40 年代就已经发现（McLaughlin，1943），经过几十年的研究，这套连续地层已经建立了完整的磁性年代序列，结合其中玄武岩和化石层提供的独立年龄控制点，现在已经以 40 万年长偏心率为基础，建立了“天文年代地层学极性年表”（astronomical calibrate polarity time scale，APTS）（Kent et al.，2017）。这是一套超过 9000 m 厚的连续剖面，由钻井和露头连接而成，时间跨度长达 2500 万年。这套红褐－灰黑交替的地层记录了湖水氧化－还原环境的交替，反映出季风降雨周期所造成的湖面升降。其基础是 3～6 m 厚的韵律，相当于岁差周期，进而构成 60 m 厚的大韵律，相当于 40 万年的偏心率长周期。

轨道周期完全可以用作地质历史的时间定量单位，如 30 年前提出的“地中海岁差腐泥层编码”（mediterranean precession-related sapropel coding，MPRS），就是利用腐泥层作为 2 万年岁差的标志，从现代向前编号（Hilgen，1991）。现在广泛采纳的方案是将地质时期按 40 万年偏心率周期编年，以偏心率最低值作为一个 40 万年周期的标记，从新到老编号排序，这样数到白垩纪末，应该是第 162 期（Matthews and Froelich，2002）。迄今为止，最为系统的深时地质天文年代学剖面是在美国的 Newark-Hartford 盆地，对晚三叠—早侏罗世（233～199 Ma）的湖相地层提出“天文年代地层学极性年表”，识别出了 66 个 40 万年偏心率长周期，从 No.493 到 No.558（图 3-3）（Kent et al.，2017）。

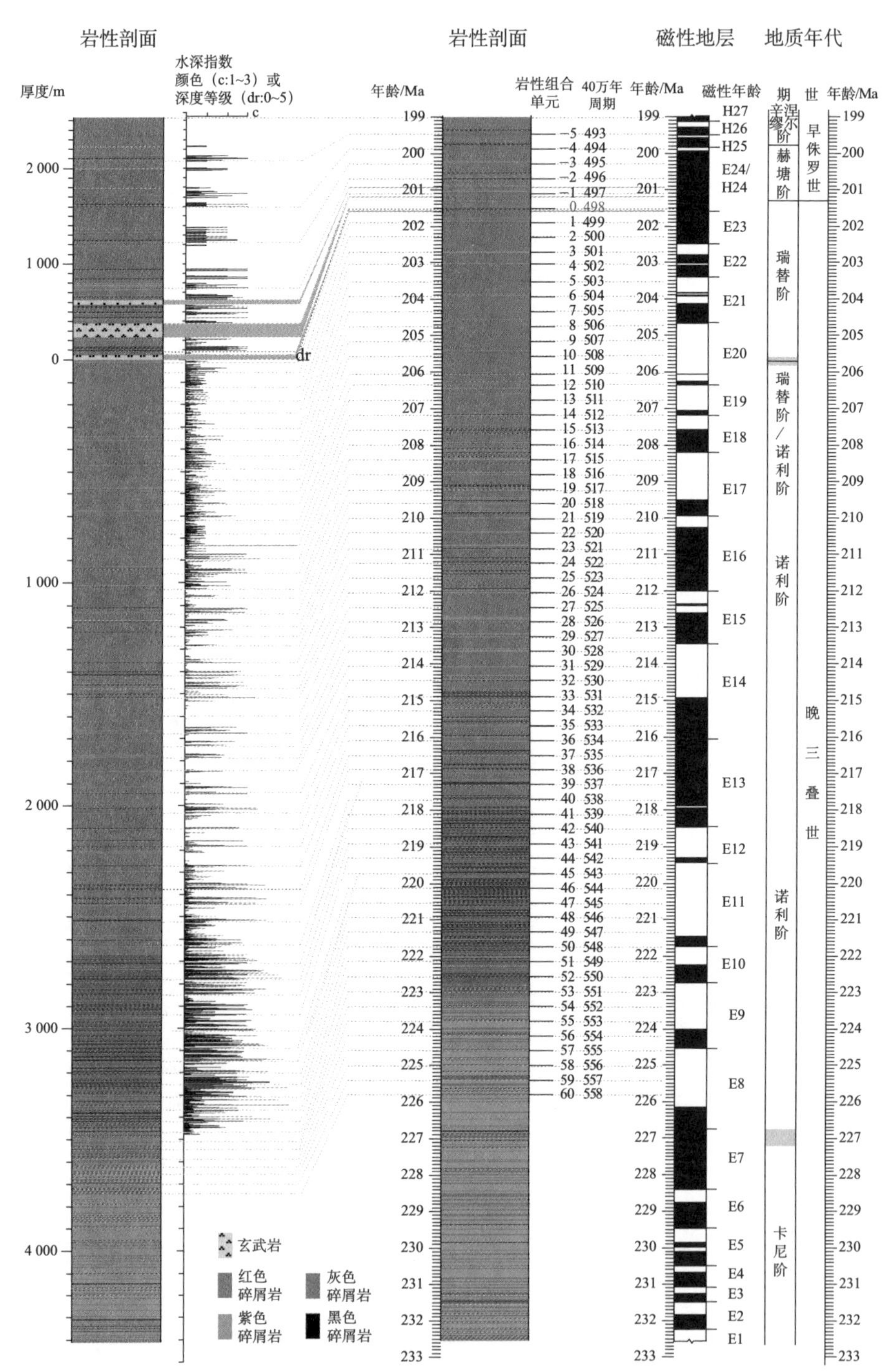

图 3-3　美国东北陆相晚三叠世天文年代地层（Kent et al.，2017）

三叠纪与侏罗纪的分界在 40 万年周期的 No.498 期

4. 古生代与前寒武纪的轨道周期

古生代地层轨道周期的研究程度远不如中新生代。由于地层年代的精确度和分辨率的下降，米兰科维奇式的轨道周期不容易辨识，然而突出的还是40万年的偏心率长周期。根据Hinnov（2018）的汇总，除了寒武纪和奥陶纪早期外，古生代各纪都有40万年周期的地层剖面报道（图3-4）。新发现还在不断出现，最近在湖南古丈阶的金钉子剖面，就建立了以磁化率和碳同位素为基础的40万年周期轨道地层序列（Fang et al.，2020）。

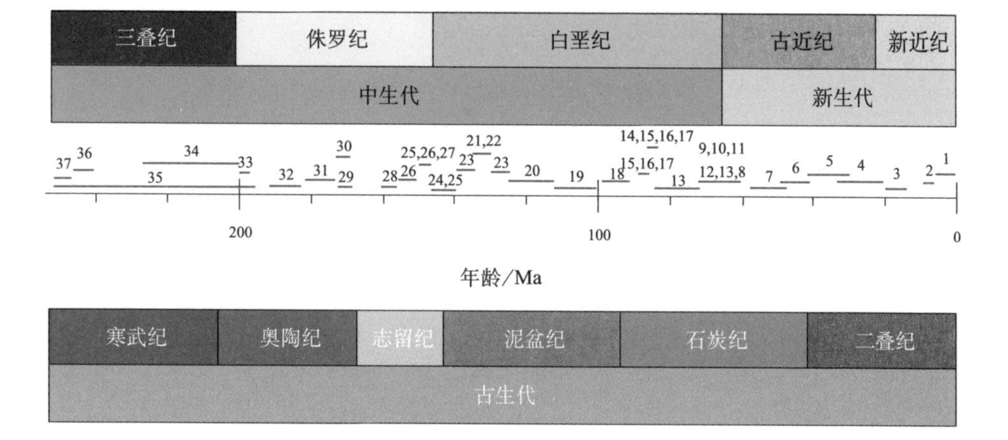

图3-4　显生宙已测得40万年周期的地质年代（Hinnov，2018）

1～51为具体地层剖面的代号

显而易见，在古生代地层轨道周期的研究上，特别值得称道的是中国的贡献。其中晚二叠世地层，是古生代轨道周期研究的突破口。浙江煤山和四川上寺的剖面，在U-Pb测年、牙形刺生物地层和磁性地层学的基础上，用高分辨率的磁化率记录就能辨认出40万年偏心率长周期和3.4万年的斜率周期（Wu et al.，2013）。

至于前寒武纪地层，由于受地质测年准确性等方面的限制，轨道周期方面的研究普遍较弱。但在我国，前寒武纪，如震旦纪的地层往往有极好的韵律性，近年来从埃迪卡拉纪的陡山沱组到元古宙早期都有报道（Huang et al.，2020）。值得指出的是，华北14亿年前元古宙中期下马岭组的地层，根据其铁含量不同的韵律分辨出多等级的轨道周期，其中 202 cm 厚的韵律很可能相当于 40 万年偏心率长周期（Zhang et al.，2013）。最近，在 18 亿年前跨越太古宙 / 元古宙的南非条带状含铁建造中也发现了 40 万年长周期（Lantink et al.，2019），进一步说明了偏心率长周期的普遍性。

三、偏心率长周期的破坏

1. 长周期的替代性标志

辨识轨道周期要求有足够分辨率的替代性标志记录，包括物理和化学两类。物理类如地层的颜色、粒度、磁化率、自然伽马值等；化学类如元素含量和同位素，通常使用高效率的仪器设备进行测定，如岩心扫描仪等。其实有些物理方法测定的还是化学成分，如自然伽马值，通过放射性核素的总量能够反映地层的有机质含量。迄今为止，轨道驱动的最佳记录还是来自深海沉积的氧碳同位素，尤其是最近汇总的新生代 CENOGRID 气候标准曲线，证明 6600 万年来 40 万年长偏心率在水循环和碳循环周期变化中的主导地位，但是强度也有所变化。$\delta^{18}O$ 在距今 1390 万年以来、$\delta^{13}C$ 在距今 770 万年以来均有所减弱，而 4 万年斜率周期的作用却有所增强（Westerhold et al.，2020）。相反，在渐新世期间（33～23 Ma），无论 $\delta^{18}O$ 或 $\delta^{13}C$ 的 40 万年周期，其表现都最为清晰（Pälike et al.，2006）。

上述研究已经表明，40 万年周期普遍出现于从第四纪到太古宙的地层里，现在要讨论的是这种周期为什么表现并不均匀，甚至有时候会遭受破坏。偏心率长周期对水、碳循环驱动作用的强弱，部分是因为天文因素。偏心率有 40 万年和 10 万年长、短两种周期，两者的相对强弱并不一致（图 3-2 的红线），这点差异就可以使地质记录里的 40 万年周期有时清晰、有时模糊。总体说来，40 万年周期的模糊或者破坏可以来自两类原因：来自气候系统内部，或者来自气候系统外部。

2. 气候系统内部干扰

暖室期到冰室期的转型，必然引起气候系统内部过程的重组，其中一种表现是对偏心率 40 万年长周期造成最强的干扰。$\delta^{18}O$ 和 $\delta^{13}C$ 的 40 万年周期在新生代最近时期变弱或者消失（Westerhold et al.，2020），最大的可能是因为北极冰盖的发育。在显生宙 5 亿多年历史上首次在两极都出现大冰盖，必然造成海、气环流的改组和大洋碳循环的转型，最终导致 160 万年前南大洋深部碳储库的生成，使海洋 $\delta^{13}C$ 的 40 万年周期拖延到 50 万年，模糊了轨道驱动（图 3-2）（Wang et al.，2010，2014a）。另一种表现是碳位移，可以以中新世时期南极冰盖的增长为例。从 1600 万年来底栖有孔虫的碳同位素记录来看，中中新世暖期时 40 万年周期十分规则，在偏心率最小期出现碳同位素的重值期（$\delta^{13}C_{max}$）。但是 1390 万年开始的中中新世碳同位素负偏移（Middle Miocene carbon shift，MMCS），使 $\delta^{13}C$ 的 40 万年周期受到破坏，对应的就是南极冰盖的扩张。然后，碳同位素再度出现重值期，显示出规律性的 40 万年周期，直到 760 万～660 万年前出现晚中新世碳同位素负偏移（Late Miocene carbon shift，LMCS），40 万年周期才再度受到扼制（图 3-5）（Tian et al.，2018）。

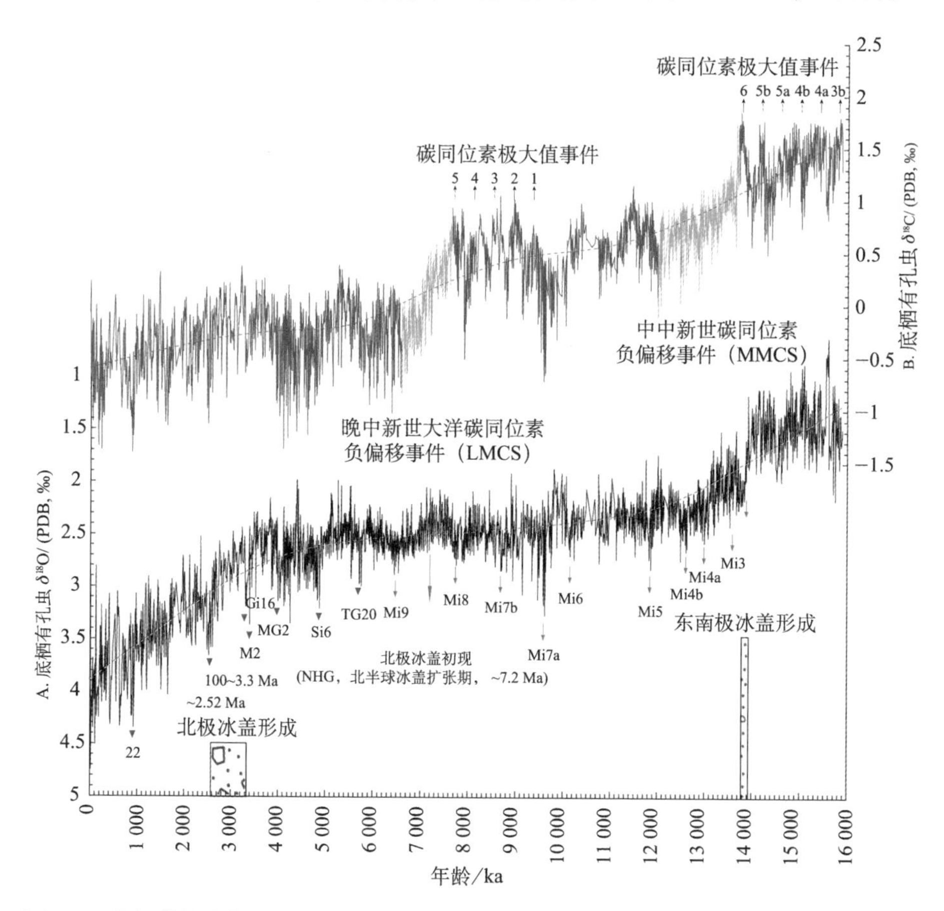

图 3-5　中新世的碳位移：赤道东太平洋 U1337 井 1600 万年来底栖有孔虫碳同位素的 40 万年周期（$\delta^{13}C_{max}$）和两次中新世碳位移（浅蓝色 MMCS 和 LMCS）（Tian et al.，2018）

40万年周期的破坏表现为碳位移，比较容易辨识；而像第四纪近百万年来表现为周期延长，在深时地质里难以应用。前新生代的地层由于绝对年龄控制点的获得比较困难，往往采用“浮动年代标尺”，先分出几个层次的周期，再来识别40万年的周期，年龄本身就依靠轨道周期来标定，除非有独立的测年技术，否则不大可能分辨出周期的延长或者缩短。

3. 外因引起的碳位移

除了冰盖，气候系统以外的原因同样可以改变碳循环，从而破坏原来40万年的周期性，比较常见的是岩浆活动造成的碳位移，可以以白垩纪Weissert事件为例加以说明（图3-6）。早白垩世凡兰吟期（Valanginian Age），距今13522万年前的大洋沉积记录了碳同位素1.6‰的正偏移并延续了60万年，称为Weissert事件。在法国南部白垩纪地层的韵律十分清晰，利用自然伽马的测定很容易分辨出40万年长周期，并且在生物和磁性地层基础上利用40万年韵律的编序进行对比。比较表明，原来显著的40万年偏心率周期，到Weissert事件时随着$\delta^{13}C$正偏移而消失（Martinez et al.，2013，2015）。

白垩纪暖室期的特色，就是多个大火成岩省的发育和多次大洋缺氧事件的发生，因而该时期是碳循环事件的多发期。Weissert事件的原因，推断是南美东部Paraná-Etendeka大火成岩省的高原玄武岩，过量的CO_2导致异常的生物泵效应，引发大洋缺氧事件。碳位移和长周期破坏都是这一连串事件的反应，但是其间的因果关系远未查清。比较清楚的例子是中新世的Monterey事件：1670万～1590万年前，美国西部的“哥伦比亚河”高原玄武岩火山活动，造成大洋$\delta^{13}C$正偏移，40万年周期破坏；接着是将近两百万年的中中新世暖期，$\delta^{13}C$的40万年周期极为清晰（图3-5右端）（Kasbohm and Schoene，2018）。

四、长尺度轨道周期的研究方向

轨道周期的研究走出第四纪，无论在应用的时代和学科的范围上都开辟了新境界，为地质测年、太阳系历史和全球气候演变的理论探索提供了新途径。

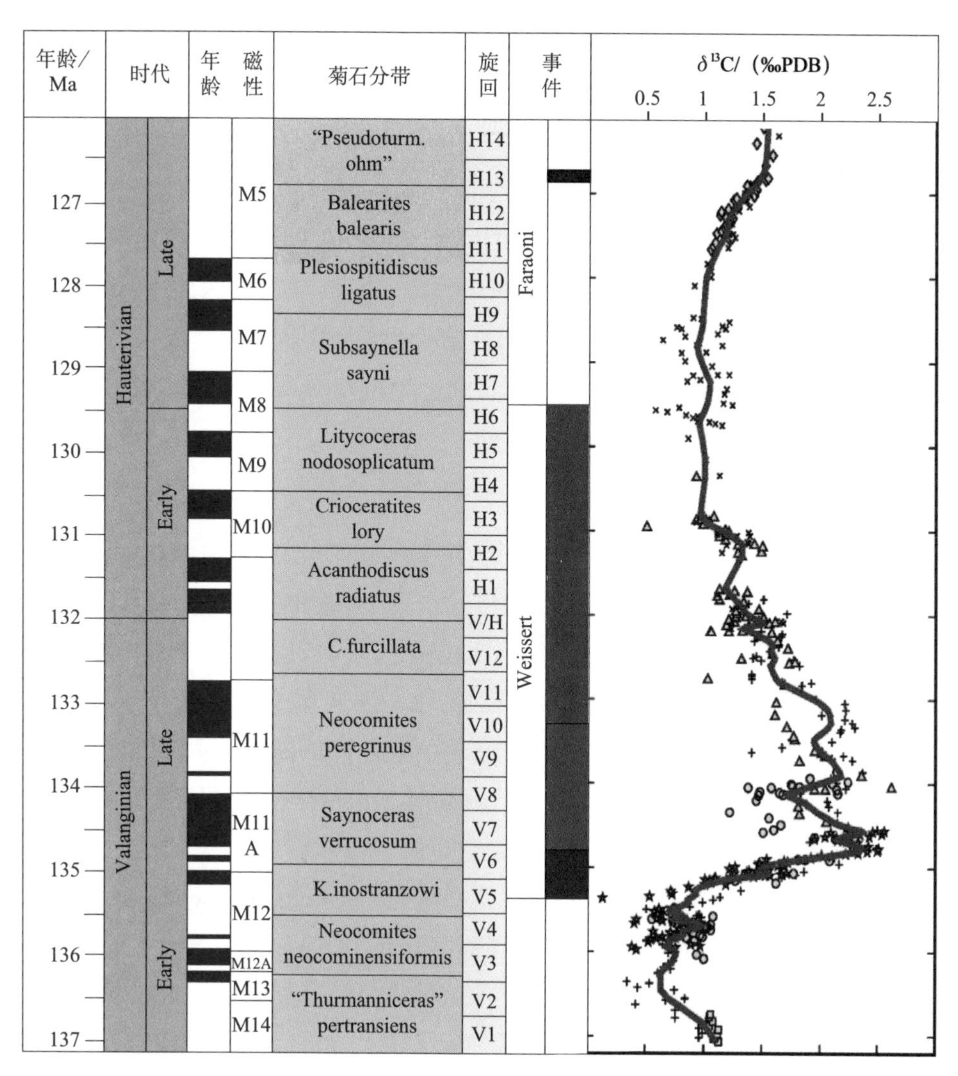

图 3-6 白垩纪 Weissert 事件对 40 万年长周期的破坏（据 Martinez et al.，2013，2015 编绘）
图中 V1～H14 为 40 万年偏心率长周期的编序；右侧为自然伽马测线中 40 万年和 10 万年偏心率的能谱

1. 天文地质年代学

天文周期历来是计时的基础，地球自转、月球公转和地球公转分别为我们提供了日、月、年的标准，适用于人类寿命以内的时间尺度。但是地球的年龄比人的寿命高出 8 个数量级，需要有更长的天文周期来为久远的地质过程计时。最先提出的是两万年的岁差周期，但是其适用范围主要在上新世—

更新世（Hilgen，1991），在深时地质里岁差长度本身就是一个变量。于是轨道参数中最为稳定的偏心率长周期，理所当然地成为整个地质历史的“钟摆”，前述晚三叠世—早侏罗世（233～199 Ma）的“天文年代地层学极性年表”就是成功的突破。

目前，40万年长周期在天文地质年代学的应用，主要在于厘定地质界线和地质事件的年龄。深时地质的年龄主要依靠特殊岩层的放射性测年，如根据火山灰层的年龄进行外推，现在根据偏心率长周期校正前新生代地层界限年龄的实例已经十分广泛（吴怀春和房强，2020），只是在前寒武纪的应用还十分困难（刘光泓等，2020）。

2. 太阳系历史的地质记录

行星的运行轨道取决于星球间重力场的相互作用，而且与星球的质量成正比、与距离成反比，地球只占太阳系总质量的0.0003%，其运动轨道只能受其他星球摆布。总的来说，外行星比较稳定，内行星变化多，因此主要由木星决定的40万年偏心率周期最为稳定，2.5亿年里产生的不确定性也只有0.2%。而内行星不同，每一千万年其运动的分歧（divergence）就增加10倍。最明显的变化是月－地距离在增加，因而5亿年前的岁差周期只有17000年，斜率只有29000年，退到20亿年前两者几乎一样长。

自从发现太阳系轨道运行的“混沌行为”（chaotic behavior）以来（Laskar，1989），天文计算上已经有了重大进展。Laskar等（2004）把轨道周期上推到2500万年，但是4000万年前这种计算已不可能，需要依靠地质资料来推算天文周期，从而引出了地质与天文两大学科合作研究深时轨道周期的新领域。从轨道周期的地质记录中发现天文事件已经有成功的先例。例如，美国晚白垩纪地层用长偏心率调谐后，发现8450万年前后缺失一个120万年的斜率长周期。地层并不缺失，那么究竟是遇上了由地球和火星相互作用造成的混沌共振过渡，还是当时的气候系统对斜率不敏感（Ma et al.，2017）？换言之，原因是在天文还是在地质？后来在大西洋大洋钻孔中，又发现5600万年前后也有过混沌共振过渡（Zeebe and Lourens，2019），从而支持了是天文事件的可能。

比较系统的工作还是关于美国东北部晚三叠世—早侏罗世湖相地层的研

究，科学家从中计算出两亿年（233～199 Ma）前内行星近日点进动的确切数据，于是第一次用地质资料计算出内行星的天文变化，运用地质资料追踪太阳系的混沌变化，建立了“地质的太阳系运行仪”（geological orrery）。举例说，现代太阳系里金星－地球的相互作用，产生了调控 40 万年偏心率周期的“大旋回”（grand cycle）是 240 万年，而三叠纪时只有 170 万年，这就揭示了金星－地球与今不同的关系（Olsen et al.，2019）。在大量积累的基础上，2020 年欧洲研究理事会（European Research Council，ERC）批准了 Laskar 申请的“天文地质学 ”（AstroGeo）项目。Laskar 和 Olsen 等一起追溯中生代地层的轨道周期，开创用地质记录追溯太阳系历史的新时期。

3. 诊断气候系统的“脉搏”

从地球系统科学的角度看，40 万年长周期研究更大的价值在于揭示地球气候系统演变的机制。偏心率主要通过调控气候岁差的变幅进入气候系统，主宰着中低纬区的水循环和碳循环。偏心率长周期作为地球表层系统的“心跳”，就像中医切脉的“脉搏”，提供了窥探水、碳循环运行状态的窗口，诊断气候系统的切入点。因此，分析地质记录的轨道周期，不仅有助于厘定地质年龄，而且是探索气候环境演变驱动机制的钥匙。例如，5600 万年前古新世末的高温事件——古新世—始新世极热事件，就很可能是偏心率长周期的最高值激发引起的（Zeebe and Lourens，2019）。也有人从海水 $\delta^{13}C$ 的 40 万年周期的变幅入手，探讨白垩纪以来上亿年大洋溶解无机碳库的变化（Paillard and Donnadieu，2014）。

然而从探索机理出发，40 万年周期更大的价值不在于它的发现，而在于它的破坏。前人早就提出，40 万年周期应当是低纬过程，具体说是季风降水的信息（Herbert and D′Hondt，1990；Olsen et al.，1996），因此 40 万年周期的破坏可以与高纬过程，具体说是冰盖的发育相关，也可以与气候系统以外的原因，如地球深部碳的释放等相关，从而为追溯气候事件提供了宝贵的线索。这类“破坏”通常表现为碳位移，比较容易辨认。而海洋 $\delta^{13}C$ 周期延长（图 3-2）之类的破坏，只有在高分辨率记录中才能识别，在前新生代地层中识别的可能性尚待技术的改进。

五、我国研究方向的建议

环顾近 20 年来国际天文地质年代学和旋回地层学的进展，国内和旅外华人科学家以及中国的地层都已经作出了重大贡献（表 3-1），今后可望发挥更大的作用，并且促进天体物理学、数学和地球科学合作的创新探索，应当鼓励天文周期数学分析软件的开发，争取在天文地质年代学和地质记录追溯太阳系历史中作出原创性的贡献。

同时，在地质气候环境演变的研究中，轨道参数是唯一可以精确定量的驱动因素，是地球系统科学最有希望的突破口。我国应当利用已有的科学积累和有利条件，不失时机地凝聚方向、组织力量，争取实现重大的科学创新。具体说，有以下三点建议。

1. 建立全时期的气候演变理论

由于历史原因，古气候研究分成了两支：第四纪古气候从冰期出发，重点在高纬过程，作为补充才注意到季风；老地层从找矿出发，探索成煤、成盐的气候干湿，重点在低纬过程。现在知道贯穿地质历史的“心跳”是 40 万年周期，其属于低纬过程，其中穿插冰室期和暖室期的交替，只有跨越这两类气候期，才有可能建立起对整个地质历史气候系统演变的科学认识。

冲破第四纪和老地层研究的隔墙是“双赢”的大喜事。放眼几亿年，第四纪研究的“难题”就不难解决。“10 万年冰期旋回”其实就是 4～6 个 2 万年岁差周期的组合（Cheng et al.，2016a）。40 万年偏心率在大洋碳同位素记录中受到干扰，但在相对封闭的地中海依然存在，这种干扰很有可能是北极冰盖转型增大的机制（Wang et al.，2010，2014a）。反过来，第四纪冰室期气候的发育过程（Westerhold et al.，2020），也为深时地质里暖室期—冰室期转型的研究提供了样板。

2. 探索水、碳循环的相互关系

碳在海洋中的滞留时间长达十余万年，而海洋气候记录大量依靠碳酸盐的 $\delta^{18}O$ 和 $\delta^{13}C$，因此偏心率长周期的分析是探索水循环和碳循环相互关系的理想途径，但是解开两者关系之谜并不容易。例如，新生代晚期 40 万年周期在大洋记录中消失，$\delta^{18}O$ 在先、$\delta^{13}C$ 在后，相差几百万年（Westerhold et al.，2020），至今并没有合理的解释。

更具普遍意义的是氧碳同位素的相位关系。白垩纪海相记录中一个值得注意的特色是氧碳同位素的偏心率长周期是同向的，与第四纪明显不同。从层序地层曲线看，$\delta^{18}O$ 与海平面升降一致，但是白垩纪属于暖室期，并无大陆冰盖，如何理解其 $\delta^{18}O$ 的周期变化？一种意见认为还是冰盖，因为变幅较小，可以解释为高纬区存在较小的冰盖（Stoll and Schrag，2000）；另一种意见认为是"地下水库海面升降"（aquifer-eustasy）的效果，因为 $\delta^{18}O$ 与 $\delta^{13}C$ 同相位的变化，就已经排除了冰盖假说的可能，只能是季风潮湿气候的产物（Wendler et al.，2016），和同样是暖室期的三叠纪一样，它们都属于季风驱动的海平面变化（Jacobs and Sahagian，1993）。

3. 推进多尺度的气候长期预测

轨道驱动是当前全球变化预测气候长期变化的重要依据，但是考虑的时间尺度一般都不超过万年等级。其实从 40 万年长周期来看，当前的地球正处在偏心率最低值，属于季节差异最弱的时期，而这种时代的特征并没有引起注意。此外，第四纪晚期的历史充满着跨冰期的长期变化，而这种特征同样不受气候界的重视。

"下次冰期什么时候来"是古气候学必须回答的问题，现在学术界意见存在分歧，有的说远在 5 万年之后（Berger and Loutre，2002），有的说没有人类活动的干预，冰期已经来临（Ruddiman，2003），其实这些推测都缺乏对长尺度过程的考虑。

总之，40 万年轨道周期及其破坏，看起来像是一个琐碎的具体问题，实质上却代表着气候系统研究的新思路。地球系统科学包括空间和时间视野的拓展，就像社会的历史科学一样，只有从"大历史"着眼，才能正确理解当前社会的走向。发现 40 万年周期的中国剖面和中国作者如表 3-1 所示。

表 3-1 发现 40 万年周期的中国剖面和中国作者

地质年		年龄 /Ma	剖面地点	作者	发表期刊及年份
Cz	更新世	0～0.9	中国黄土	郝青振等	Nature，2012

续表

地质年		年龄 /Ma	剖面地点	作者	发表期刊及年份
Cz	上新世—更新世	0～3	腾格里沙漠	刘成英等	PNAS，2021
	上新世—更新世	0～5	南海	汪品先等	EPSL，2010
	上新世—更新世	0～5	南海	田军等	Paleoceanography，2011
	中新世	12～16	东太平洋 IODP U1337	田军等	EPSL，2014 EPSL，2018
		0～16			
K	白垩纪	65.07～83.92	松辽盆地	吴怀春等	EPSL，2014
	白垩纪	83.40～92.08	松辽盆地	吴怀春等	Paleo-3，2013
	白垩纪	89.07～94.27	松辽盆地（青山口组）	吴怀春等	EPSL，2009
	白垩纪	约 94	西藏	Li Y X 等	EPSL，2017
	白垩纪	120～131	东北义县组及其上覆九佛堂组	吴怀春等	Paleo-3，2013
	白垩纪	82～97	西部内陆航道（Western Interior Seaway）	马超等	EPSL，2019
	白垩纪	124～138	法国 Vocontian 盆地	Huang Z 等	Paleoceanography，1993
	白垩纪	99.6～125.45	Fucoid Marls（Piobbico core，central Italy）	黄春菊等	Geology，2010
J	侏罗纪	147.2～153.8	英国 Dorset	黄春菊等	EPSL，2010
T	三叠纪	250.7～252.6	湖北省丹霞口	吴怀春等	Gondwana Research，2012
	三叠纪	201.3～207.2	四川省（四川盆地）	李明松等	EPSL，2017
	三叠纪	251.5～252.6	安徽省巢湖的平顶山剖面早三叠统殷坑组	郭刚，童金南	Science in China D，2008
	三叠纪	201.3～237	贵州省	Zhang Y 等	Paleo-3，2015
	三叠纪	241.5～251.9	贵州省（罗甸露头）	李明松等	EPSL，2018

续表

	地质年	年龄 /Ma	剖面地点	作者	发表期刊及年份
T/P	二叠纪—三叠纪	246.8～251.9	安徽省（巢湖）、浙江省（煤山组）	李明松等	EPSL，2016
	二叠纪—三叠纪	250.7～260.8	四川省	沈树忠等	Science，2011
	二叠纪—三叠纪	250～253	四川省（上寺）	黄春菊等	Geology，2011
P	二叠纪	259～265	广西壮族自治区（来宾）	武薛强等	Chinese Journal of Geophysics，2015
	二叠纪	272.9～265.1	安徽省（巢湖）	Xu Y 等	EPSL，2015
	二叠纪	252.1～259.5	浙江省煤山组；四川省吴家坪组	吴怀春等	Nature Communication，2013
	二叠纪	264～275.5	四川省（渡口段）	房强等	Paleo-3，2015
	二叠纪	262.4～268.9	四川省（上寺）	房强等	Paleo-3，2017
C	石炭纪	298～330.5	贵州省	吴怀春等	Geology，2018
	石炭纪	310～315；323～332	贵州省	房强等	Journal of Asian Earth Sciences，2018
D	泥盆纪	358.9～373.3	广西壮族自治区	马坤元等	Global and Planetary Change，2020
	泥盆纪	375.6～377.9	贵州省	龚一鸣等	Paleo-3，2001
	泥盆纪	369.1～374.3	广西壮族自治区	龚一鸣等	Science in China Series D Earth Sciences，2005
	泥盆纪	358.9～387.7	广西壮族自治区（桂林）	陈代钊等	Paleo-3，2003
S/O	奥陶纪—志留纪	428～453	四川省、湖北省	黄春菊等	Geological Society of America Annual Meeting，2016
O	奥陶纪	443～449	湖北省（宜昌）	陆杨博等	Paleo-3，2019
	奥陶纪	444～451.5	云南省（万河段）	钟阳阳等	Paleo-3，2019
	奥陶纪	447～457	湖北省（宜昌）	钟阳阳等	South China. Acta Geologica Sinica，2019
	奥陶纪	457.7～464.6	新疆维吾尔自治区（塔里木盆地）	房强	Global and Planetary Change，2019
	奥陶纪	457.6～472.4	浙江省	钟阳阳等	Paleo-3，2018
	奥陶纪	468.7～478.7	湖北省（宜昌）	马坤元等	Paleo-3，2019
	奥陶纪	470～472.2	秦皇岛石门寨亮甲山组	马坤元等	地学前缘，2016
Є	寒武纪	499.8～501.2	湖南省	房吉闯等	Paleo-3，2019

续表

地质年		年龄 /Ma	剖面地点	作者	发表期刊及年份
Pt	埃迪卡拉纪	560～569	云南省	Gong Z 等	Precambrian Research，2017
	埃迪卡拉纪	625.6～636.8	湖北省（三峡）	睢瑜等	Science Bulletin，2018
	埃迪卡拉纪	551.1～579.3	湖北省（三峡）	睢瑜等	Paleo-3，2019
	埃迪卡拉纪	560～569	贵州省（松桃苗族自治县黄连坝段）	Gong Z 等	Paleo-3，2019
	新元古代（成冰纪）	650～656	Oman	Gong Z 等	Global and Planetary Change，2021
	新元古代（成冰纪）	639～660	贵州省（松桃苗族自治县 ZK1909 钻孔）	Bao X J，张世红等	EPSL，2018
	中元古界	1400	华北下马岭组	张水昌等	PNAS，2015
	中元古界	1450	华北洪水庄组、铁岭组	任传真等	现代地质，2019
	古元古界	1640	华北团山子组	梅冥相等	地质学报，2001

第三节　水循环的地质演变

一、地球表层水循环

地球是太阳系内已知唯一的、表面被大面积液态水覆盖的行星。水不仅是生物体不可或缺的主要成分，水的相变和位移还是调控地球表层和内部物质循环的基本要素。因此，与其他行星相比，水在地球系统演变中发挥着关键作用。当今地球表层约 70% 的面积被水覆盖，总蓄水量约为 1.5×10^9 km^3，绝大部分（96.5%）存在于大洋中。大陆上的水占比只有 3.5%，主要是以固态冰盖和液态地下水形式存在，湖泊、河流、土壤和大气中的水占比非常小（Gleick，1993）。地球表层水在温度调控下，通过蒸发 / 蒸腾作用转变为水汽输送到大气，再通过降水 / 结冰、地表径流和地下水回流等途径返回到陆地和海洋，构成了地表水的循环（图 3-7）。

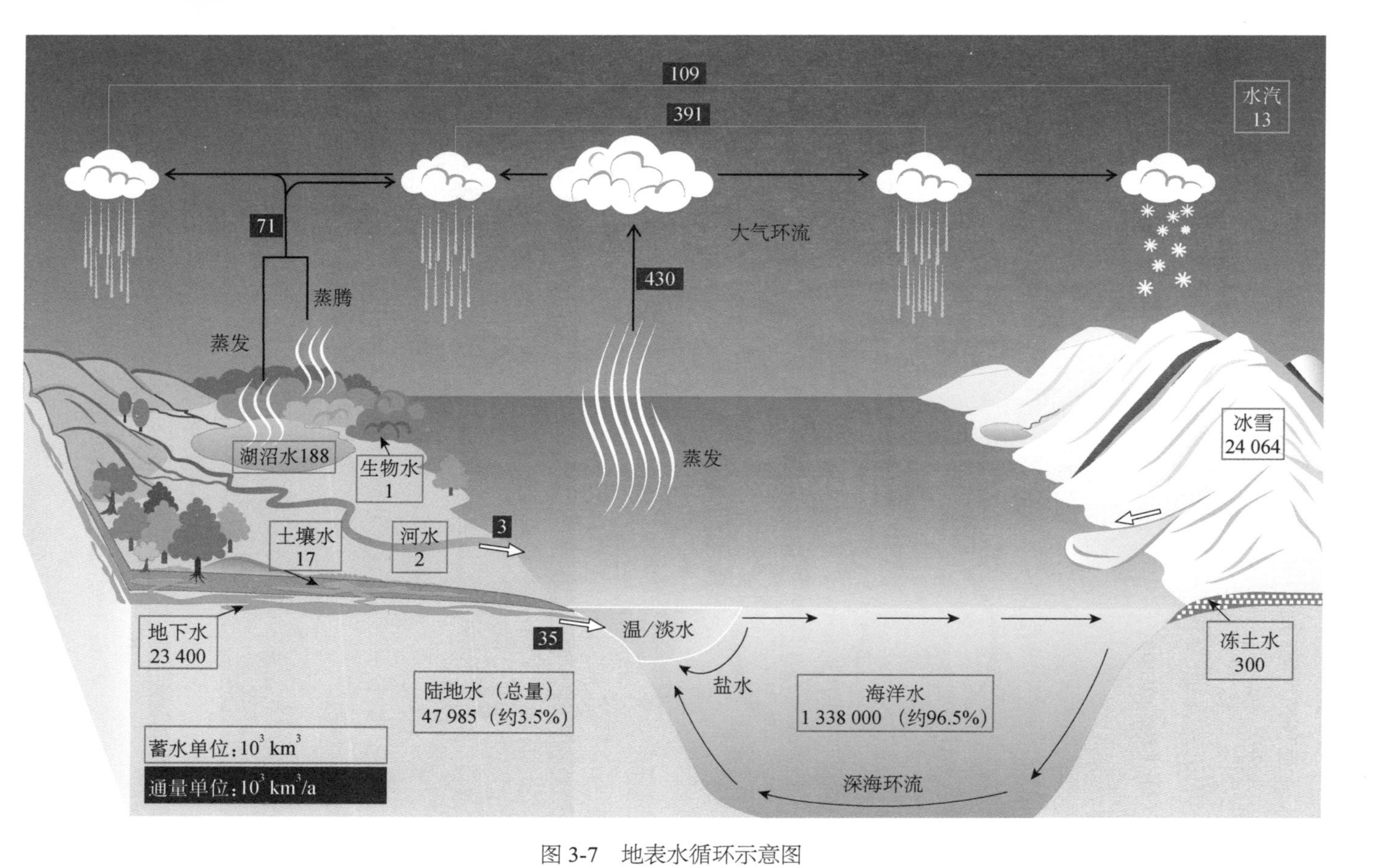

图 3-7　地表水循环示意图

不同蓄库水的体积和年通量数据引自 Bengtsson（2010）

1. 现代气候系统中的水循环

地球表层水循环是水的液态、气态（水汽）和固态（冰雪）三相之间的相互转换过程［图 3-8（a）］。尽管水汽只占表层水总量的十万分之一，但却是大气中的主要温室气体，在温室效应中占比达到 75%，明显高于 CO_2 等其他温室气体（Bengtsson，2010）。与 CO_2 含量变化是气候系统中外来驱动因

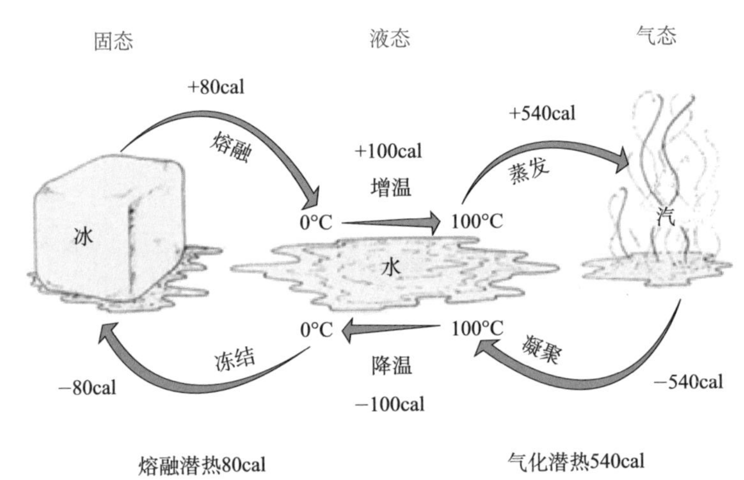

(a) 水在三相转换中的热能传输（1 cal=4.1868J）

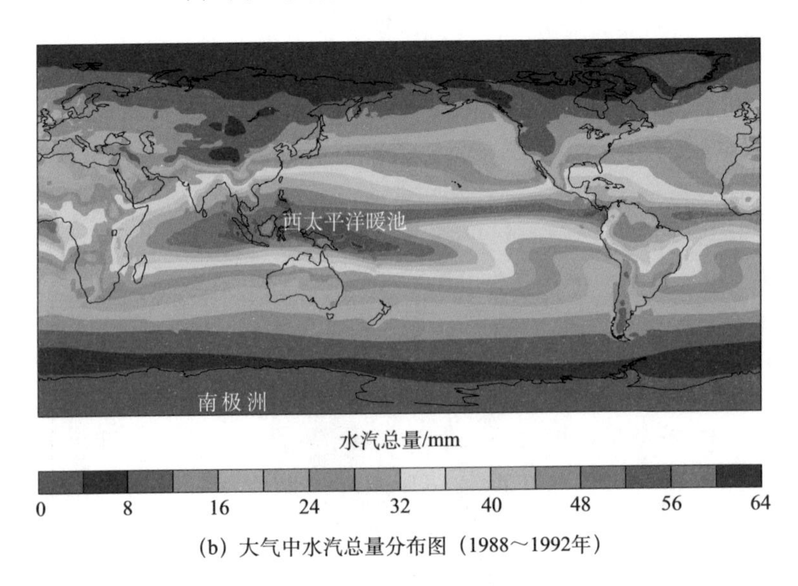

(b) 大气中水汽总量分布图（1988～1992年）

图 3-8　气候系统中水的气态 / 液态转换（汪品先等，2018）

素不同，水汽浓度的时空变化是气候系统内的反馈变量，是现代气候系统的研究焦点。有研究依据近 100 多年来的气温记录，揭示出全球升温是由水汽而不是大气 CO_2 含量增加驱动的结果（van Brunt，2020）。

水汽在大气中分布极不均匀，主要聚集在低纬区，以表层水温 28℃以上的西太平洋暖池（Western Pacific warm pool，WPWP）的上空为最高，而在南极冰盖上空则为最低。由于平均降水量的分布与水汽含量相对应，全球大洋蒸发量的 3/5 和降水量的 2/3 发生在 30° N～30° S，以季风降雨挂“头牌”。虽然季风降雨只占降水总量的 31%，但却是各种降水中最大的变量。南北半球的气流在赤道附近汇合，形成热带辐合带，也称“气候赤道”，其调控着全球六大季风区的强度，凸显了水循环的热带驱动作用（汪品先，2009）。由于水 / 汽转换（低纬为主）的汽化潜热是冰 / 水转换（高纬为主）融化潜热的 7 倍，因此无论从水循环通量还是从能量转换来看，低纬度水循环都是气候变化中的主角（汪品先等，2018）。

2. 古气候学与水循环的地质演变

以第四纪冰期旋回研究为起步的古气候学，重点关注高纬度水循环过程对气候的影响，如极地冰盖消长和海洋环流（大洋传送带）改变等，但对低纬度水循环在地球气候变化的作用未给予应有的重视。如果说“气候变化是 CO_2 和水的‘双人舞’，冰盖只是重要的‘客串演员’”的话（Pierrehumbert，2002），在当今以冰期旋回为主导的第四纪古气候研究中，“正是客串演员登场的一幕，当我们在为客串演员喝彩的时候，不应该忽略了双人舞的主角”（汪品先，2009），即水循环的全过程研究。

实际上，地质时期以温室气候为主，冰室气候占地质历史的时间不超过 1/6，即使是显生宙以来冰室气候的时间也不超过 1/3，极端高温事件比冰期事件更加常见。从另一个角度看，自地球表面出现海陆分异以来，海陆热力差异形成的季风就会成为地球气候系统中的必然现象。地质时期的热带辐合带随大陆分布和地形梯度的变化而移动，季风区分布也必将发生相应改变，从而影响降雨和水循环（汪品先，2009）。由此可见，以米兰科维奇理论为主导的冰期旋回研究，不能准确揭示地质时期气候和水循环变化过程。低纬度驱动的大陆干旱和降雨以及季风等水循环过程对生态系统的影响并没有得到应有的重视，造成古今水循环研究的明显脱节。尽管这种状况在近代发生了改变，从 5600 万年前极热事件到 2 亿多年前与联合古陆相关的“超级季风”对水循环的影响，已经拓展到古老地球水循环演变的探索（Parrish，1993；Tabor and Poulsen.，2008；Foreman et al.，2012；Bahr et al.，2020），然而，我们对水循环地质演变过程和规律的了解还远远不够。

二、地质时期主要气候事件与水循环

纵观地球 45.6 亿年的演变历史，水循环在不同地质阶段表现出不同的演变特征。总体来看，已知地质时期大部分时间（约 80%）地球是偏热的温室气候，南北两极均没有常年的冰盖，类似近代偏冷的冰室气候并不常见。其中，最受关注的是发生在元古宙早期和晚期的“雪球地球”冰期事件，早古生代奥陶纪末冰期和晚古生代冰期事件，以及中新生代温室气候下频繁的极热事件等（图 3-9）。

1. 前寒武纪雪球地球事件

雪球地球假说最早由美国地球物理学家 Joe Kirschvink 在 1989 年一次学术研讨会上提出（Kirschvink，1992），随后由加拿大地质学家 Paul Hoffman 将其发展为一个完整的科学假说（Hoffman et al.，1998；Hoffman and Schrag，2002）。雪球地球假说认为，新元古代早期位于低纬度、无植被覆盖的罗迪尼亚（Rodinia）超大陆对阳光的反照作用强烈，加之低纬度地区高强度硅酸盐风化作用对 CO_2 的大量消耗，气候会逐渐变冷。随着两极冰盖的扩张和海平面下降导致的大陆面积增加，光反照作用进一步加强，形成冰室气候的正反馈效应。当南北半球冰盖抵达 30° N 左右时，冰盖面积会超过地球表面积一半，加上冰的光反照率更高（雪 = 0.9，冰 = 0.65，水 = 0.1），冰川会快速推进到赤道地区，地球成为一个冰冻的雪球地球（Hoffman and Schrag，2002）。

作为地质时期极端气候和水循环事件，雪球地球研究成为近 20 年来深时地球系统科学研究中最活跃的前沿领域，得到地球物理、地球化学、地质记录和古气候模型等多方面的论证（Hoffman et al.，2017）。另外，有证据表明，雪球冰期事件在 24 亿～22 亿年前的古元古代也曾发生过（Kirschvink

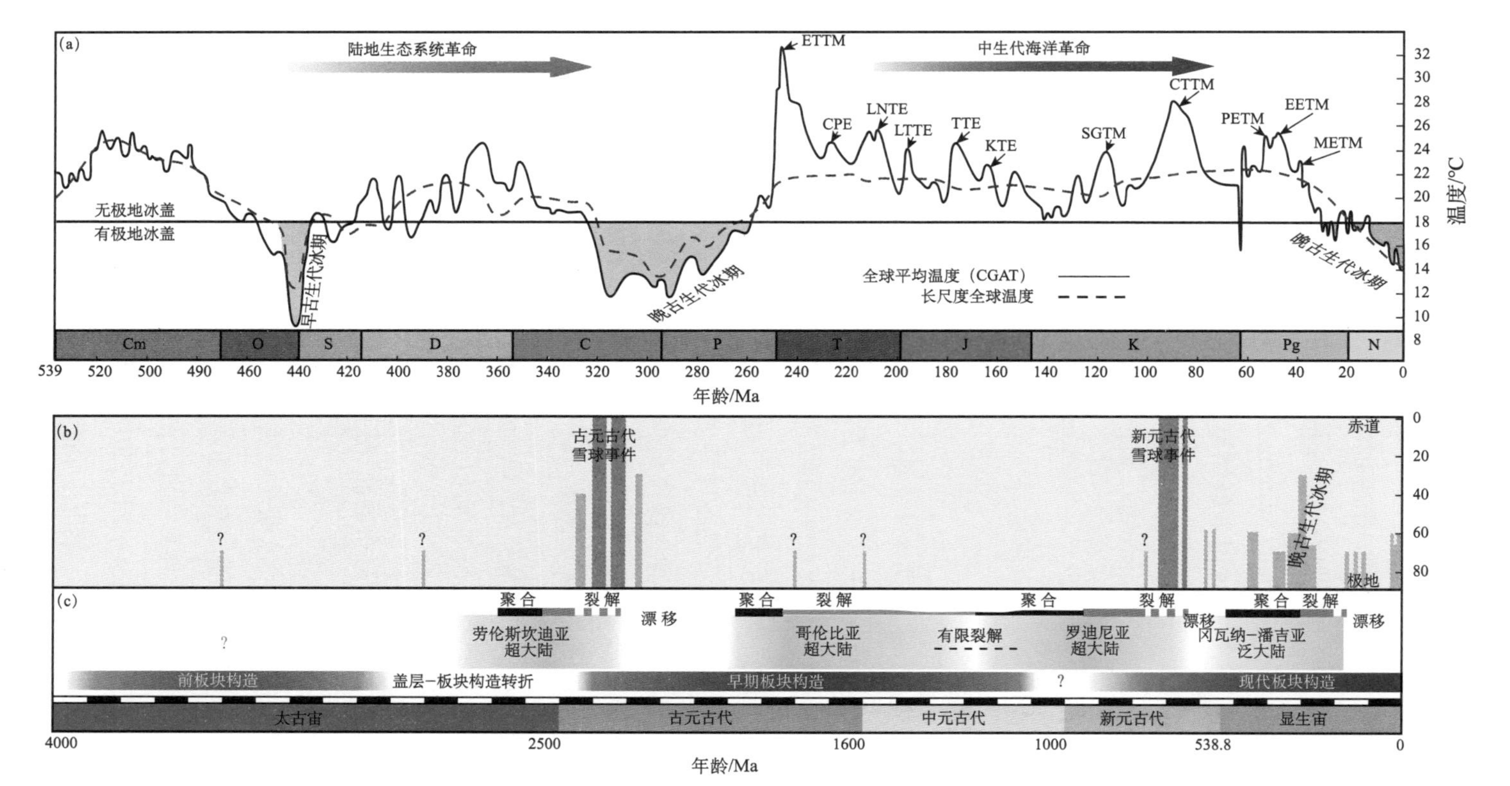

图 3-9 地质时期气候变化与重大水文气候事件

（a）显生宙温度变化曲线及主要水文气候事件（据 Scotese et al.，2021 修改）。ETTM：三叠纪早期极热期（251.9～247 Ma）；CPE：卡尼期洪水事件（约 233 Ma）；LNTE：晚诺利期高温事件（214～209 Ma）；LTTE：三叠纪末高温事件（201～199 Ma）；TTE：托阿尔期高温事件（约 182 Ma）；KTE：钦莫利期高温事件（约 155 Ma）；SGTM：Selli/Goguel 极热事件（约 120 Ma）；CTTM：塞诺曼－土伦期极热事件（100～90 Ma）；PETM：古新世—始新世极热事件（约 56 Ma）；EETM：早始新世极热期（54～46.5 Ma）；METM：中始新世极热事件（41 Ma）。（b）地质时期冰室气候和冰期事件。（c）地球构造体制演化和超大陆旋回

et al.，2000；Warke et al.，2020）。然而，雪球地球假说并不完善，除对雪球冰期的触发机制存在不同模型之外，对雪球地球时期水的循环问题则存在更多未解之谜。地质学证据表明，雪球地球时期地球并不是一个死球，冰盖是移动和动态变化的，结果引起雪球地球是“硬雪球”（hard-snowball）还是“软雪球”（slushball/soft-snowball，waterbelt-snowball）之争（Hoffman et al.，2017）。据模型推测，雪球地球时期低纬度蒸发作用减弱，大气以干冷为特征；水汽和热量向高纬度传导减弱，白昼和季节性温度变化在不同纬度上均得到加强。有限水汽聚在亚热带内侧，不仅会产生赤道沙漠，而且沙漠区在全球不同纬度分布的范围也会扩大。但这些水循环的具体过程均需要从地质记录和气候模型等不同角度进行论证。

2. 古生代冰期事件

古生代的地球先后出现过两次冰室期，即奥陶纪末冰期和晚古生代冰期。其中，奥陶纪末冰期持续时间短（约100万年），冰盛期南极冰盖到达中纬度地区（约35° S），赤道附近海水温度比现在低5～8℃，海平面下降50～100 m（Finnegan et al.，2011）。奥陶纪末冰期引起的海水降温和浅海陆架大面积缺氧，造成奥陶纪大辐射时期繁盛的各种喜暖型生物类别发生大规模灭绝，即奥陶纪末生物大灭绝事件，物种灭绝率至少达到80%。奥陶纪末冰期是在寒武纪晚期超高大气CO_2浓度背景下逐步降温形成的。关于奥陶纪逐渐降温并最终形成冰期的过程和机制存在不同的假说（Servais et al.，2019），包括有机碳埋藏增加、大面积超基性岩浆喷发（Swanson-Hysell and Macdonald，2017）和陆地植物兴起引起的风化作用加强（Lenton et al.，2012）以及小行星撞击（Schmitz et al.，2019）等。目前，有关奥陶纪末冰期水循环的研究涉及很少，更多的研究聚焦这一时期全球分布的油气目标层——黑色页岩、海洋缺氧和生物大灭绝等问题。

3.4亿年前开始的晚古生代冰期是显生宙以来规模最大的冰期事件，冰盖主要发育在南半球冈瓦纳大陆，冰盛期南极冰盖抵达30° S，持续时间长达8000万年以上。其最大特点是具有数百万至千万年长尺度的冰期 - 间冰期旋回特征（Montañez，2016；Chen et al.，2018）。晚古生代冰期时的大气CO_2浓度与现代接近，而大气O_2含量却达到地史时期最高水平（约28%）。气候敏感性沉积记录（煤、铝土矿、砖红壤、钙质结核、蒸发岩及风成沉积等）显示，晚古生代冰期时的赤道附近地区呈现干旱化趋势，且在联合大陆自西向东逐渐演变（Tabor et al.，2008），并且出现轨道尺度上的冰期湿冷、间冰期干热的气候旋回特征，与第四纪冰期－间冰期旋回恰好相反（Horton et al.，2010）。目前，有关晚古生代冰期气候演变过程和调控机制的研究逐渐得到越来越多的关注，其中生物、构造和天文因素各自发挥了什么作用有待揭示，包括陆地维管植物的繁盛和煤炭形成（Cleal and Thomas，2005；Montañez，2016；Feulner，2017），联合大陆拼合过程中的岩浆作用和风化作用（Goddéris et al.，2017；Macdonald et al.，2019；Kent and Muttoni，2020）以及天文轨道控制（Horton et al.，2010）等。

3. 中—新生代极热事件

自三叠纪至始新世末（251～34 Ma）2 亿多年时间内，地球以温室气候为特征，两极基本没有冰盖，其间极热 / 高温事件频发（Foster et al.，2018；Song et al.，2019；Westerhold et al.，2020；Scotese et al.，2021）。在极热 / 高温事件之间的降温期，极地甚至可能出现小范围冰盖（Miller，2009），如早侏罗世托阿尔期高热事件之前（约 181 Ma）（Nordt et al.，2022），白垩纪早期降温阶段的瓦兰金期（约 133 Ma）（Weissert Event；Cavalheiro et al.，2021）和晚阿普特期（116～114 Ma）（McAnena et al.，2013）。

极热 / 高温事件引发一系列环境变化和生态危机，包括海洋酸化事件和大洋缺氧事件，出现全球性黑色页岩和大洋红层（Hu et al.，2012），以及与之相关的二叠纪末和三叠纪末生物大灭绝事件。从水循环方面来看，极热气候导致温度的纬向梯度减小，高纬度地区季节变化减弱，从而显著改变大气和海洋环流以及水的循环。特别是在联合大陆存在的情况下，极热气候使得大陆内部赤道地区大面积陆地温度异常升高（约 40℃），导致热带辐合带发生明显偏移并形成超级季风气候并加强（Parrish，1993），具体表现为干湿分区加强，即降雨带雨量增强，而干旱带更加干旱（Scotese et al.，2021）。其中，备受关注的晚三叠世卡尼期洪水事件（Carnian Pluvial Event，CPE）（约 233 Ma），可能就与超级季风将水汽带到泛大陆内部有关（Ogg，2015；Ruffell et al.，2015）。卡尼期洪水事件造成深海缺氧并引起海洋生态危机和生物类群的更替，从而导致 33% 的海洋生物属消失；大陆上，以适应潮湿的类群为特征的现代松柏类和苏铁类等植物，以及恐龙等中生代陆生动物群迅速崛起（Dal Corso et al.，2020）。

中、新生代主要极热事件往往与溢流玄武岩浆喷发和与之伴随的大量 CH_4 释放密切相关（胡修棉等，2020）。另外，联合大陆裂解引起的古地理演变与这一温室气候期气候的剧烈波动和水循环演变相关，包括洋盆扩展与封闭、洋流改变、哈得来环流的扩展与收缩等因素（Wagner et al.，2013；Westerhold et al.，2020；Scotese et al.，2021）。

三、水循环地质演变的控制因素

地球的气候系统受能量调控，能量有太阳和地球内部两种热源，而太阳辐射又受大气层中温室气体（CO_2、CH_4 和 H_2O 等）的调控，因此水循环和碳循环是贯穿气候演变史的两条主线。总体来讲，地球气候系统变化受天文因素、地质因素和生物因素三方面变量的控制。

1. 天文因素

太阳辐射是地球表面能量的主要来源，但太阳辐射是变化的。短时间尺度的太阳辐射量变化，如太阳黑子活动以平均 11 年和 200 年左右的变化周期影响着地球气候（Lean，2010），不过这种短周期变化难以在地质尺度上辨认。但由米兰科维奇轨道周期影响下的气候变化在地质时期能够较好地被记录下来。其中，最为稳定的是 40 万年偏心率长周期，其已在各个地质时期被发现，最早可追溯至元古宙（田军等，2022）。另外，地质时期还有更长的 240 万年、900 万年的“超长周期”（Boulila et al.，2012），以及可能在更大的天文空间里的周期，如银河系可以通过宇宙射线对地球气候产生影响（Svensmark，2007）。

2. 地质因素

自地球诞生以来，深部过程驱动的岩浆和构造运动对地表气候系统的影响无时不在（Lee et al.，2019）。这种构造尺度下的气候变化受地球自身演化和构造运动机制的控制，具有明显的阶段性和不确定性。兴起于 20 世纪中叶的板块构造学说为地球如何控制地内与地表温室气体的循环和气候变化提供了理论基础，其中火山放气和风化作用对大气 CO_2 浓度的长周期变化起到了关键的平衡作用（Walker et al.，1981）。近年来，有关风化作用机制的问题取得了更多新认识。例如，海洋自生黏土矿物形成过程中释放 CO_2 的反向风化作用对大气 CO_2 的调控作用（Mackenzie et al.，1995；Isson and Planavsky，2018）在地质时期也得到初步揭示（Joachimski et al.，2022；Cao et al.，2022）；蒸发岩沉积与风化作用可能通过影响碳酸盐沉积，对气候的长周期变化起到调控作用（Shields and Mills，2020）。

另外，海陆分布格局的构造古地理变化对气候和水循环会直接产生影响。例如，陆地面积、纬度和地形差异既影响风化作用的强度又影响光的吸收和反照量；海陆分布格局的变化可以通过影响大洋和大气环流直接改变水循环。地球历史上重大气候事件和水循环的演变受控于板块运动引起的大陆聚合与裂解、大洋扩展与闭合，以及大火成岩省在内的火山活动等相关的地质记录就是很好的证明（Müller et al.，2022）。

3. 生物因素

生物对气候和水循环的调控作用首先表现为生物碳泵对温室气体 CO_2 的调控。不同于由构造运动和风化作用驱动的物理碳泵，生物碳泵是生物将 CO_2 转换为有机质的形式或者转换为生物碳酸盐的形式来调控碳循环。参与生物碳泵的生物不仅仅是光合作用生物，生物界所有微生物、植物和动物都以各自不同的方式参与生物碳循环过程。由于不同生物的碳循环效率不同，而生命又是演化的且具有明显的阶段性，因而不同地质时期的生物对气候调控作用的形式和效率差异显著（谢树成等，2022）。特别是陆生植物在 4 亿年前开始兴起后，对气候和陆地水循环的影响就开始凸显。例如，奥陶纪末冰期的发生就被认为与植物登陆导致的逐渐降温有关（Lenton et al.，2012）。3 亿年前后大型陆生维管植物的发展，植被繁盛和成煤高峰期的到来，以及大面积森林对光的反照作用，可能导致晚古生代冰期的发生。

与生物有机碳泵不同，生物无机碳泵通过固碳作用对稳定地球的温度也起到非常重要的作用。生物无机碳泵随着生物碳酸盐化作用的演化，在地球历史上发生了几次重大转变。在前寒武纪海洋中，微生物是无机生物碳泵的主角，大量发育的微生物岩就是证据。寒武纪开始至中生代中期，无机碳泵的主角是各种具有钙质骨骼的动物和钙藻，以生物礁等形式将大量的无机碳库存起来。距今2亿年前后，以远洋钙质颗石藻和有孔虫等微生物开始繁盛为标志的“中生代海洋革命”建立起了深海无机碳泵。相对浅水钙质生物（包括生物礁）容易受到海平面变化和海水酸化等因素影响，深海钙质微生物受到的影响相对较小，因而当深海钙质微生物主导无机碳库循环时，海洋的碳循环就变得更加稳定。

综上所述，气候和水循环地质演变受控于天文、地质和生命等多重因素，地质时期重大气候和水循环事件一般都是不同因素相互叠加的结果。

四、水循环地质演变中的重大科学问题

目前，我们对水循环地质演变过程和驱动机制的了解还远远不够，特别是对早期地球的水循环更是知之甚少。抛开地球表层水和海洋的起源问题不谈，在地球早期大陆缺失或者面积很小的情形下，地表水如何循环？作为岩石圈演化的关键要素，水的（深部）循环如何影响大陆和板块构造的起源？类似现代地表水的循环起始时间与大陆增生程度相关吗？随着板块构造机制的形成，大陆聚散过程引起的全球海陆分布和地形地貌格局的改变如何影响水的循环？就显生宙地球而言，陆地植被的兴起和演化对水循环的影响如何？不同程度温室或者冰室气候背景下，大气和海洋水循环分别具有什么特征和规律？

上述科学问题的研究，不仅可以从水循环的角度为揭示地球系统演变规律提供证据，还可以为人类社会日益面临的水文气候灾害预报和对策制定提供科学依据。通过研讨，我们认为未来水循环地质演变研究中应重点关注如下几个重大科学问题。

1. 植被起源和演化对水循环的影响

现代地球植被在生态系统和水循环中的重要作用无可置疑，其过程和机理也十分明确。首先，植物通过根系从土壤中吸收水分，在通过输导组织为光合作用组织提供水分的同时，还通过表面气孔与大气进行水分的调

节，包括蒸腾作用一起构成了土壤－植物－大气连续体（soil-plant-atmosphere continuum，SPAC）之间的水循环系统（Sławiński and Sobczuk，2011）；尤其是植物根系的成壤作用会深深影响风化作用、地貌和地下水蓄量，进而通过改变地表径流影响沉积物组分及其搬运－沉积过程、营养物质循环和有机碳的埋藏。地表水系将陆地土壤、湿地、河口三角洲和海岸带之间连接起来的陆－海水文连续体（land-ocean aquatic continuum，LOAC）（Regnier et al.，2022），是陆地和海洋生态系统之间物质和能量交换的重要渠道，在调控气候和生态系统中发挥着重要作用（Schumm，1968；Algeo et al.，2001；Gibling and Davies，2012；Wilson et al.，2017；McMahon and Davies，2018；Dahl and Arens，2020；Zeichner et al.，2021）。随着陆生植物的起源和演变，地质时期陆－海水文连续体也在不断发生改变（图 3-10）（Algeo et al.，2001；薛进庄等，2023）。因此，揭示陆生植物起源和演化及其对水循环的影响过程，不仅是水循环地质演化研究中的重大科学问题，也是地球系统演化研究中需要特别关注的重大科学问题。

然而，目前我们对相关问题的探讨在地质记录方面存在明显不足，也缺乏合理的数值模型进行论证。首先，有关早期陆生植物化石记录和登陆时间的证据非常缺乏（Morris et al.，2018；Strother and Foster，2021）。除了化石记录外，鉴于不同陆生植物群落对土壤、地貌、风化作用、沉积物、营养物质以及水循环的影响差异，相关地质记录可以反演陆生植物演化及其对陆地－海洋生态系统影响的过程，这方面的研究值得重点关注（McMahon and Davies，2018；Dahl and Arens，2020；Pawlik et al.，2020；Chen et al.，2021a，2021b；Yao et al.，2019）。

总体来看，有关陆生植物起源和早期演化与水循环等相关的环境和生态系统演变之间关系的研究，大多还处于定性描述阶段，需要加强定量和机理方面的探讨。例如，如何结合现代植物学，从植物生理学角度揭示不同类群早期植物对水分利用效率的定量评估；又如，如何结合当今植被类型的形态、解剖结构，以及水文循环观测、模拟等手段，利用化石记录数据，定量评估地质时期不同植物类型对应的蒸腾速率、湿度和降水量、硅酸盐风化速率、营养元素向海洋输入量等问题（D'Antonio et al.，2020；史恭乐，2023）；特别是如何从不同时空尺度，结合陆生植物化石记录，开展土壤－植物－大气

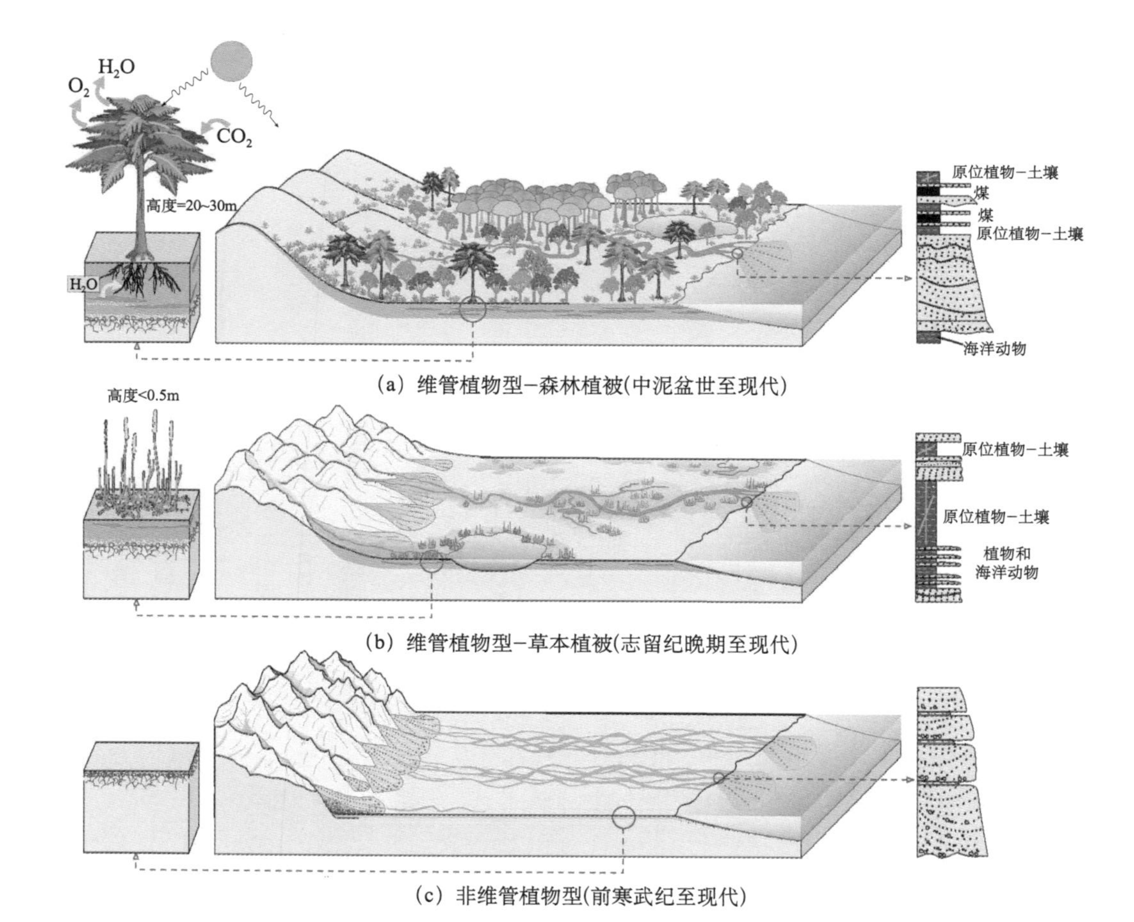

图 3-10　早期维管植物与土壤－植物－大气连续体和陆－海水文连续体系统演化示意图（据 Algeo et al.，2001；薛进庄等，2023 修改）

连续体和陆－海水文连续体地质演变的综合交叉研究。相关问题的研究都将有助于解析地质时期植物演化与水循环之间的耦合关系，深化对陆地－海洋系统的协同演化的认识。

2. 热带辐合带变化与水循环的地质演变

基于水循环是气候变化中的“主角”和热带驱动的理论基础（汪品先等，2018），依托低纬度地质记录揭示热带辐合带位置演变及其对季风和降雨的影响，无疑是水循环地质演变研究中不可忽视的重大科学问题（汪品先，2009）。一般认为，构造尺度上的海陆分布变化是控制热带辐合带的主要因素，同时气候变化也会影响热带辐合带的位置及辐合强度，进而影响季风和降水。

但目前有关深时地质时期热带辐合带位置变化及其对季风和降水影响方面的研究并没有受到广泛重视。对地质时期海陆分布、气候变化与热带辐合带位置及季风分布区域之间关系的认识还很有限（图 3-11）（汪品先，2009；Armstrong et al.，2009；宋汉宸等，2023），不仅时间分辨率不够高，而且相

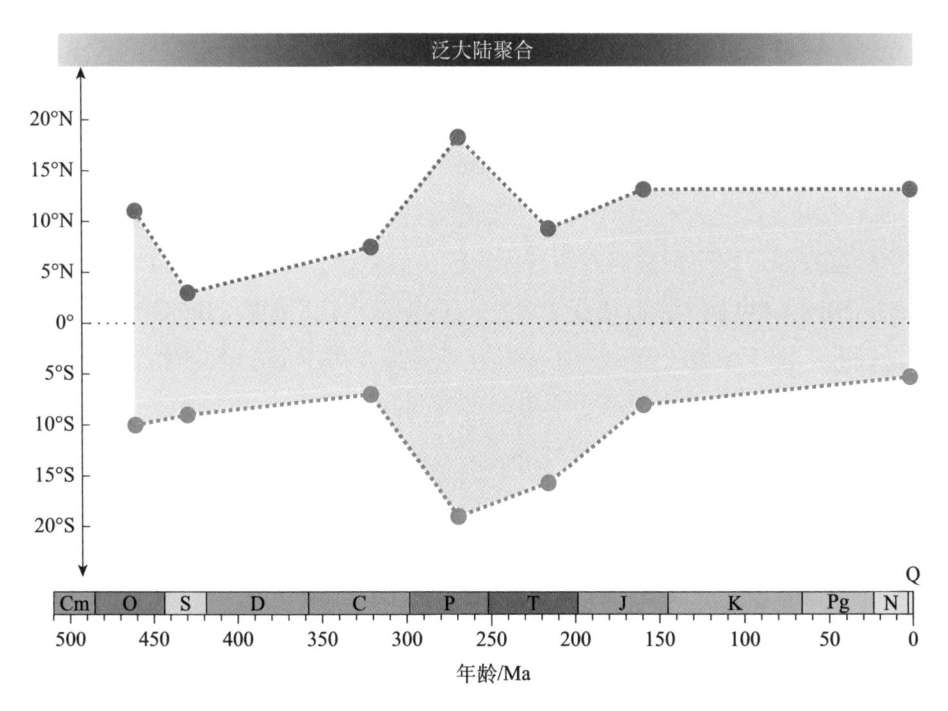

图 3-11　显生宙热带辐合带的冬、夏季全球平均纬度位置（引自宋汉宸等，2023）

关地质和水循环记录十分缺乏，关于超级大陆聚合时期“超级季风”的强度、规模及气候响应等方面都不清楚。即使关注度较高的、与中生代极热期相关的重大水循环事件，如早三叠世大陆的极端干旱、晚三叠世卡尼期洪水事件等（Boucot et al.，2013；Dal Corso et al.，2020），也缺乏与热带辐合带关系的深入探讨。最新的模拟研究表明，古新世—始新世极热事件时期水循环反映了热带辐合带变窄，非赤道干旱带、季节性季风和冬季风暴路径的增强（Tierney et al.，2022）。但这样的模拟研究目前还太少，并需要地质记录加以论证。

总之，热带辐合带位置移动受到大陆分布、地形地貌、地表温度变化的控制。从多学科角度揭示低纬度相关地质记录之间的相关性，结合大数据和地球系统模型，对热带辐合带演变在水循环地质演变中的研究亟须得到加强。

3. 暖室期地下水与海平面变化

全球变暖可能带来海平面上升是全球面临的核心挑战之一（IPCC，2021）。海平面变化受控于两个因子，即海水总量和洋盆体积（Miller et al.，2005a）。其中，海水总量变化受控于大陆冰川消长、海水胀缩、地下水和湖泊储水量变化等因素；洋盆体积变化表现为百万年尺度的低速海平面变化，影响因素包括大洋扩张、大陆碰撞、地形动态变化和沉积盆地充填等（Zachos et al.，2001a，2001b；Cloetingh and Haq，2015）（图3-12）。流行的海平面变化模型认为，冰川变化是大规模的海平面快速波动的主因。然而，在缺乏冰川活动中生代温室期，海平面曾经发生过大规模的频繁变化（Haq，2014，2018；Li et al.，2018），挑战了以冰川变化为主因的海平面变化模型（IPCC，2021）。

因此，地下水在地质时期（尤其在温室期）海平面变化中的作用不应被忽视，应作为水循环地质演变中重大科学问题得以重视。针对这一问题，最近李明松等提出了“海绵大陆”（sponge continent）假说，认为天文因素驱动的气候变化使大陆含水层像海绵一样储水和排水，这可能是温室时期全球海平面和内陆湖平面大规模变化的机制之一（李明松等，2023）。显然，这一假说需要通过研究内陆湖平面和海平面变化之间的关系进行验证。

同时，如何突破传统古湖平面和古海平面重建方法以及陆相地层年代精度的制约，也是未来研究面临的挑战（李明松等，2023）。例如，如何

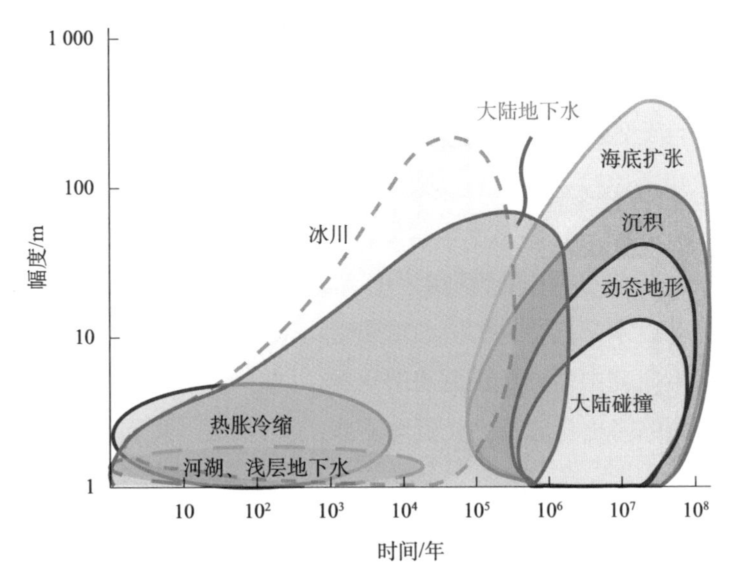

图 3-12　全球海平面变化模式的时间和幅度示意图（引自李明松等，2023）

对地质时期地下水储量和交换通量进行定量评估？不同时空尺度下和气候背景下，调控地下水储量变化的因素是否有差异？地下水储量和海平面变化之间存在什么样的平衡关系？地下水循环如何影响生物地球化学循环和海陆生态系统？特别是，开发耦合轨道和地下水系统的复杂地球系统模型，是预测未来海平面影响地下水储库变化的重要手段。

4. 深时水循环中的氧同位素标志

在古气候和水循环地质演变研究中，重建地质时期海水温度始终是必须面对的首要工作。目前，地学界仍然较多采用氧同位素温度计来测量古海水温度。常用的是生物碳酸盐和磷酸盐骨骼氧同位素温度计（Urey，1947；Pearson，2012；Lécuyer et al.，2013）。然而，利用生物骨骼化石进行古温度重建往往面临成岩蚀变、生命效应、海水初始氧同位素值和区域性差异等诸多不确定性因素的影响。因此，如何评估这些不确定因子的影响是准确重建海水古温度研究面临的亟须解决的问题（陈波和朱茂炎，2023）。已有依据化石氧同位素重建的显生宙古海水温度记录表明，显生宙气候发生过多次由温室到冰室的重大气候转变（Grossman et al.，2021），但分辨率和准确度还远远不够，影响了对水循环地质演变过程和机制的认识（Song et al.，2019；

Vérard and Veizer，2019；Grossman et al.，2021；Scotese et al.，2021）。

由于海水 $\delta^{18}O$ 值与蒸发强度、淡水注入量以及高纬度冰川量等水文条件相关（图 3-13）。因此，氧同位素不仅可以作为海水温度计，还直接记录了大气降水和冰川进退过程，成为水循环研究中的重要指标。蒸发作用形成的水蒸气富含 ^{16}O，导致 ^{18}O 在海水中富集；而大量降雨和淡水的注入则会降低海水 $\delta^{18}O$ 值。与近代石笋和陆相地层钙质结核等能够反映水文变化的记录相比，地质时期低纬度水－汽交换历史的重建受到水文记录研究材料和分辨率的限制，这是今后研究中需要重点解决的问题。同时，水蒸气在从低纬向高纬运移过程中，凝缩降雨会选择性先沉降富集 ^{18}O 的水蒸气，造成高纬度河水和冰川中 ^{18}O 的显著亏损。因此，大规模冰川发育会造成海水 $\delta^{18}O$ 值上升；相反，大规模冰川消融则会造成海水 $\delta^{18}O$ 值降低。冰川进退除了影响海水氧同位素之外，还与海平面升降和深海洋流密切相关。这在地质时期冰期水循环研究中均得到较好的揭示（Schrag et al.，1996；Joachimski et al.，2006；Finnegan et al.，2011；Chen et al.，2013）。但如何评估降水、冰川融水和温度等因素对海水 $\delta^{18}O$ 值影响的贡献，需要结合更多其他降水和温度的替代指标进行相互验证，这是今后亟须加强的重要研究方向。

此外，地球的水循环还涉及地球的深部过程。有人认为，从长时间尺度来看，通过板块俯冲进入地幔的表层水远远多于通过火山去气作用回到地表的水（Korenaga et al.，2017）。尽管这一过程非常复杂，利用氧同位素进行示踪也是一种有效手段（Bindeman et al.，2018；Bindeman and O’Neil，2022）。但是，相关研究在理论和方法上均不成熟，在未来研究中值得重点关注（Spencer et al.，2022）。

五、我国研究方向的建议

相比近代和晚新生代冰期以来的水循环研究，无论是在理论和方法方面，还是在资料积累方面，深时水循环演变研究都显得明显不足，而我国在这一领域的整体贡献率和影响力也不高。但我国在该领域的研究具有得天独厚的优势，一是我国中生代以来陆相沉积盆地发育、地层记录完整；二是古生代我国三大主要板块长期位于低纬度地区，海相地层记录独具特色。因

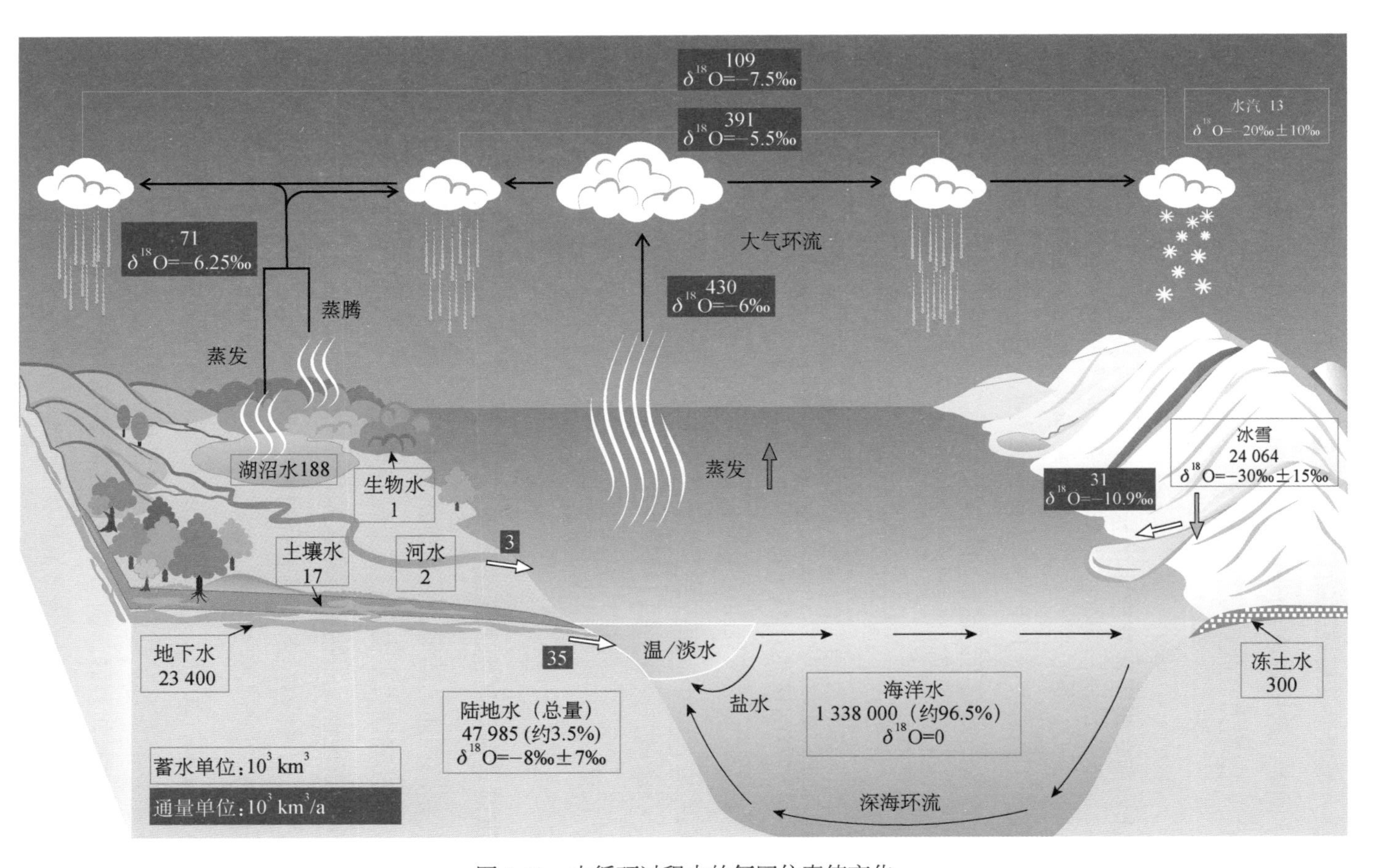

图 3-13　水循环过程中的氧同位素值变化

同位素数据来自 Good 等（2015）

此，建议在已有的基础上，发挥区域特色和材料优势，在地球系统理论指导下，组织力量加强开展以水循环地质演变为目标的综合交叉研究，针对上述重大科学问题，选择合适方向优先突破，以尽快提高我国在该领域中的贡献、国际地位和影响力。我们认为，近5～10年需要重点加强以下四个方向的研究。

1. 冰室期向暖室期转变中的水循环

当今地球处于末次冰期以来的快速升温期，这一气候变化带来的水循环问题（极端干旱与洪涝）备受社会关注。古生代两次冰期结束之后的水循环如何发生改变的研究可为这一问题提供重要启示。古生代两次冰期各具特色，奥陶纪末冰期持续时间短，而晚古生代冰期持续时间长，与第四纪冰期具有很多相似性，完整记录了地球具有复杂陆地-海洋生态系统以来唯一的从“冰室气候”向“温室气候”的转变（Montañez，2016；Chen et al.，2018），其间还发生过短暂的快速升温事件（Chen et al.，2022）。古生代冰期前后，我国主要古老大陆地块均处于中低纬度地区。尤其是晚古生代华北和华南板块位于赤道附近，是分布在古特提斯洋东部的小地块，濒临泛大洋，对水文气候变化十分敏感。这些地块上的不同沉积盆地发育了完整的陆相、湖相和海相地层的记录，为开展晚古生代大冰期及其向温室转变阶段的水循环等研究提供了优越条件（仲钰天等，2023）。

2. 深时水循环与生态系统演变

无论是海洋还是陆地，生物群落和生态系统对水文气候变化的响应都十分敏感。依托我国古生物化石及其赋存地层的沉积记录，开展地质时期古生态学、生物古地理、生物群落和区系演替研究，可为水循环地质演变提供关键信息。例如，奥陶纪末冰期前后的温水动物群与冷水动物群的演替（Rong et al.，2020）、生物古地理分布（Jin et al.，2018）、古生代海洋生物礁演替等研究（Yao et al.，2019），均表明与水循环具有密切关系，但目前这样的研究非常少见。比较而言，我国新生代以来陆相地层的古生物与水循环研究发展比更早的地质时代要好。例如，新生代温室和冰室气候演替背景下的动物区系演变（邓涛等，2023），青藏高原生长和全球气候变化驱动的东亚水文气候变化对动植物群落演替和迁移的影响（李树峰等，2023）等。依据我国海-

陆相地层古生物材料优势，地质时期水循环与生态系统演变方面的研究应受到重视。

3. 地质时期水循环研究方法的发展

相比现代水文气候和水循环研究具有成熟的理论、观察研究手段和方法体系，受地质记录完整性和有效水循环示踪指标缺乏的限制，如何建立水循环地质演变研究理论和方法体系是未来必须加强且可以期待突破的研究方向。地质记录可以保存水循环的各种信息，包括：①反映温度、干湿、盐度、风化作用、海平面升降等气候敏感的沉积岩记录；②反映温度、盐度、生物区系和古地理特征的生物化石记录，特别是对干湿、降雨和温度敏感的植物化石定量指标（李树峰等，2023；史恭乐，2023）；③反映温度、盐度和水环境的地球化学指标，如 $\delta^{18}O$、$\Delta^{17}O$、Δ_{47}、Mg/Ca、TEX_{86}、Sr/Ba 等。但是不同指标均有其不确定性，且受到样品质量和分辨率的限制，如在古气候和水循环研究中广泛使用的 $\delta^{18}O$（陈波和朱茂炎，2023），如何改进这些已有指标和研发新的替代指标体系需要加强。

4. 地质时期水循环与长周期地球系统演变的数值模型

水循环演变与气候变化相互关联，是地球系统整体变化的具体表现。现代地球系统模型将水循环过程和数据作为关键变量，在气候模拟和预测的准确性方面不断得到优化和提高。然而，在不同时间尺度上，地球系统变化的驱动机制和影响因素千变万化。当前，深时长时间尺度地球系统箱式模型的发展远远不能满足水循环地质演变的需要，结合现代复杂地球系统模型不断优化和发展是当务之急，以提高地球系统模型模拟和预测的准确性（张莹刚等，2023）。我国在该方向发展缓慢，亟须给予优先支持和发展。

在发展和优化模型的同时，集成地质时期与水循环相关的高分辨率古生物学、沉积岩石学和地球化学的区域和全球数据库是当前面临的迫切任务，也是验证模型科学性和准确性的关键。我国在大数据、云计算、机器学习方面的发展与国际基本同步，相关人才储备充足，如果充分发挥优势，可尽快弥补我国在该领域的不足。

第四节　气候系统演变中的两半球和高低纬相互作用

一、引言

地球气候系统的能量主要来自太阳辐射，但由于轨道参数、海陆分布、地表特征等不同，南北半球和高低纬接收的能量存在差异。半球间通过跨赤道系统（如全球季风、大洋温盐环流等）相互作用，高低纬之间通过大气环流和表层海洋环流等相互作用，从而影响着全球能量和水汽的再分配。两半球气候对温室气体浓度变化的响应方式也不相同（Manabe et al.，1991；Marshall et al.，2014），并进一步反馈在上述过程之中。两半球和高低纬的相互作用在气候系统演变中扮演着重要角色（图 3-14），并在不同时间尺度上均有体现，既有共性，又有区别。但是过去的古气候学研究较多地注重全球的

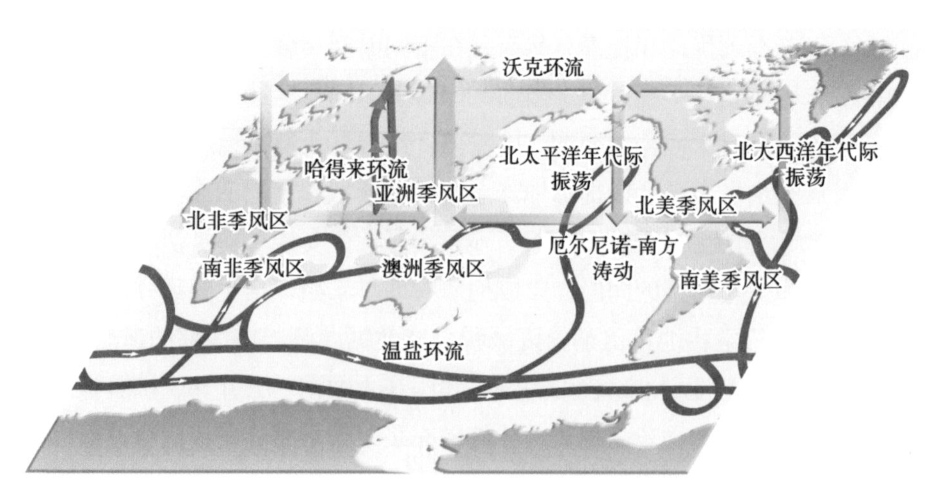

图 3-14　大气环流、大洋环流示意图

北太平洋年代际震荡（Pacific decadal oscillation，PDO）；北大西洋年代际振荡（Atlantic multidecadal oscillation，AMO）；厄尔尼诺 - 南方涛动（El Niño-southern oscillation，ENSO）

统一性，对两半球差异演化的过程和机制关注较少。研究这些差异演化的过程和机制，既是气候系统演变研究面临的难点之一，也是气候系统理论突破的关键之一。

在超轨道尺度（over-orbital scale，也称构造尺度）上，新生代全球阶段性大幅度变冷，但两极冰盖发展并不同步。南极冰盖在始新世—渐新世之交首次扩张（Shackleton and Kennett，1975；Kennett，1977；Zachos et al.，2001a；Miller et al.，2005a；Pusz et al.，2011），后来在约 14 Ma 进一步扩张（Zachos et al.，2001a）；而北极大约在晚中新世才开始发育非永久性冰盖，大范围的冰盖扩张则发生在晚上新世至早更新世（Maslin et al.，1998；Jansen et al.，2000）。到目前为止，超轨道尺度上两极冰盖不对称发育的机制仍有争议，其对整个气候系统产生的影响、过程与机制也未形成系统的认识。

在轨道尺度上，米兰科维奇理论认为北半球高纬夏季日照量变化是驱动全球冰期－间冰期旋回的根本原因（Milankovitch，1941；Imbrie et al.，1992）。但是，两半球冰期旋回总体上耦合演化的问题一直没有真正解决（Laepple et al.，2011）。米兰科维奇理论面临的其他一系列挑战，如 10 万年难题、4 万年难题等（Paillard，2001；Raymo and Nisancioglu，2003），也涉及两半球和高低纬过程的相互作用。越来越多的研究显示，南北两极的冰盖在冰期－间冰期尺度上并不总是对称演化的（Guo et al.，2009），有时不尽符合米兰科维奇理论规则，且可能对低纬的季风过程（Guo et al.，2000；Yin and Guo，2008）、海气相互作用（Horikawa et al.，2010；Mohtadi et al.，2006）、全球性海－陆碳库交换等产生重要影响。但由于相关地质证据的缺乏和气候模式的局限性，我们对这种不对称演化的原因、过程、机制和影响均所知尚少。

在千年尺度上，大量地质记录证实，南北半球温度呈现出南冷（暖）北暖（冷）的“跷跷板”现象（Crowley，1992；Broecker，1998；Stocker，1998）。这一现象，宏观上可以用环北极冰筏－淡水事件驱动的北大西洋经圈翻转环流（Atlantic meridional overturning circulation，AMOC）变化来解释（Crowley，1992；Knutti et al.，2004）；但其微观过程和机理的研究依然任重而道远。例如，千年尺度的气候变化与轨道尺度的变化究竟有着怎样的动力学关联？为什么北大西洋高纬的冰筏事件具有热带日照量变化特有的 1/2 和

1/4 岁差周期（Hodell and Channell，2016）？这些“高纬源”的事件在低纬度地区也十分明显，在其他气候子系统也被广泛报道；信号是如何传播的？这些都是气候演变领域面临的前沿挑战。

在百年到年代际尺度上，季风和厄尔尼诺－南方涛动的相互作用依然是现代气候学及古气候学的难题，也是季风降水难以准确预测的关键节点之一（Webster and Yang，1992；Tang et al.，2018）。这个问题同样涉及两半球和高低纬的相互作用。已有研究表明，高纬过程可以显著影响低纬海表面温度（Budikova，2009），从而影响厄尔尼诺－南方涛动；而南北两半球气候的对称与非对称性对热带辐合带的摆动有明显的控制作用（Schneider et al.，2014），也会影响季风。这样，季风与厄尔尼诺－南方涛动的相互作用变得更加复杂。已有研究表明，南北两半球气候对轨道驱动具有明显不同的响应方式（Wu et al.，2020）。那么，两半球气候对百年和十年尺度的太阳活动如何响应？自然也是十分值得关注的问题。

在近现代全球增温的背景下，半个多世纪以来，南半球的海冰呈总体增加的趋势，而北极海冰快速减少（Marshall et al.，2014；Turner et al.，2015），这说明南北半球对大气 CO_2 浓度的响应也呈现不对称性。这种两半球海冰不对称演化的现象虽有一些初步解释（Meehl et al.，2016；Purich et al.，2016；Edwards et al.，2021），但其机理认识远未统一。它可能对气候系统产生重要影响，但在气候模式中却难以再现。这一现象无疑是气候研究面临的重要挑战之一。

两半球能量的不对称性可以导致热带气候系统在两半球的摆动（Schneider et al.，2014），形成一系列跨赤道过程（海洋桥和大气桥），从而进一步影响高低纬气候系统。因此，两半球和高低纬相互作用在全球尺度上也可以看作是一个统一的复杂过程。理解不同时间尺度的两半球和高低纬相互作用与机理，对理解气候系统运作、演变及未来预测预估等具有重要意义。

二、超轨道尺度上两半球和高低纬的相互作用

新生代，全球气候系统经历了一系列变革，极大地改变了地球环境。其中，以两极冰盖起源和发展为标志的新生代全球变冷、现代全球季风系统形

成以及大洋环流重组，不仅改变了两半球和高低纬相互作用的过程，还奠定了现代气候系统运作的宏观框架。

1. 前新生代的气候

地质历史时期，地球上的大陆经历了旋回性的裂解和汇聚（超级大陆旋回）（Hoffman，1991；Li et al.，2008；Stampfli et al.，2013；赵国春，2013），气候系统也出现过多次“大冰期”和“大间冰期”的更迭（Kirschvink，1992；Hu et al.，2011；Yang et al.，2017；Ruddiman，2001）。新生代“大冰期”是地球历史上最近一次的大冰期。在此之前的白垩纪，大气 CO_2 浓度达到约 2000 ppmv（Foster et al.，2017），全球平均温度达 15～18℃（Cramer et al.，2011）；温带湿润气候出现在高纬地区（Hay and Floegel，2012）。地表气候呈现“带状”特征，属于典型的行星风系主控型气候。早白垩纪时期的低纬度地区广泛分布着干旱带特有的蒸发岩，到早白垩纪晚期赤道地区才出现较窄的湿润带，并在晚白垩纪末期变宽（Hay and Floegel，2012）。普遍认为，白垩纪的高低纬温度梯度较小，被称为“均衡气候”（equable climate）（Sloan and Barron，1990；Huber and Caballero，2011）；两半球之间的气候差异并不明显。

2. 新生代全球变冷过程

直到始新世，全球气候依然十分温暖，呈现“两极无冰盖”的场景（Zachos et al.，2001b）（图 3-15）。北极地区至少到 55 Ma 还生长着类似于棕榈以及其他阔叶常绿植被（Ruddiman，2001），到晚始新世温带落叶林和混交林（Utescher and Mosbrugger，2007）开始出现。古新世和始新世的南极地区也生长着高度多样化的、近似于热带植被的森林（Pross et al.，2012）。

一般认为，南极冰盖最早出现于始新世—渐新世之交（Zachos et al.，2001b）。约 37 Ma 开始，南极开始出现小规模的暂时性冰盖，在始新世—渐新世之交约 34 Ma 开始发育永久性的冰盖，地球上出现了“南极小冰盖－北极无冰盖”的场景。此后的南极冰盖虽然也有显著的波动，如 23 Ma 前后的 Mi-1 冰期（Naish et al.，2001；Zachos et al.，2001a）和 17～15 Ma 的中新世气候适宜期，但整体上呈增大趋势。到约 14 Ma，南极冰盖再次大规模扩张（Moran et al.，2006），导致“南极大冰盖－北极无冰盖”的场景（图 3-15）。

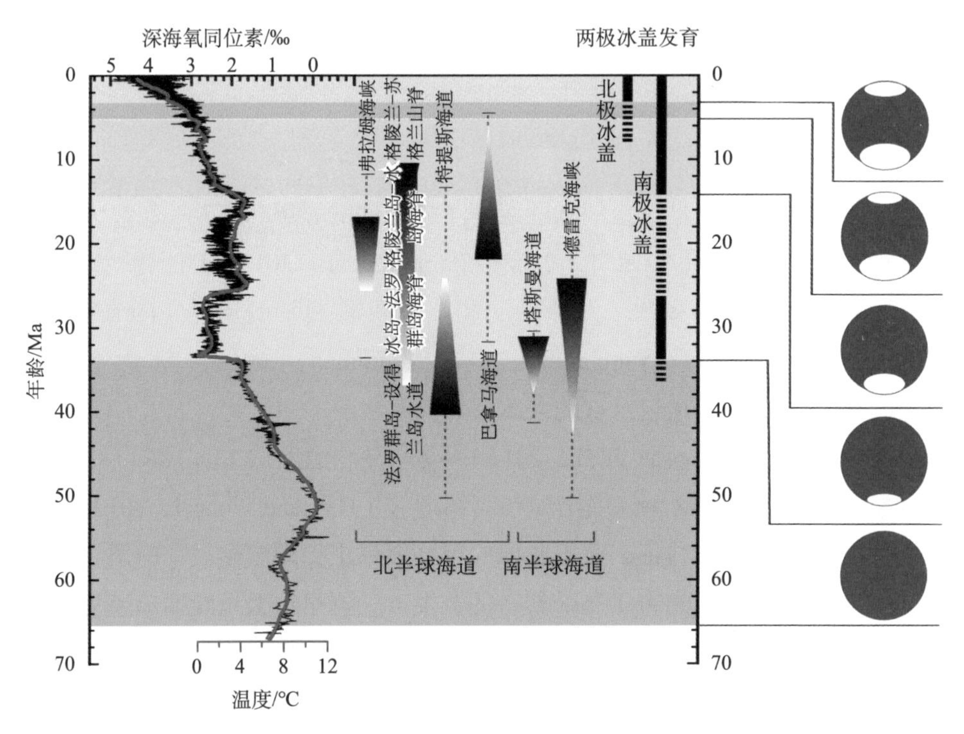

图 3-15　全球新生代深海氧同位素及温度变化曲线（修改自 Zachos et al.，2001a）、关键海道演变（修改自 Straume et al.，2020）及两极冰盖的不对称发展示意图

虽然有研究显示，北极地区 45 Ma 已经出现冰筏碎屑，并在 38～30 Ma 频繁出现（Eldrett et al.，2007），但那里早期的冰川活动都是暂时性的；因为至少到晚中新世的北冰洋中部地区夏季还没有出现过海冰（Stein et al.，2016）。北极在 8～7 Ma 可能出现小规模非永久性冰盖。格陵兰地区在约 3.5 Ma 出现永久性冰盖，形成了“南极大冰盖－北极小冰盖”的场景（图 3-15）。约 2.75 Ma，北极冰盖大规模扩张，标志着北半球大冰期气候的开始（Zachos et al.，2001a；Westerhold et al.，2020），全球出现了今天的“两极大冰盖”场景（图 3-15）。

新生代的全球变冷过程至少导致 5 种不同的宏观场景，其中突出的特点是两极冰盖与两半球气候的不对称演化，但我们对这些场景形成的过程与机理还远未形成系统的认识。我们常用深海 $\delta^{18}O$ 来反映“全球气候”的演化，但这种观念需要某种程度的改变，因为深海 $\delta^{18}O$ 也许有时更多地反映了半球气候。陆地记录对二者的区分具有关键作用。在这个过程中，高低纬气候过程肯定是相互作用的，并对影响全球或区域气候产生某种“竞争”关系（Zhao et al.，2020）。

3. 全球季风系统的形成

现代全球季风格局的形成是新生代影响整个气候系统的另一件大事。季风格局的演化同时也影响着干旱格局的变化，二者紧密联系。现代的全球季风系统包含六个季风子系统，即亚洲季风、澳洲季风、北非季风、南非季风、北美季风和南美季风。它们的起源时代与演化历史不同，控制因素与机制既有共性又有诸多本质性区别。

由于季风系统在全球能量循环和水循环中的关键作用，这六个季风子系统与干旱区的组合变化可以对高低纬和两半球相互作用产生重要影响。已知的过程包括水汽和热量向高纬的输送、季风控制的化学风化作用对 CO_2 浓度的影响、季风对海陆生态系统及碳循环的作用、季风对干旱区及粉尘输送的影响等。已有研究显示，季风可能在单极冰盖的几种场景下，对全球气候系统发挥更重要的驱动作用（Wang et al.，2014a；Westerhold et al.，2020），直到北半球大冰期开始后，高纬过程对季风气候的作用才逐步加强（Zhao et al.，2020）。

目前基本证实，现代的全球季风 - 干旱系统的形成与地球深部过程控制的大陆演化（海陆分布和地形变化）密切相关。而前述的冰盖演化的作用叠加于大陆演化的影响之上，共同影响着两半球和高低纬过程的相互作用。在地球大陆“分久必合、合久必分”的演化历史中，超级大陆往往有“超级季风”和“超级荒漠”陪伴（汪品先，2009），而裂解的大陆则导致不同区域季风的出现。

现代地球上的六个季风子系统是从潘基亚超级大陆的超级季风逐步演变而来的；今天北半球广阔的欧亚大陆在很大程度上可看作是新一轮“超大陆”的雏形；而现今强盛的东亚季风和亚洲内陆荒漠正是新一轮“超级季风”和“超级荒漠”的雏形（郭正堂，2017）。大陆演化与季风 - 干旱之间的关系有诸多关联需要破解，这正是地球科学面临的挑战和机遇。

4. 大洋环流的重组

新生代，大陆演化也导致地球气候系统的另一个重大变革，大洋环流的重组，它奠定了现代两半球和高低纬相互作用的框架。其中，南极底层流（Antarctic bottom water，ABW）和北大西洋深层流（North Atlantic deep water，NADW）的形成以及赤道洋流系统的改变，可能对气候系统的影响最为显著。

一般认为，新生代早期德雷克海峡的打开使环南极洋流（Antarctic circumpolar current，ACC）形成，阻隔了南大洋温暖的海水，导致了大洋环流结构的变化，形成南极底层流（Toggweiler and Bjornsson，2000；Scher and Martin，2006）。这个过程也被不少学者认为是南极变冷并形成冰盖的原因。而晚新生代巴拿马地峡的关闭可能对北大西洋深层流的形成起到关键作用（Keigwin，1982；Raymo，1994）。一旦北大西洋深层水形成，两半球和高低纬的相互作用过程会发生根本性的改变。

新生代，澳大利亚板块的北漂导致印尼海道的关闭，阻碍了赤道太平洋与印度洋之间的海水交换，使赤道暖流在西太平洋汇聚形成西太平洋暖池。暖池的形成，改变了沃克环流（Yan et al.，2021），奠定了现代厄尔尼诺－南方涛动的基本格局（Cane and Molnar，2001），对东亚季风气候产生显著影响；也使得赤道太平洋与印度洋之间的海水表层温度差异显著增大。现代全球季风系统和厄尔尼诺－南方涛动基本格局的形成，从根本上改变了地球的热带气候系统，二者的相互作用成为理解全球气候演变的关键节点之一。研究显示，从上新世暖期进入更新世冰期，就有可能是纬向沃克环流较强、经向哈得来环流减弱的结果（Molnar and Cane，2002）。热带海道在收缩的同时也可能加强北大西洋深层流（Haug and Tiedemann，1998；Zhang et al.，2021），改变高低纬的海表温度梯度（谭宁等，2021），并加剧两半球气候的不对称性。

三、轨道尺度上的两半球－高低纬相互作用

气候变化的天文学理论（米兰科维奇理论）为理解轨道尺度的气候变化提供了理论框架（Milankovitch，1941；Hays et al.，1976；Berger，1976，1978）。它与板块构造学说一起被认为是20世纪地球科学的两大突破。经典的米兰科维奇理论认为，北半球高纬夏季太阳辐射变化是控制第四纪全球冰

期 – 间冰期旋回的根本原因。当北半球高纬夏季太阳辐射足够低时，冬季产生的冰雪在夏季才能不完全融化，并增加反照率使得北半球高纬变得更冷，冰雪可以进一步积累发育成冰川或冰盖（Milankovitch，1941）。20 世纪 70 年代中期，深海记录中检测出清晰的地球轨道周期组合（Hays et al.，1976），米兰科维奇观点得以验证，使假说成为理论。半个多世纪以来，全球获取的大量地质记录极大地支持米兰科维奇理论并扩展其内涵，使之成为古气候学研究的基石。但是，米兰科维奇理论至今并不是完美的理论，仍然面临着一系列挑战。

1. 天文理论面临的挑战

米兰科维奇理论面临的第一大挑战是气候变化的敏感区问题。米兰科维奇理论强调北半球高纬夏季太阳辐射变化对气候系统的根本影响（Milankovitch，1941），这无疑把北半球高纬作为敏感区，类似于针灸的穴位。迄今的各种研究也确实证实了高纬敏感区的重要性。相对于低纬地区，高纬太阳辐射变率更大（Berger，1978；Berger and Loutre，1991），对太阳辐射变化的响应更敏感；且由于高纬海冰、冰川和雪的正反馈作用，所以高纬存在极地放大效应（Serreze and Barry，2011）。但是，越来越多的学者认为，气候系统对日照量的敏感区不只是北半球高纬地区。低纬地区接收的太阳辐射能量最多，并通过季风及洋流等向高纬输送，且通过化学风化作用和生态系统等影响全球碳循环，对气候系统在轨道尺度上的变率也有非常重要的影响（Wang et al.，2003；Wang Y et al.，2014）。在北半球冰盖大扩张前，气候系统较强的 10 万年周期，就可能是低纬系统所起的作用（Westerhold et al.，2020）。一些研究（Huybers and Denton，2008；Laepple et al.，2011）也显示，南极地区的气候对当地日照量也有强烈响应。在第四纪早期，两极冰盖可能分别受当地日照量的变化主控（Raymo et al.，2006），意味着南半球高纬地区也可能是气候系统响应日照量的敏感区。

米兰科维奇理论面临的第二大挑战是气候变化的周期性问题。第四纪以来，太阳辐射的波动格局并没有大的变化，但在约 0.9 Ma，冰期 – 间冰期旋回的主旋律从 4 万年主周期转变为 10 万年主周期（即“中更新世转型”事件），其原因至今没有得到彻底解决，这就是著名的“10 万年难题”。另外，米兰科维奇理论强调的北半球高纬夏季日照量变化有很强的2万年周期，但0.9 Ma以前的全球冰量一直以4万年周期为主，也就是著名的“4万年难题”。

米兰科维奇理论面临的第三大挑战是气候变化的幅度问题。例如，MIS11是全球最温暖的间冰期之一（Lisiecki and Raymo，2005），与前后的冰期气候反差极大。在中国黄土中，对应于MIS11和MIS13的间冰期土壤S4及S5-1是整个第四纪发育最强的土壤（Guo et al.，2000），但对应的地球轨道偏心率变幅却非常小（Berger，1978）。为什么有时小幅度的轨道变率会引起大幅度的气候变率，原因尚不明了。

米兰科维奇理论面临的最大挑战是两半球冰期－间冰期旋回耦合变化的机制问题（Laepple et al.，2011）。两半球日照量变化是反相位的，为什么冰期－间冰期旋回是同相位的？从SPECMAP（spectral maping project）时代开始至今，大洋环流（Stocker，2000；Rahmstorf，2002）、海平面变化（Lourens et al.，2001）、温室气体（Shackleton，2000）等的作用先后被用来解释两半球冰期－间冰期旋回总体上的耦合变化，但至今难成定论。

上述挑战均深度涉及两半球和高低纬的相互作用过程。两半球和高低纬相互作用的深入研究，有望成为解决问题的途径，或可导致对地球气候系统运作过程的认识突破。

2. 冰期－间冰期旋回中两半球气候的不对称演化

米兰科维奇理论主张，两极冰盖在北半球高纬日照量的驱动下同步变大、变小（Hinnov et al.，2002；Pahnke and Zahn，2005；Lowell et al.，1995）。迄今来自南北半球的各种记录显示，两半球的冰期－间冰期旋回确实总体上呈对称演化的特征。

但是，中国黄土、深海记录和南极冰芯记录的对比（Guo et al.，2009）显示，MIS13的北半球异常温暖，而深海δ^{18}O和南极冰芯记录均揭示出南半球此时是一个相对较冷的间冰期（图3-16）。一个比其他间冰期大得多的南极冰盖才能解释深海氧同位素的特征（Guo et al.，2009）。相反，MIS22，L9砂黄土层指示北半球气候异常寒冷，可能反映北极冰盖比正常冰期大得多（Guo et al.，1998，2009），但深海δ^{18}O指示全球冰量并不是特别大。另外，以冰期更冷、间冰期更暖、冰期－间冰期气候反差增大为主要标志的“中布容事件”（约 430 ka）只在南极冰芯和深海 $\delta^{18}O$ 中有清晰记录，但在中国黄土中并不明显，可能反映了“中布容事件”只是一个南半球事件（Guo et al.，2009），其与太阳辐射和温室气体对南北半球的差异性控制有关（Yin and Berger，2012；Yin，2013）。类似的不对称行为在其他时段也有发生（Hao et al.，2012，2015）。

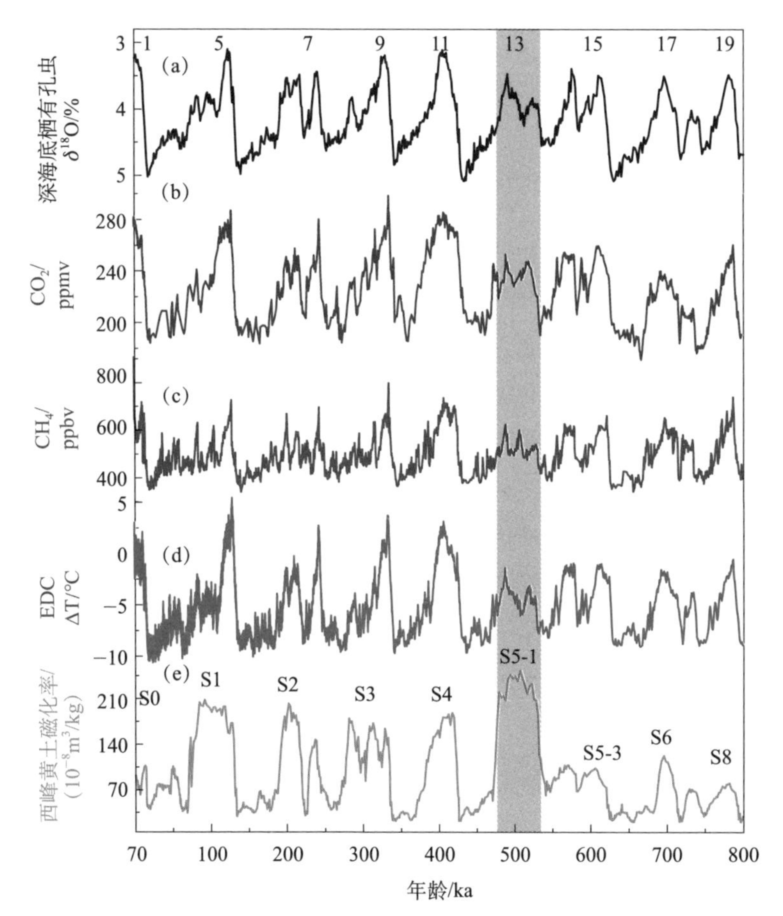

图 3-16　中国黄土记录的东亚夏季风与冰芯、海洋记录的对比

（a）深海底栖有孔虫 $\delta^{18}O$（Lisiecki and Raymo，2005）；（b）CO_2（Lüthi et al.，2008）；（c）CH_4（Loulergue et al.，2008）；（d）南极温度（Jouzel et al.，2007）；（e）西峰黄土磁化率（Guo et al.，2009）

上述不对称现象得到越来越多的海陆记录（Fawcett et al.，2011；Cortina et al.，2016；Hodell and Channell，2016）的证实。这说明南北两极冰盖在轨

道尺度上并不总是同步变化，有时具有显著的不对称演化行为，不尽符合米兰科维奇理论规则，但我们对这种不对称演化的机理所知尚少。

更为重要的是，上述不对称行为似乎对整个气候系统的运作也产生了明显的影响（Guo et al.，2009）。首先，它影响了全球的季风系统。MIS13 期间，整个北半球季风系统异常强盛（Guo et al.，2000；Yin and Guo，2008；Guo et al.，2009）。不对称可能影响了海陆碳库的交换（Guo et al.，1998，2009）。深海$\delta^{13}C$在MIS13期间显著正偏（Raymo et al.，1997；McManus et al.，1999），在 MIS22 期间显著负偏（Raymo et al.，1990）。不对称也可能影响了两半球 CH_4 排放的比例（Guo et al.，2012）。MIS13 期间北半球强季风与较低的大气 CH_4 浓度对应。MIS13 期间的沃克环流也出现了明显异常（Horikawa et al.，2010）。

这些线索亟待通过地质记录和数值模拟的对比来深入研究。近年来的数值模拟已取得一批令人鼓舞的成果。例如，MIS13 期间北半球异常强盛的季风系统（Guo et al.，2000，2009；Yin and Guo，2008）似乎可以用不对称的两极冰盖场景来解释（Shi et al.，2020）。南北半球温度、降水、海冰和植被等对轨道参数（斜率和岁差）、CO_2 和冰盖也存在差异性响应。南半球对大气 CO_2 浓度和斜率响应更敏感，而北半球对太阳辐射和岁差的响应更敏感（Yin and Berger，2012，2015；Wu et al.，2020，2022），这在一定程度上可以解释地质记录中观察到的南北半球之间的差异（Lo et al.，2018；Wolff et al.，2006）。冰盖对东亚夏季风的影响具有非线性特征，受控于太阳辐射的高低以及冰盖的大小、形状和位置（Yin et al.，2008，2009）。

3. 轨道信号的源解析困难

在轨道尺度气候变化研究中，常用地质记录中的轨道周期特征来研究驱动 - 响应关系。但随着地质证据的积累和数值模拟的进步，我们不难发现，用轨道周期研究驱动源有时具有多解性。这给轨道尺度气候变化研究提出了新的挑战。

例如，由于高纬太阳辐射变化中包含的地轴倾角信号更强（Berger，1978），一般把地质记录中显著的 4 万年周期与高纬过程相联系。但近年来的研究显示，跨赤道的日照量梯度具有很强的 4 万年周期，使低纬气候在不考虑冰盖影响的情况下就能产生显著的4万年周期（Bosmans et al.，2015）。低纬太阳辐射变化主要受岁差调控，以2万年周期为主导，过去的研究中常把地质记录中较强的2万年周期与低纬过程相联系。但是，近年来的研究（Marzen et al.，2016；Lachniet et al.，2017）显示，北极气候甚至冰盖变化可能就具有很强的2万年周期。半岁差周期是赤道地区日照量特有的特征（Berger et al.，2006），所以常被视为低纬驱动的证据。但受冰盖动力学控制的北半球高纬冰筏事件也具有显著的半岁差周期（Hodell and Channell，2016）。实际上，由于两半球的太阳辐射在岁差节拍上反相位，该节拍上南北两半球的任何相互作用过程，都有可能导致明显的半岁差信号（Guo et al.，2012），从而为半岁差周期的信号源解释增加了新的困难。

4. 轨道尺度季风变化与高低纬相互作用

轨道尺度季风变化的动力机制仍然是一个有很大争议的问题。以亚洲季风为例，大致有三类不同的观点，集中体现在高低纬过程如何驱动季风这个焦点上。

第一类观点源于早期的数值模拟（Kutzbach，1981），认为轨道尺度的季风变化主要受低纬夏季日照量影响，且季风快速响应日照量变化。现代季风受热带辐合带的季节摆动控制（Wang et al.，2014b；Wang P X et al.，2017）、一些地质记录（如石笋）有很强的岁差2万年周期（Cheng et al.，2016a）、两半球的石笋记录在岁差节拍上大致反相位（Wang et al.，2014b；Cheng et al.，2016a）等现象对该观点提供了支持。但其面临的挑战是，季风变化虽有较强的2万年周期，除石笋以外的季风地质记录（Guo et al.，2000；An et al.，2011；Zhao et al.，2020）均显示，季风变化也包含着明显的10万年和4万年周期。同时，石笋记录的季风变化相对低纬夏季日照量有2000～3000年的相位滞后，而与夏末秋初日照量或6～8月日照总量同相位（Wang et al.，2001），不易用快速响应来解释，意味着有其他过程参与。

第二类观点源于印度季风的海洋记录研究（Clemens et al.，1991），后来扩展到对东亚季风的解释（Dykoski et al.，2005；Holbourn et al.，2021）。该观点认为季风受低纬日照量变化触发，随之受南大洋潜热输送的影响，致使季风与岁差有长达8000年的相位差。该观点较成功地解释了一些记录中存在的4万年周期，但尚不能从过程角度合理解释一些记录中的10万年周期。石笋记录亦显示，季风与岁差的相位差似乎远不足8000年。

第三类观点强调高纬过程，包括两半球的相互作用对季风也有显著影响。黄土和湖泊等包含的较强的10万年周期（Guo et al.，2000，2009；An et al.，2011；Zhao et al.，2020）支持高纬过程对季风的作用。当然，仅用高纬驱动难以合理解释季风记录普遍包含的、比冰盖记录（深海$\delta^{18}O$）更显著的2万年周期（Liu et al.，1995；Guo et al.，2012），意味着季风同时受高低纬过程的共同影响。

季风变化至少包含两个分量（Guo et al.，2012）：一个是低纬日照量分量，在两半球的岁差节拍上反相位；另一个是冰期-间冰期分量，除前述的两半球不对称场景外，多数情况下在两半球同相位，二者共同控制了轨道尺度的季风变化。最近在季风区获取的较长的新记录（Zhao et al.，2020）揭示出，在这种“共同控制”过程中，高纬和低纬驱动因子各自的权重随大尺度边界条件的变化而发生改变；在全球冰量相对较小的早更新世，季风变化以2万年的岁差周期为主导，但随着全球冰量的增加，冰盖的作用逐步加强，使64万年以来的季风变化包含明显的10万年周期（Zhao et al.，2020）。

从上述回顾可以看出，每一种地质载体对季风变化的记录均有优势和劣势，反映的只是季风变化的一个或若干个侧面。例如，黄土记录的优势在于较大的时间和空间覆盖度。20世纪90年代中期的研究（郭正堂等，1994；Liu et al.，1995）就揭示出季风具有比冰量变化更强的2万年周期。但由于粉尘堆积过程受高纬驱动的冬季风影响，黄土记录的夏季风变化历史可能夸大高纬过程的信号。黄土的年代学精度也不足以研究相位问题。

石笋记录高精度的U-Th年代学框架无疑是季风时限研究的突破，但石笋$\delta^{18}O$与季风变化的关联机理仍然需要深入研究，以回答一系列人们普遍关心的问题。例如，90万年以来的全球冰量变化几乎影响到气候系统的每一个角落，为什么在石笋$\delta^{18}O$中没有清晰的记录？如果把石笋$\delta^{18}O$作为季风变化的指标，为什么季风区（Wang et al.，2001；Wang Y et al.，2008；Yuan et al.，2004；Cheng et al.，2016a）与非季风区（Cheng et al.，2016b）乃至与北半球高纬地区（Li et al.，2021）的石笋 $\delta^{18}O$ 变化具有高度一致性？如果季风对低纬日照量变化是快速响应，为什么石笋 $\delta^{18}O$ 记录的季风相位只与夏末秋初日照量或 6～8 月的低纬日照总量同相位，而与最大日照量有 2000～3000 年的相位差？如果把石笋记录的 2 万年信号只归咎于低纬日照量的变化，为什么地处更低纬度的云南石笋 $\delta^{18}O$ 反而具有明显的 10 万年周期（Cai et al.，2015），而更高纬度的长江中下游的石笋反而没有？石笋包含的千年尺度的信号一般用高纬源来解释（Wang et al.，2005），说明石笋 $\delta^{18}O$ 确与高纬过程有密切的关联。这种千年尺度的高纬源信号通过怎样的过程和机制与低纬源的 2 万年信号叠加在石笋的 $\delta^{18}O$ 记录中？为什么高纬幅度相对较小的千年尺度的变化能在石笋 $\delta^{18}O$ 中留下清晰的记录，具有更大变率的轨道尺度高纬变化（冰期 - 间冰期旋回）反而没有印迹？这些目前不能全面合理回答的问题，正是季风变化机制研究领域很好的切入点。

四、千年尺度上两半球 - 高低纬的相互作用

到 20 世纪 80 年代后期，科学界只知道新仙女木（Younger Dryas，YD）事件，并不知道气候系统会不断发生千年尺度的快速突变；数值模拟也没有出现类似的特征。Heinrich（1988）最早在北大西洋发现了多个千年尺度的冰筏事件；但直到格陵兰冰芯（Dansgaard et al.，1993）以及北大西洋沉积（McManus et al.，1998，1999）揭示丹斯果 - 奥什格尔事件（Dansgaard-Oeschger event，D-O event）和冰筏事件普遍存在，气候突变的观念才真正建立起来；而新仙女木事件只是这些事件的其中之一。近 30 年来，大量研究关注千年尺度的气候变化，但千年尺度气候变化的初始触发因素、信号传输过程、全球影响等仍然有诸多争议，一些变化用数值模型也难以再现。千年尺度气候突变事件（图 3-17）仍然是气候演变研究领域关注的焦点之一。

1. 高低纬驱动之争

由于千年尺度气候变化最初在环北大西洋地区被发现（Heinrich，1988；Bond et al.，1992；Broecker et al.，1992；Dansgaard et al.，1993；Taylor et al.，

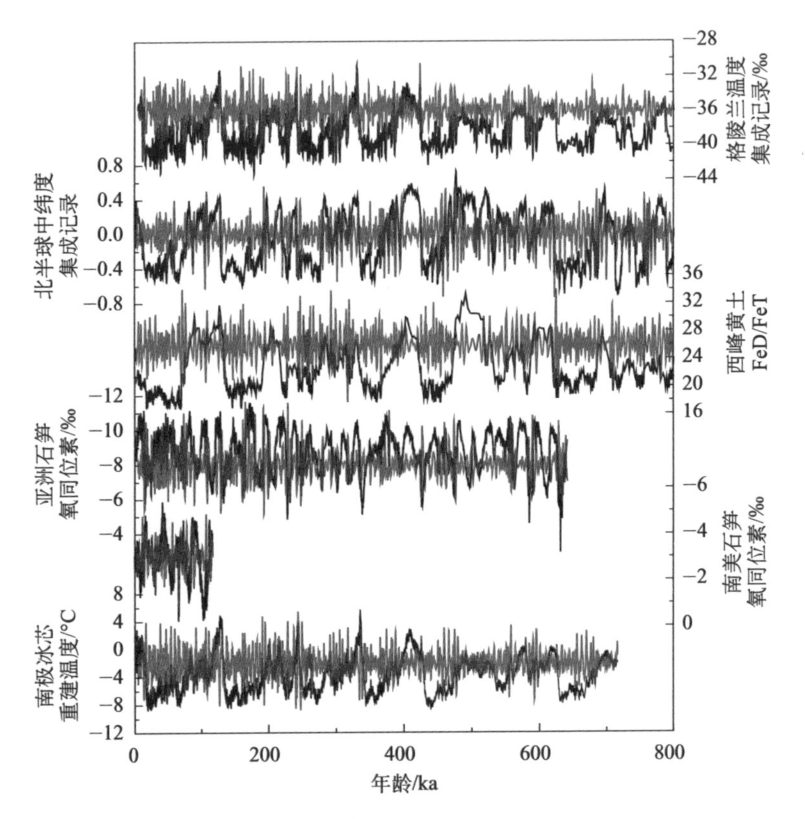

图 3-17 800 ka 以来典型记录中千年尺度事件的对比

南极冰芯重建温度来自 Uemura 等（2018）；南美石笋氧同位素记录来自 Cruz 等（2005）；亚洲石笋氧同位素记录来自 Cheng 等（2016a）；西峰黄土 FeD/FeT 记录来自 Guo 等（2009）；北半球中纬度集成记录来自 Sun 等（2021）；格陵兰温度集成记录来自 Barker 等（2011）。蓝色为原始数据，红色为<9000 年周期滤波结果

1993；Bond and Lotti，1995；McManus et al.，1998，1999；Alley et al.，2003），且与高纬气候及冰盖动力学控制的冰筏和冰盖消融淡水事件密切相关，学界很快就将注意力集中在北大西洋经圈翻转环流变化上（Clark et al.，2002；Rahmstorf，2002），至今这仍是主流解释。丹斯果－奥什格尔事件和冰筏事件期间，南北两半球的温度呈现出南冷（暖）北暖（冷）的“跷跷板”现象（Crowley，1992；Broecker，1998；Stocker，1998），极大地支持了千年尺度变化的北大西洋经圈翻转环流解释。

但也有研究显示，一些千年尺度事件的信号可能来自于低纬。在北大西洋等高纬度地区的冰筏碎屑和海冰等记录中，有显著的 1/2 岁差和 1/4 岁差周期（Sakamoto et al.，2005；Bartoli et al.，2006），且南极冰芯温度指标中的千年尺度事件与岁差周期密切相关（Siddall et al.，2010）。由于低纬日照量变化以岁差周期为主，且1/2岁差和1/4岁差周期是赤道日照量特有的特征（Berger et al.，2006），有学者怀疑冰筏碎屑记录中的1/2岁差和1/4岁差周期可能受低纬因素的影响，季风系统可能是将热带地区的千年尺度信号向高纬传输的重要载体（Walczak et al.，2020；Griffiths et al.，2020；Ulfers et al.，2022）。

但也有学者认为，冰筏事件中的1/2岁差和1/4岁差周期只不过是高纬气候在轨道尺度上的一种非线性特征（Wara et al.，2000），并不意味着低纬过程的驱动。一些千年尺度的事件可能与太阳活动有关，如全新世期间周期约为2400年的Hallstatt旋回（Usoskin et al.，2016）。类似的千年尺度变化在没有冰盖和北大西洋经圈翻转环流的泥盆纪温室时期也有发生（Da Silva et al.，2018），对高纬驱动解释也提出新的问题。

2. 与轨道尺度气候变化的关系

学界很早就开始关注丹斯果－奥什格尔事件等千年尺度变化与轨道尺度气候变化的关系（Rial and Yang，2007）。近年来，可分辨千年尺度变化的各种长尺度地质记录为此提供了新的契机。它们揭示千年尺度的冰筏－淡水事件在上新世至全新世的北大西洋地区均存在（Hodell and Channell，2016）。陆相记录研究显示，冰期的终止点可能与千年尺度的突变事件有关（Cheng et al.，2009）；千年尺度变化与轨道气候变率具有"共演化"特征，且冰期和间冰期期间千年尺度的变幅不同（Zhao et al.，2020；Sun et al.，2021）。

最近的数值模拟研究在该方面也取得新进展，发现80万年来每个间冰期即将结束时，渐变的太阳辐射降低导致海冰扩张，到一定阈值后可引发北大西洋经圈翻转环流的大幅震荡，引起气候突变（Yin et al.，2021）。当然，北半球低纬和高纬日照量也可通过调节低纬气候－水文过程及高纬海－冰－气系统，引发千年尺度气候变化（Zhang et al.，2021）。

第四纪大气CH_4浓度主要受南北两半球的低纬季风过程和北半球的高纬湿地过程的影响。研究发现，南北两半球低纬日照量和全球冰量在岁差节拍上的变化似乎可以解释80万年来大气CH_4浓度在千年尺度上的变化（Guo et al.，

2012）。低纬日照量主要受岁差控制，且在两半球反相位，而全球冰量在岁差节拍上滞后岁差约 4800 年，且在两半球基本同相位，三者的相互作用可以解释大气 CH_4 在千年尺度上的主要周期特征。

3. 季风系统的千年尺度变化

亚洲季风区中国黄土的土壤微形态学研究（Guo，1990）曾发现，晚更新世的 L1 黄土中有多个干冷的“冰期极盛期”，后来揭示出它们可与北大西洋的冰筏事件对比（Guo et al.，1996）。冰筏事件对亚洲冬季风（Porter and An，1995）和夏季风（Guo et al.，1996，2000）均有显著影响，且得到后来大量研究的证实。迄今的证据显示，全球的六个区域季风子系统均包含了千年尺度变化的信号（Phillips et al.，1996；Reichart et al.，1998；Schulz et al.，1998；Sachs et al.，2001；Jennerjahn et al.，2004；Sierro et al.，2005；Harada et al.，2006；Leduc et al.，2007；Asmerom et al.，2010；Kotthoff et al.，2011；Voelker and Abreu，2011；De Deckker et al.，2012），且至少在 1.5 Ma 以来的东亚季风记录（Sun et al.，2021）和 1.74 Ma 以来的南亚季风记录（Zhao et al.，2020）中有清晰的记录。

但是，驱动这些千年尺度季风变化的根本原因及信号传输机制依然需要深入研究。因为季风本身受低纬日照量的强烈影响，赤道日照量变化特有的 1/2 和 1/4 岁差周期（Berger et al.，2006）应该在季风气候中有所反映。但南亚季风 1.74 Ma 以来的千年尺度变化的特征又与北大西洋地区冰筏事件历史有高度的可比性（Zhao et al.，2020），似乎显示了北大西洋经圈翻转环流的关键作用。另外，如果季风区这些千年尺度的信号源于北大西洋地区，它们的信号如何传输？是高纬过程直接影响还是通过低纬过程影响季风？

4. 精确时限、内部结构及时空分布

上述问题的解决无疑需要地质记录和数值模拟研究的紧密结合。就地质记录而言，查明千年尺度变化的时间和空间分布至关重要。例如，在北半球没有冰盖、北大西洋经圈翻转环流尚未形成的时期，不同的气候子系统是否有类似的千年尺度变化？通过超高分辨率的地质记录，研究典型事件精确的起始和结束时间与突变速率、事件持续期间的内部结构等，对揭示驱动因子的信号源也十分重要。我国学者的一些研究在上述方面已取得可喜进展，如

揭示出新仙女木事件的结束仅用了 38 年（Ma et al.，2012）。千年尺度波动的特征与冰盖边界条件的大尺度变化有密切关系（Zhao et al.，2020）。

除两半球气候系统之间的“海洋桥”外，“季风桥”的作用也应给予更多的重视。以亚洲－印尼澳洲（印澳）季风相互作用为例，东亚冬季风较强时能够越过赤道影响到亚洲－印澳夏季风，而澳洲冬季风也能够越过赤道影响到亚洲夏季风变化。末次冰消期的地质记录（Mohtadi et al.，2011）和数值模拟（Miller et al.，2005b）均支持这一现象。石笋 $\delta^{18}O$ 也揭示，千百年尺度上全新世澳洲夏季风与亚洲夏季风类似反相，太阳活动驱动热带辐合带摆动可能控制着越过赤道气流的强度（Eroglu et al.，2016）。

五、百年－年代际尺度的两半球－高低纬联系

百年－年代际尺度的气候变化主要受到的外强迫包括，太阳活动、火山活动、温室气体、气溶胶等。影响百年－年代际尺度气候变化的内部变率包括北大西洋年代际振荡、北大西洋涛动（North Atlantic oscillation，NAO）、太平洋年代际振荡、厄尔尼诺－南方涛动和南半球环状模（Southern Annular Mode，SAM）等。它们的相互作用极其复杂，深度涉及两半球和高低纬相互作用。该尺度的气候变化与人类社会直接相关，是现代气候学研究的焦点。但是，只有数十年到百年的器测记录很难真正捕捉到上述变率的全貌，更不易验证长期气候变化的规律。用古气候代用指标弥补器测记录的不足就成为关键任务之一。

1. 太阳活动与气候

太阳活动存在着千年尺度至十年尺度的各种周期，包括 Hallstatt 周期（约 2400 年）、Suess 周期（约 210 年）、Jose 周期（约 178 年）、Gleissberg 周期（约 78 年，70～100 年）、Hale 周期（约 22 年）及 Schwabe 周期（约 11 年）等。它们在气候系统中的印迹均有报道（Lean，2010），但影响的程度、过程与机制仍然有争议。

以小冰期（1300～1850 AD）为例，一般认为它与太阳活动的蒙德极小期（Maunder minimum）有关。但古气候记录似乎显示它只在北半球中高纬度地

区最为显著，开始和结束的时间在不同区域也具有显著差异（Neukom et al.，2019）。这似乎说明太阳活动虽然是一种全球性的气候驱动因子，但其对气候系统的作用受到其他过程的调制（Ammann et al.，2007），如火山活动（Schleussner and Feulner，2013）及大洋温盐环流（Lund et al.，2006）等。两半球及高低纬的相互作用过程值得高度重视。东亚气候系统似乎有一个约500年的周期，可能也源于太阳活动与内部变率的相互作用，且近百年来的全球气候变暖位于最近一次500年周期的暖相位上（Xu et al.，2014，2019）。从这个意义上讲，太阳活动对气候的影响是否也存在着与轨道尺度太阳辐射作用类似的"敏感区"，也是值得探索的问题。虽然人类活动对工业革命以来的全球增温无疑具有重要的影响，但研究现代全球增温期在百－十年尺度的各种自然变率的确切位置，对准确评估人类活动的影响程度、气候变化的敏感度乃至气候预测等难点问题均十分重要。

2. 内部变率的两半球－高低纬相互作用

在气候系统的各种内部变率中，北半球高纬的北大西洋年代际振荡、北大西洋涛动、太平洋年代际振荡最受关注。而低纬气候系统包含两个关键子系统：一个是纬向的季风系统，另一个是经向的沃克环流系统，后者与厄尔尼诺－南方涛动密切相关。从20世纪90年代末期开始，这两个低纬环流系统的相互作用逐渐成为现代气候学和古气候学关注的一个焦点（Cane，1998；Chiang et al.，2009；Mohtadi et al.，2016）。

北大西洋涛动包含天气尺度到百年尺度的变化（Hurrell et al.，2003），而北大西洋年代际振荡以多年代际变化为主（Knight et al.，2006）。太平洋年代际振荡以年代际变化为主（Dong and Dai，2015），而厄尔尼诺－南方涛动是以2～7年的年际变化为主（Cane，2005）。但已有研究表明，更长尺度的"厄尔尼诺－南方涛动状态"可影响到各种更长尺度的气候变化（Rosenthal and Broccoli，2004）。

这些高低纬的内部变率相互作用影响着全球和区域气候。例如，当夏季北大西洋涛动处于正相位时，北大西洋热带气旋位置偏北，从冰岛到挪威海盛行低压系统，热带气旋活动增强，向东和东南方向延伸到欧亚大陆的东部，导致欧亚大陆东海岸气压降低，对流活动增加，降水增加（Linderholm et al.，

2011）。北大西洋年代际振荡正相位时，欧亚大陆对流层温度较高，经向温度差增强，导致印度夏季风撤退延迟，印度夏季风降水增加（Goswami et al.，2006）。北大西洋年代际振荡正相位也会导致南北半球之间能量不均，引起热带辐合带的位置向北移动，从而导致印度季风增强（Berkelhammer et al.，2010）。当南极环状模在5月处于正相位时，通过海气相互作用，会激发南印度洋偶极子海温异常，导致6～7月的异常经向环流和低层越赤道气流增强，造成北半球的印度夏季风增强（Dou et al.，2017）。

低纬的厄尔尼诺－南方涛动信号可以通过“副热带桥”将太平洋信号传至高纬北大西洋地区（Graf and Zanchettin，2012；Zhang et al.，2015b）。北大西洋涛动的相位变化也会反过来影响中、东太平洋厄尔尼诺－南方涛动事件的发生（Zhang et al.，2019b）。然而，厄尔尼诺－南方涛动与北大西洋涛动的关系并不稳定，受到北大西洋年代际振荡的调制。当厄尔尼诺－南方涛动暖（冷）相位发生在北大西洋年代际振荡正（负）相位时，厄尔尼诺－南方涛动与北大西洋涛动在冬末呈现负相关关系；而厄尔尼诺－南方涛动暖（冷）事件发生在与北大西洋年代际振荡负（正）相位时，厄尔尼诺－南方涛动与北大西洋涛动没有关系（Zhang et al.，2019a）（图3-18）。这些现象背后的复杂机理远未明了。

3. 半个世纪的两半球海冰不对称演化

在现今人类排放CO_2的背景下，南北两极海冰呈现出强烈的不对称变化特征。1979～2013年，北极海冰呈现显著的减少趋势，而南极海冰则呈增加趋势（Cavalieri et al.，1997；Simmonds，2015）。虽然最近的研究发现，南极海冰在近几年急剧减少（Parkinson，2019），但这种减少是大趋势下的次一级波动还是趋势的根本逆转？仍然需要更长时间尺度的观测。

上述海冰强烈不对称变化的原因虽有一些解释（如太平洋年代际振荡、北太平洋年代际震荡和北大西洋年代际振荡的相位）（Meehl et al.，2016；Yu et al.，2017），但远未形成统一的认识，在气候模拟中也难以再现。在MIS13期间，两半球的海冰出现过类似的场景，对季风、海陆碳库、大气CH_4及沃克环流均有显著影响（Guo et al.，2009）。那么，1979～2013年海冰变化的不对称是否会导致类似的后果，也是值得深入研究的问题。

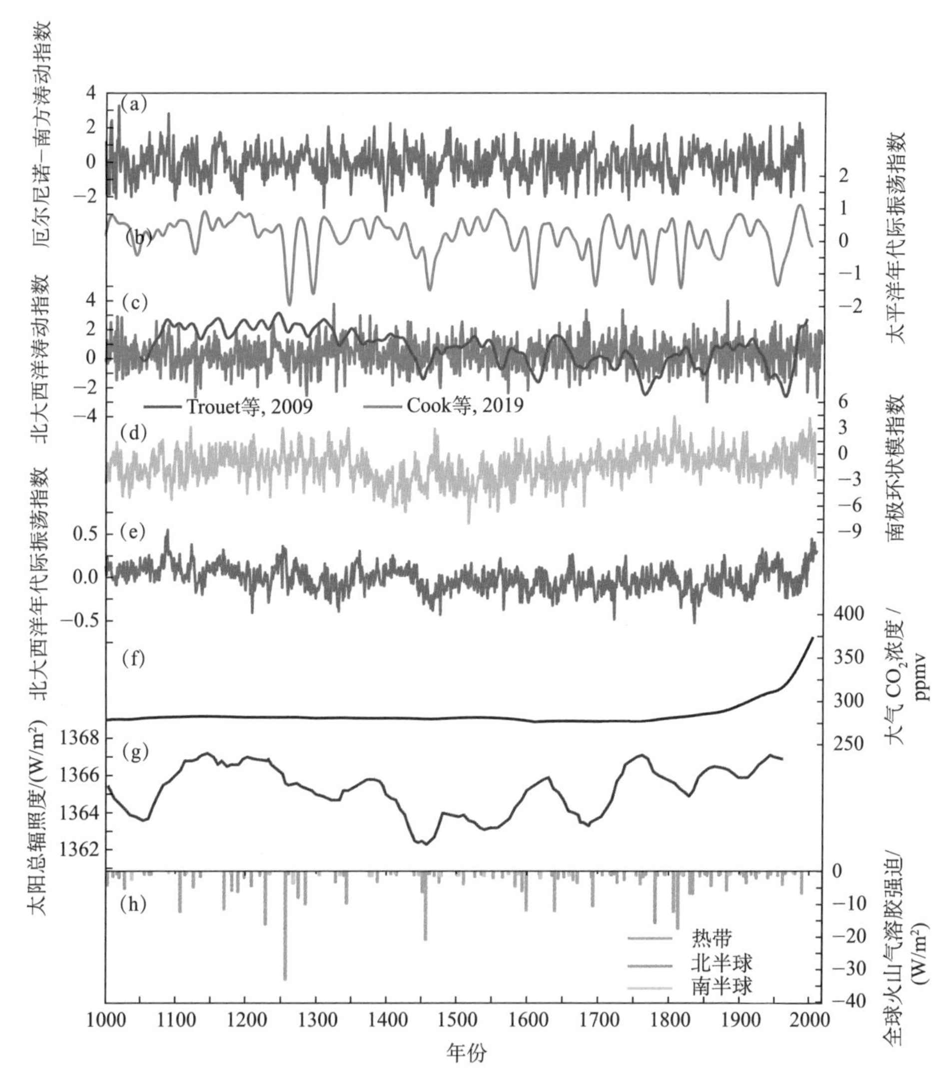

图 3-18　近千年气候系统外强迫（太阳活动、火山活动、大气 CO_2 浓度）和内部变率（厄尔尼诺-南方涛动、太平洋年代际振荡、北大西洋涛动、北大西洋年代际振荡、南极环状模）变化序列

太阳总辐照度来自 Bard 等（1997）；全球火山气溶胶强迫来自 Sigl 等（2015）；大气 CO_2 浓度来自 Frank 等（2010）；厄尔尼诺-南方涛动指数来自 Dätwyler 等（2020）；太平洋年代际振荡指数来自 Vance 等（2015）；北大西洋涛动指数来自 Trouet 等（2009）和 Cook 等（2019）；北大西洋年代际振荡指数来自 Wang J 等（2017）；南极环状模指数来自 Abram 等（2014）

六、我国研究方向的建议

上述分析表明，地球气候系统的各个组成部分是一个相互作用、共同演化的整体。地球的固体和流体圈层在不同时间尺度上均对全球气候变化发挥着重要作用，全球能量和水汽的再分配与再循环，使得高低纬之间、两半球之间紧密地联系在一起，相互影响，共同控制着全球气候变化。不同尺度的两半球和高低纬相互作用既有各自的特点，又有诸多共性。未来研究宜把以下几个方面作为重点研究的方向。

1. 地球环境演变的“三重奏”

地球环境演变从宏观上可以理解为表层的高纬过程和低纬过程、地球深部过程组成的“三重奏”（图 3-19）。过去，这些过程分散在不同学科分别研究，而这三类过程相互作用的研究要少很多，导致现有认识体系存在四个主要薄弱环节，它们正是未来研究的切入点。

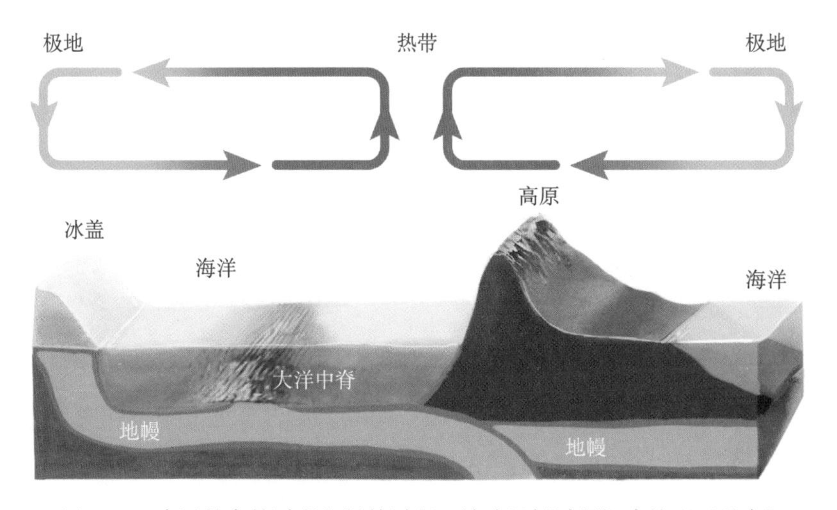

图 3-19 表层的高纬过程和低纬过程、地球深部过程组成的“三重奏”

首先，深部－表层的相互作用缺乏研究。已有研究揭示出，地球深部过程通过改变海陆分布、地形（高原、山地、海底地形）等，对超轨道（构造）尺度的两半球和高低纬过程起决定性的控制作用，并通过影响深部－表层碳循环调节大气 CO_2 浓度（Guo et al.，2021），引起表层风化、生态系统的一系列反馈，从而改变全球气候。如果没有深部 CO_2 释放，地球表层现今活跃的环境系统的运作过程或许就会逐渐停滞，地球的宜居性或许就会丧失。深部-表层的相互作用为研究地球环境如何“失控”提供了契机。

其次，两半球高纬过程和机制有待深入研究。古气候学界最初更关注第四纪冰期的成因，长期把关注的焦点集中在高纬过程的研究上，取得了一大批理论成果。自 21 世纪初以来，两半球高纬过程的相互作用虽已受到越来越多的重视，但地质记录，特别是南半球陆地长记录的缺乏，在不同的外强迫条件下许多高纬过程和机制不清，都是现有认识框架的薄弱环节。

再次，低纬驱动学说需进一步发展。古气候学界对低纬过程的研究起步晚，但已有诸多证据表明，低纬水循环、碳循环在全球气候中具有独立于高纬的作用，初步形成的低纬驱动学说（Wang，2021）受到越来越多的重视。低纬最显著的气候特征是季风和水文循环。不同外强迫条件下，厄尔尼诺-南方涛动影响季风降水的过程和机制、季风水汽输送的途径和强度等都是认识的薄弱环节。这些问题需要从多个时间尺度的研究来全面理解，对未来气候预测也有重要意义。

最后，高低纬信号需要深入开展源解析及定量化研究。最近的研究虽然对高低纬相互作用给予了较多关注，但目前突出的困难在于对高低纬过程信号源的识别和各自影响程度的量化。也正是因为这个难点，地质记录的周期性分析往往存在诸多矛盾和争议。为此，古气候参数的定量化研究、季节特征的区分、过程的数值模拟研究至关重要。

2. 气候演变的“跨尺度效应”

气球气候系统演变具有显著的“跨尺度效应”。例如，热带海道的关闭是一个构造尺度的过程，但它是导致现代年际尺度的厄尔尼诺-拉尼娜现象的前提条件。热带巴拿马地峡的关闭，有利于北大西洋高纬经圈翻转环流形成，而北大西洋经圈翻转环流在轨道尺度、千年尺度乃至年际尺度上对气候变化产生重要影响。青藏高原的隆升可能对轨道尺度的季风变率有显著的调制作用（Liu et al.，2003）。轨道尺度的渐变可以引发千年尺度的突变（Yin et al.，2021）。轨道尺度海平面变化又可以影响大洋中脊的火山活动和 CO_2 释放（Huybers and Langmuir，2017）。

这些“跨越时间尺度的现象”背后无疑隐藏着诸多“穿越空间圈层的交换”。为此，通过打破时空尺度的、穿越固体－流体圈层的“圈层动力过程跨维整合”，理解从地质尺度到人类尺度上，联系地球各个系统变化的物理、化学、生命和地质过程与机制，就成为未来地球系统科学的主要目标（郭正堂，2019）。而两半球和高低纬相互作用在这个命题中具有核心地位。

3. 科学方法学与研究范式变革

这种“跨维整合”要求地球科学方法学和研究范式的变革，需要从单一学科的研究真正转向多学科大跨度的交叉研究，从定性研究转向定量化的过程研究，从目前相对独立的数据观测和数值模拟研究转向以新数据获取和大数据支撑的数据－模式驱使科学研究。可以说，哪些国家能真正形成“数据－模式驱使科学”研究体系，率先构建出以新数据获取和大数据支撑的、全面耦合地球固体和流体圈层过程的先进数值模型系统，哪些国家就有望成为未来地球科学的引领者和下一个新理论的主要贡献者（郭正堂，2019）。

本章参考文献

陈波，朱茂炎 . 2023. 氧同位素在古温度重建及水循环研究中的应用 . 科学通报，68（12）：1528-1543.

邓涛，侯素宽，吴飞翔 . 2023. 新生代温室和冰室气候背景下动物区系的演变 . 科学通报，68（12）：1557-1566.

郭正堂 . 2017. 黄土高原见证季风和荒漠的由来 . 中国科学：地球科学，47（4）：421-437.

郭正堂 . 2019.《地球系统与演变》：未来地球科学的脉络 . 科学通报，64（9）：883-884.

郭正堂，刘东生，安芷生 . 1994. 渭南黄土沉积中十五万年来的古土壤及其形成时的古环境 . 第四纪研究，14（3）：256-269.

胡修棉，李娟，韩中，等 . 2020. 中新生代两类极热事件的环境变化、生态效应与驱动机制 . 中国科学：地球科学，50（8）：1023-1043.

李明松，张皓天，王蒙，等 . 2023. 天文驱动的温室时期地下水储库与海平面变化 . 科学通报，68（12）：1517-1527.

李树峰，赵佳港，Farnsworth A，等 . 2023. 新生代青藏高原生长对东亚水循环及生态系统

的影响 . 科学通报，68（12）：1567-1579.

刘光泓，张世红，吴怀春 . 2020. 前寒武纪旋回地层学研究的进展与挑战 . 地层学杂志，44（3）：239-249.

史恭乐 . 2023. 被子植物演化和水循环 . 科学通报，68（12）：1487-1500.

宋汉宸，宋海军，张仲石，等 . 2023. 古生代－中生代之交的水循环演变及驱动机制 . 科学通报，68（12）：1501-1516.

谭宁，张仲石，郭正堂，等 . 2021. 上新世热带海道变化影响东亚气候的模拟研究 . 地学前缘，29（5）：310-321.

田军，吴怀春，黄春菊，等 . 2022. 从 40 万年长偏心率周期看米兰科维奇理论 . 地球科学，47（10）：3543-3568.

汪品先 . 2009. 全球季风的地质演变 . 科学通报，54（5）：535-556.

汪品先，田军，黄恩清，等 . 2018. 地球系统与演变 . 北京：科学出版社 .

吴怀春，房强 . 2020. 旋回地层学和天文时间带 . 地层学杂志，44（3）：227-238.

谢树成，焦念志，罗根明，等 . 2022. 海洋生物碳泵的地质演化：微生物的碳汇作用 . 科学通报，67（15）：1715-1726

薛进庄，李炳鑫，王嘉树，等 . 2023. 早期维管植物辐射演化与长时间尺度水循环的耦合关系 . 科学通报，68（12）：1459-1472.

张莹刚，Mills B J W，何天辰，等 . 2023. 显生宙长时间尺度碳循环演变的模拟：现状与展望 . 科学通报，68（12）：1580-1592.

赵国春 . 2013. 超大陆及其研究方法 // 丁仲礼 . 固体地球科学研究方法 . 北京：科学出版社：818-830.

仲钰天，陈吉涛，高彪，等 . 2023. 晚古生代大冰期碳－水循环回顾与展望 . 科学通报，68（12）：1544-1556.

Abram N J, Mulvaney R, Vimeux F, et al. 2014. Evolution of the Southern Annular Mode during the past millennium. Nature Climate Change, 4: 564-569.

Algeo T J, Scheckler S E, Maynard J B. 2001. Effects of the Middle to Late Devonian spread of vascular land plants on weathering regimes, marine biotas, and global climate // Gensel P G, Edwards D. Plants Invade the Land: Evolutionary and Environmental Perspectives. Manhattan: Columbia University Press: 213-236.

Alley R B, Marotzke J, Nordhaus W D, et al. 2003. Abrupt climate change. Science, 299: 2005-2010.

Ammann C M, Joos F, Schimel D S, et al. 2007. Solar influence on climate during the past millennium: Results from transient simulations with the NCAR Climate System Model. Proceedings of the National Academy of Sciences, 104: 3713-3718.

An Z, Clemens S C, Shen J, et al. 2011. Glacial-interglacial Indian summer monsoon dynamics. Science, 333: 719-723.

Armstrong H A, Baldini J, Challands T J, et al. 2009. Response of the Inter-tropical Convergence Zone to Southern Hemisphere cooling during Upper Ordovician glaciation. Palaeogeography, Palaeoclimatology, Palaeoecology, 284: 227-236.

Asmerom Y, Polyak V J, Burns S J. 2010. Variable winter moisture in the southwestern United States linked to rapid glacial climate shifts. Nature Geoscience, 3: 114-117.

Bahr A, Kolber G, Kaboth-Bahr S, et al. 2020. Mega-monsoon variability during the late Triassic: Re-assessing the role of orbital forcing in the deposition of playa sediments in the Germanic Basin. Sedimentology, 67: 951-970.

Bard E, Raisbeck G M, Yiou F, et al. 1997. Solar modulation of cosmogenic nuclide production over the last millennium: comparison between 14C and 10Be records. Earth and Planetary Science Letters, 150: 453-462.

Barker S, Knorr G, Edwards R L, et al. 2011. 800, 000 years of abrupt climate variability. Science, 334: 347-351.

Bartoli G, Sarnthein M, Weinelt M. 2006. Late Pliocene millennial-scale climate variability in the northern North Atlantic prior to and after the onset of Northern Hemisphere glaciation. Paleoceanography, 21(4): PA4205.

Bengtsson L. 2010. The global atmospheric water cycle. Environmental Research Letters, 5: 025002.

Berger A.1976. Obliquity and precession for the last 5, 000, 000 years. Astronomy and Astrophysics, 51: 127-135.

Berger A. 1978. Long-term variations of daily insolation and Quaternary climatic changes. Journal of the Atmospheric Sciences, 35: 2362-2367.

Berger A, Loutre M F. 1991. Insolation values for the climate of the last 10 million years. Quaternary Science Reviews, 10: 297-317.

Berger A, Loutre M F, Mélice J L. 2006. Equatorial insolation: from precession harmonics to eccentricity frequencies. Climate of the Past, 2: 131-136.

Berger A, Loutre M F. 2002. An exceptionally long interglacial ahead?. Science, 297: 1287-1288.

Berkelhammer M, Sinha A, Mudelsee M, et al. 2010. Persistent multidecadal power of the Indian Summer Monsoon. Earth and Planetary Science Letters, 290: 166-172.

Bindeman I N, O'Neil J. 2022. Earth's earliest hydrosphere recorded by the oldest hydrothermally-altered oceanic crust: triple oxygen and hydrogen isotopes in the 4.3-3.8 Ga Nuvvuagittuq belt, Canada. Earth and Planetary Science Letters, 586: 117539.

Bindeman I N, Zakharov D O, Palandri J, et al. 2018. Rapid emergence of subaerial landmasses and onset of a modern hydrologic cycle 2.5 billion years ago. Nature, 557: 545-548.

Bond G, Heinrich H, Broecker W, et al. 1992. Evidence for massive discharges of icebergs into the North Atlantic Ocean during the last glacial period. Nature, 360: 245-249.

Bond G C, Lotti R. 1995. Iceberg discharges into the North Atlantic on millennial time scales during the last glaciation. Science, 267: 1005-1010.

Bosmans J H C, Hilgen F J, Tuenter E, et al. 2015. Obliquity forcing of low-latitude climate. Climate of the Past, 11: 1335-1346.

Boucot A J, Xu C, Scotese C R. 2013. Phanerozoic paleoclimate: an atlas of lithologic indicators of climate. Tulsa: Society for Sedimentary Geology, 11: 478.

Boulila S, Galbrun B, Laskar J, et al. 2012. A～9 myr cycle in Cenozoic δ^{13}C record and long-term orbital eccentricity modulation: is there a link? Earth and Planetary Science Letters, 317/318: 273-281.

Broecker W S. 1998. Paleocean circulation during the last deglaciation: a bipolar seesaw? Paleoceanography, 13: 119-121.

Broecker W, Bond G, Klas M, et al. 1992. Origin of the northern Atlantic's Heinrich events. Climate Dynamics, 6: 265-273.

Budikova D. 2009. Role of Arctic sea ice in global atmospheric circulation: a review. Global and Planetary Change, 68: 149-163.

Buis A. 2020. Milankovitch (Orbital) Cycles and Their Role in Earth's Climate.Retrieved from NASA-Global Climate Change: https: //climate.nasa.gov/news/2948/milankovitch-orbital-cyclesand-their-role-in-earths-climate/.[2021-11-26].

Cai Y, Fung I Y, Edwards R L, et al. 2015. Variability of stalagmite-inferred Indian monsoon precipitation over the past 252,000 y. Proceedings of the National Academy of Sciences, 112: 2954-2959.

Cane M A. 1998. A role for the tropical Pacific. Science, 282: 59-61.

Cane M A. 2005. The evolution of El Niño, past and future. Earth and Planetary Science Letters, 230: 227-240.

Cane M A, Molnar P. 2001. Closing of the Indonesian seaway as a precursor to east African aridification around 3-4 million years ago. Nature, 411: 157-162.

Cao C, Bataille C P, Song H J, et al. 2022. Persistent Late Permian to Early Triassic warmth linked to enhanced reverse weathering. Nature Geoscience, 15: 832-838.

Cavalheiro L, Wagner T, Steinig S, et al. 2021. Impact of global cooling on Early Cretaceous high PCO_2 world during the Weissert Event. Nature Communications, 12: 5411.

Cavalieri D J, Gloersen P, Parkinson C L, et al. 1997. Observed hemispheric asymmetry in global sea ice changes. Science, 278: 1104-1106.

Chen B, Chen J, Qie W, et al. 2021a. Was climatic cooling during the earliest Carboniferous driven by expansion of seed plants? Earth and Planetary Science Letters, 565: 116953.

Chen B, Joachimski M M, Shen S Z, et al. 2013. Permian ice volume and palaeoclimate history: Oxygen isotope proxies revisited. Gondwana Research, 24: 77-89.

Chen B, Ma X, Mills B J W, et al. 2021b. Devonian paleoclimate and its drivers: a reassessment based on a new conodont $\delta^{18}O$ record from South China. Earth-Science Reviews, 222: 103814.

Chen J, Montañez I P, Qi Y, et al. 2018. Strontium and carbon isotopic evidence for decoupling of PCO_2 from continental weathering at the apex of the late Paleozoic glaciation. Geology, 46(5): 395-398.

Chen J, Montañez I P, Zhang S, et al. 2022. Marine anoxia linked to abrupt global warming during Earth′s penultimate icehouse. Proceedings of the National Academy of Sciences, 119(19): e2115231119.

Cheng H, Edwards R L, Broecker W S, et al. 2009. Ice age terminations. Science, 326: 248-252.

Cheng H, Edwards R L, Sinha A, et al. 2016a. The Asian monsoon over the past 640, 000 years and ice age terminations. Nature, 534: 640-646.

Cheng H, Spötl C, Breitenbach S F M, et al. 2016b. Climate variations of Central Asia on orbital to millennial timescales. Scientific Reports, 6: 36975.

Chiang J C H, Fang Y, Chang P. 2009. Pacific climate change and ENSO activity in the mid-Holocene. Journal of Climate, 22(4): 923-939.

Clark P U, Pisias N G, Stocker T F, et al. 2002. The role of the thermohaline circulation in abrupt climate change. Nature, 415(6874): 863-869.

Cleal C J, Thomas B A. 2005. Palaeozoic tropical rainforests and their effect on global climates: is the past the key to the present? Geobiology, 3(1): 13-31.

Clemens S, Prell W, Murray D, et al. 1991. Forcing mechanisms of the Indian Ocean monsoon. Nature, 353: 720-725.

CLIMAP Project Members. 1976. The surface of the Ice-Age Earth. Science, 191 (4232): 1131-1137.

CLIMAP Project Members. 1981. Seasonal reconstructions of the Earth's surface at the last glacial maximum. Boulder, Colo. : Geological Society of America.

Cloetingh S, Haq B U. 2015. Inherited landscapes and sea level change. Science, 347: 1258375.

Cook E R, Kushnir Y, Smerdon J E, et al. 2019. A Euro-Mediterranean tree-ring reconstruction of the winter NAO index since 910 C.E. Climate Dynamics, 53: 1567-1580.

Cortina A, Grimalt J O, Martrat B, et al. 2016. Anomalous SST warming during MIS 13 in the Gulf of Lions (northwestern Mediterranean Sea). Organic Geochemistry, 92: 16-23.

Cramer B S, Miller K G, Barrett P J, et al. 2011. Late Cretaceous-Neogene trends in deep ocean temperature and continental ice volume: reconciling records of benthic foraminiferal geochemistry (δ^{18}O and Mg/Ca) with sea level history. Journal of Geophysical Research: Oceans, 116 (C12): C12023.

Croll J. 1864. On the physical cause of the change of climate during geological epochs. Philosophical Magazine, 28: 121-137.

Crowley T J. 1992. North Atlantic deep water cools the Southern Hemisphere. Paleoceanography, 7(4): 489-497.

Cruz F W, Burns S J, Karmann I, et al. 2005. Insolation-driven changes in atmospheric circulation over the past 116, 000years in subtropical Brazil. Nature, 434(7029): 63-66.

D'Antonio M P, Ibarra D E, Boyce C K. 2020. Land plant evolution decreased, rather than increased, weathering rates. Geology, 48(1): 29-33.

Da Silva A C, Dekkers M J, De Vleeschouwer D, et al. 2019. Millennial-scale climate changes manifest Milankovitch combination tones and Hallstatt solar cycles in the Devonian greenhouse world. Geology, 47(1): 19-22.

Dahl T W, Arens S K M. 2020. The impacts of land plant evolution on Earth's climate and oxygenation state—an interdisciplinary review. Chemical Geology, 547: 119665.

Dal Corso J, Bernardi M, Sun Y, et al. 2020. Extinction and dawn of the modern world in the Carnian (Late Triassic). Science Advances, 6: eaba0099.

Dansgaard W, Johnsen S J, Clausen H B, et al. 1993. Evidence for general instability of past climate from a 250-kyr ice-core record. Nature, 364: 218-220.

Dätwyler C, Grosjean M, Steiger N J, et al. 2020. Teleconnections and relationship between the El Niño—Southern Oscillation (ENSO) and the Southern Annular Mode (SAM) in reconstructions and models over the past millennium. Climate of the Past, 16(2): 743-756.

De Deckker P, Moros M, Perner K, et al. 2012. Influence of the tropics and southern westerlies on glacial interhemispheric asymmetry. Nature Geoscience, 5: 266-269.

Dong B, Dai A. 2015. The influence of the interdecadal Pacific oscillation on temperature and precipitation over the globe. Climate Dynamics, 45(9): 2667-2681.

Dou J, Wu Z, Zhou Y. 2017. Potential impact of the May Southern Hemisphere annular mode on the Indian summer monsoon rainfall. Climate Dynamics, 49(4): 1257-1269.

Dykoski C A, Edwards R L, Cheng H, et al. 2005. A high-resolution, absolute-dated Holocene and deglacial Asian monsoon record from Dongge Cave, China. Earth and Planetary Science Letters, 233: 71-86.

Edwards T L, Nowicki S, Marzeion B, et al. 2021. Projected land ice contributions to twenty-first-century sea level rise. Nature, 593: 74-82.

Elderfield H, Ferretti P, Greaves M, et al. 2012. Evolution of ocean temperature and ice volume through the Mid-Pleistocene climate transition. Science, 337(6095): 704-709.

Eldrett J S, Harding I C, Wilson P A, et al. 2007. Continental ice in Greenland during the Eocene and Oligocene. Nature, 446: 176-179.

Eroglu D, McRobie F H, Ozken I, et al. 2016. See-saw relationship of the Holocene East Asian-Australian summer monsoon. Nature Communications, 7: 12929.

Fang J, Wu H, Fang Q, et al. 2020. Cyclostratigraphy of the global stratotype section and point (GSSP) of the basal Guzhangian Stage of the Cambrian Period. Palaeogeography, Palaeoclimatology, Palaeoecology, 540: 109530.

Fawcett P J, Werne J P, Anderson R S, et al. 2011. Extended megadroughts in the southwestern United States during Pleistocene interglacials. Nature, 470: 518-521.

Feulner G. 2017. Formation of most of our coal brought Earth close to global glaciation. PNAS, 114: 11333-11337.

Finnegan S, Bergmann K, Eiler J M, et al. 2011. The magnitude and duration of Late Ordovician-Early Silurian glaciation. Science, 331: 903-906.

Foreman B Z, Heller P L, Clementz M T. 2012. Fluvial response to abrupt global warming at the Palaeocene/Eocene boundary. Nature, 491: 92-95.

Foster G L, Hull P, Lunt D J, et al. 2018. Placing our current "hyperthermal" in the context of rapid climate change in our geological past. Philosophical Transactions. Series A, Mathematical, Physical, and Engineering Sciences, 376(2130): 20170086.

Foster G L, Royer D L, Lunt D J. 2017. Future climate forcing potentially without precedent in the last 420 million years. Nature Communications, 8: 14845.

Frank D C, Esper J, Raible C C, et al. 2010. Ensemble reconstruction constraints on the global carbon cycle sensitivity to climate. Nature, 463: 527-530.

Garven G.1995. Continental-scale groundwater flow and geologic processes. Annual Review of Earth & Planetary Sciences, 23: 89-117.

Gibling M R, Davies N S. 2012. Palaeozoic landscapes shaped by plant evolution. Nature Geoscience, 5: 99-105.

Gilbert G K. 1895.Sedimentary measurement of Cretaceous time. Journal of Geology, 3: 121-127.

Gleick P H. 1993.Water in Crisis. New York: Oxford University Press.

Goddéris Y, Donnadieu Y, Carretier S, et al. 2017. Onset and ending of the late Palaeozoic ice age triggered by tectonically paced rock weathering. Nature Geoscience, 10: 382-386.

Good S P, Noone D, Kurita N, et al. 2015. D/h isotope ratios in the global hydrologic cycle. Geophysical Research Letters, 42: 5042-5050.

Goswami B N, Madhusoodanan M S, Neema C P, et al. 2006. A physical mechanism for North Atlantic SST influence on the Indian summer monsoon. Geophysical Research Letters, 33(2): L02706.

Graf H F, Zanchettin D. 2012. Central Pacific El Niño, the "subtropical bridge", and Eurasian climate. Journal of Geophysical Research: Atmospheres, 117(D1): D01102.

Griffiths M L, Johnson K R, Pausata F S R, et al. 2020. End of Green Sahara amplified mid-to late Holocene megadroughts in mainland Southeast Asia. Nature Communications, 11: 4204.

Grossman E L, Joachimski M M, Michael M. 2021. Chapter 10. Oxygen isotope stratigraphy// Gradstein F M, Ogg J G, Schmitz M D, et al. Geologic Time Scale 2020. Oxford: Elsevier: 279-307.

Guo Z, Liu T, Guiot J, et al. 1996. High frequency pulses of East Asian monsoon climate in the last two glaciations: link with the North Atlantic. Climate Dynamics, 12: 701-709.

Guo Z, Wilson M, Dingwell D B, et al. 2021. India-Asia collision as a driver of atmospheric CO_2 in the Cenozoic. Nature Communications, 12 (1): 3891.

Guo Z T. 1990. Succession des paléosols et des loess du centre-ouest de la Chine: approche micromorphologique. Paris-Grenoble: Université Pierre et Marie Curie.

Guo Z T, Berger A, Yin Q Z, et al. 2009. Strong asymmetry of hemispheric climates during MIS-13 inferred from correlating China loess and Antarctica ice records. Climate of the Past, 5: 21-31.

Guo Z T, Biscaye P, Wei L Y, et al. 2000. Summer monsoon variations over the last 1.2 Ma from the weathering of loess-soil sequences in China. Geophysical Research Letters, 27: 1751-1754.

Guo Z T, Liu T, Fedoroff N, et al. 1998. Climate extremes in Loess of China coupled with the strength of deep-water formation in the North Atlantic. Global and Planetary Change, 18: 113-128.

Guo Z T, Ruddiman W F, Hao Q Z, et al. 2002. Onset of Asian desertification by 22 Myr ago inferred from loess deposits in China. Nature, 416: 159-163.

Guo Z T, Zhou X, Wu H B. 2012. Glacial-interglacial water cycle, global monsoon and atmospheric methane changes. Climate Dynamics, 39: 1073-1092.

Hao Q Z, Wang L, Oldfield F, et al. 2012. Delayed build-up of Arctic ice sheets during 400, 000-year minima in insolation variability. Nature, 490: 393-396.

Hao Q Z, Wang L, Oldfield F, et al. 2015. Extra-long interglacial in Northern Hemisphere during MISs 15-13 arising from limited extent of Arctic ice sheets in glacial MIS 14. Scientific Reports, 5: 12103.

Haq B U. 2014. Cretaceous eustasy revisited. Global Planet Change, 113: 44-58.

Haq B U. 2018. Triassic eustatic variations reexamined. Geological Society of America Bulletin, 28: 4-9.

Harada N, Ahagon N, Sakamoto T, et al. 2006. Rapid fluctuation of alkenone temperature in the southwestern Okhotsk Sea during the past 120 ky. Global and Planetary Change, 53: 29-46.

Haug G H, Tiedemann R. 1998. Effect of the formation of the Isthmus of Panama on Atlantic Ocean thermohaline circulation. Nature, 393: 673-676.

Hay W W, Floegel S. 2012. New thoughts about the Cretaceous climate and oceans. Earth-Science

Reviews, 115: 262-272.

Hays J D, Imbrie J, Shackleton N. 1976. Variations in the earth's orbit: pacemaker of the ice ages. Science, 194: 1121-1132.

Hebig K H, Ito N, Scheytt T, et al. 2012. Review: deep groundwater research with focus on Germany. Hydrogeology Journal, 20: 227-243.

Heinrich H. 1988. Origin and consequences of cyclic ice rafting in the Northeast Atlantic Ocean during the past 130, 000 years. Quaternary Research, 29: 142-152.

Herbert T D. 1997. A long marine history of carbon cycle modulation by orbital-climatic changes. Proceedings of the National Academy of Sciences, 94: 8362-8369.

Herbert T D, D'Hondt S L. 1990. Precessional climate cyclicity in Late Cretaceous—Early Tertiary marine sediments: a high resolution chronometer of Cretaceous Tertiary boundary events. Earth and Planetary Science Letters, 99: 263-275.

Herbert T D, Fischer A G. 1986. Milankovitch climatic origin of mid-Cretaceous black shale rhythms in central Italy. Nature, 321: 739-743.

Hilgen F J. 1991. Astronomical calibration of Gauss to Matuyama sapropels in the Mediterranean and implication for the Geomagnetic Polarity Time Scale. Earth and Planetary Science Letters, 104(2-4): 226-244.

Hinnov L A, Schulz M, Yiou P. 2002. Interhemispheric space-time attributes of the Dansgaard-Oeschger oscillations between 100 and 0 ka. Quaternary Science Reviews, 21: 1213-1228.

Hinnov L A. 2018. Chapter one-cyclostratigraphy and astrochronology in 2018//Montenari M. Stratigraphy & Timescales.New York: Academic Press: 1-80.

Hodell D A, Channell J E. 2016. Mode transitions in Northern Hemisphere glaciation: co-evolution of millennial and orbital variability in Quaternary climate. Climate of the Past, 12: 1805-1828.

Hoffman P F, Abbot D S, Ashkenazy Y, et al. 2017. Snowball Earth climate dynamics and Cryogenian geology-geobiology. Science Advances, 3: e1600983.

Hoffman P F, Kaufman A J, Halverson G P, et al. 1998. A Neoproterozoic snowball earth. Science, 281(5381): 1342-1346.

Hoffman P F, Schrag D P. 2002. The snowball Earth hypothesis: testing the limits of global change. Terra Nova, 14(3): 129-155.

Hoffman P F. 1991. Did the breakout of Laurentia turn Gondwanaland inside-out? Science, 252:

1409-1412.

Holbourn A, Kuhnt W, Clemens S C, et al. 2021. A～12 myr Miocene record of East Asian monsoon variability from the South China Sea. Paleoceanography and Paleoclimatology, 36: e2021PA004267.

Horikawa K, Murayama M, Minagawa M, et al. 2010. Latitudinal and downcore (0-750 ka) changes in n-alkane chain lengths in the eastern equatorial Pacific. Quaternary Research, 73: 573-582.

Horton D E, Poulsen C J, Pollard D. 2010. Influence of high-latitude vegetation feedbacks on late Palaeozoic glacial cycles. Nature Geoscience, 3: 572-577.

Hu X, Scott R W, Cai Y, et al. 2012. Cretaceous oceanic red beds (CORBs): different time scales and models of origin. Earth-Science Reviews, 115: 217-248.

Hu Y, Yang J, Ding F, et al. 2011. Model-dependence of the CO_2 threshold for melting the hard Snowball Earth. Climate of the Past, 7: 17-25.

Huang C, Ogg J G, Kemp D B. 2020. Cyclostratigraphy and astrochronology: Case studies from China. Palaeogeography, Palaeoclimatology, Palaeoecology, 560: 110017.

Huber M, Caballero R. 2011. The early Eocene equable climate problem revisited. Climate of the Past, 7: 603-633.

Hurrell J W, Kushnir Y, Ottersen G, et al. 2003. An overview of the North Atlantic Oscillation// Hurrell J W, Kushnir Y, Ottersen G, et al.The North Atlantic Oscillation: Climatic Significance and Environmental Impact. Washington D C: American Geophysical Union: 1-35.

Huybers P, Denton G. 2008. Antarctic temperature at orbital timescales controlled by local summer duration. Nature Geoscience, 1: 787-792.

Huybers P, Langmuir C H. 2017. Delayed CO_2 emissions from mid-ocean ridge volcanism as a possible cause of late-Pleistocene glacial cycles. Earth and Planetary Science Letters, 457: 238-249.

Imbrie J, Berger A, Boyle E, et al. 1993. On the structure and origin of major glaciation cycles, 2, The 100, 000-year cycle. Paleoceanography, 8: 699-735.

Imbrie J, Boyle E A, Clemens S C, et al. 1992. On the structure and origin of major glaciation cycles 1. Linear responses to Milankovitch forcing. Paleoceanography, 7: 701-738.

IPCC. 2021. Climate Change 2021: The physical science basis-working group I contribution to the Sixth Assessment Report of the Intergovernmental Panel on Climate Change. Cambridge:

Cambridge University Press.

Isson T T, Planavsky N J. 2018. Reverse weathering as a long-term stabilizer of marine pH and planetary climate. Nature, 560: 471-475.

Jacobs D K, Sahagian D L. 1993. Climate-induced fluctuations in sea level during non-glacial times. Nature, 361: 710-712.

Jansen E, Fronval T, Rack F, et al. 2000. Pliocene-Pleistocene ice rafting history and cyclicity in the Nordic Seas during the last 3.5 Myr. Paleoceanography, 15: 709-721.

Jansen J H F, Kuijpers A, Troelstra S R. 1986. A mid-brunhes climatic event: long-term changes in global atmosphere and ocean circulation. Science, 232: 619-622.

Jennerjahn T C, Ittekkot V, Arz H W, et al. 2004. Asynchronous terrestrial and marine signals of climate change during Heinrich events. Science, 306: 2236-2239.

Jian Z, Wang Y, Dang H, et al. 2022. Warm pool ocean heat content regulates ocean-continent moisture transport. Nature, 612: 92-99.

Jin J, Zhan R, Wu R. 2018. Equatorial cold-water tongue in the Late Ordovician. Geology, 46: 759-762.

Joachimski M M, Müller J, Gallagher T M, et al. 2022. Five million years of high atmospheric CO_2 in the aftermath of the Permian-Triassic mass extinction. Geology, 50 (6): 650-654.

Joachimski M M, von Bitter P H, Buggisch W. 2006. Constraints on Pennsylvanian glacioeustatic sea-level changes using oxygen isotopes of conodont apatite. Geology, 34: 277-280.

Jouzel J, Masson-Delmotte V, Cattani O, et al. 2007. Orbital and millennial Antarctic climate variability over the past 800, 000 years. Science, 317: 793-796.

Kasbohm J, Schoene B. 2018. Rapid eruption of the Columbia River flood basalt and correlation with the mid-Miocene climate optimum. Science Advances, 4: eaat8223.

Keigwin L. 1982. Isotopic paleoceanography of the Caribbean and East Pacific: role of Panama uplift in late Neogene time. Science, 217: 350-353.

Kennett J P. 1977. Cenozoic evolution of Antarctic glaciation, the circum-Antarctic Ocean, and their impact on global paleoceanography. Journal of Geophysical Research, 82: 3843-3860.

Kenrick P, Crane P R. 1997. The origin and early evolution of plants on land. Nature, 389(6646): 33-39.

Kent D V, Muttoni G. 2020. Pangea B and the late paleozoic ice age. Palaeogeography, Palaeoclimatology, Palaeoecology, 553: 109753.

Kent D V, Olsen P E, Muttoni G. 2017. Astrochronostratigraphic polarity time scale (APTS) for the Late Triassic and Early Jurassic from continental sediments and correlation with standard marine stages. Earth-Science Reviews, 166: 153-180.

Kirschvink J L, Gaidos E J, Bertani L E, et al. 2000. Paleoproterozoic snowball Earth: Extreme climatic and geochemical global change and its biological consequences. Proceedings of the National Academy of Sciences, 97: 1400-1405.

Kirschvink J L. 1992. Late Proterozoic low-latitude global glaciation: the snowball Earth//Schopf J W, Klein C. The Proterozoic Biosphere: A Multidisciplinary Study. New York: Cambridge University Press: 51-52.

Knight J R, Folland C K, Scaife A A. 2006. Climate impacts of the Atlantic multidecadal oscillation. Geophysical Research Letters, 33(17): L17706.

Knutti R, Flückiger J, Stocker T F, et al. 2004. Strong hemispheric coupling of glacial climate through freshwater discharge and ocean circulation. Nature, 430: 851-856.

Korenaga J, Planavsky N J, Evans D A D. 2017. Global water cycle and the coevolution of the Earth's interior and surface environment. Philosophical Transaction of the Royal Society, A375: 20150393.

Kotthoff U, Koutsodendris A, Pross J, et al. 2011. Impact of Lateglacial cold events on the northern Aegean region reconstructed from marine and terrestrial proxy data. Journal of Quaternary Science, 26: 86-96.

Kutzbach J E. 1980. Estimates of past climate at Paleolake Chad, North Africa, based on a hydrological and energy-balanced model. Quaternary Research, 14: 210-223.

Kutzbach J E. 1981. Monsoon climate of the early Holocene: climate experiment with the earth's orbital parameters for 9000 years ago. Science, 214: 59-61.

Kutzbach J, Otto-Bliesner B. 1982.The sensitivity of the African-Asian monsoonal climate to orbital parameter changes for 9000 years BP in a low resolution general circulation model. Journal of The Atmospheric Sciences, 39: 1177-1188.

Lachniet M, Asmerom Y, Polyak V, et al. 2017. Arctic cryosphere and Milankovitch forcing of Great Basin paleoclimate. Scientific Reports, (7): 35.

Laepple T, Werner M, Lohmann G. 2011. Synchronicity of Antarctic temperatures and local solar insolation on orbital timescales. Nature, 471: 91-94.

Lantink M.L, Davies J, Mason P, et al. 2019. Climate control on banded iron formations linked to orbital eccentricity. Nature Geoscience, 12: 369-374.

Laskar J. 1989. A numerical experiment on the chaotic behaviour of the Solar System. Nature, 338: 237-238.

Laskar J, Correia A C M, Gastineau M, et al. 2004. Long term evolution and chaotic diffusion of the insolation quantities of Mars. Icarus, 170: 343-364.

Laskar J, Fienga A, Gastineau M, et al. 2011. La2010: A new orbital solution for the long-term motion of the Earth. Astronomy and Astrophysics, 532: 1-15.

Latta D K, Anastasio D J, Hinnov L A, et al. 2006. Magnetic record of Milankovitch rhythms in lithologically noncyclic marine carbonates. Geology, 34: 29-32.

Lean J L. 2010. Cycles and trends in solar irradiance and climate. Wiley Interdisciplinary Reviews Climate Change, 1(1): 111-122.

Lécuyer C, Amiot R, Touzeau A, et al. 2013. Calibration of the phosphate δ^{18}O thermometer with carbonate-water oxygen isotope fractionation equations. Chemical Geology, 347: 217-226.

Leduc G, Vidal L, Tachikawa K, et al. 2007. Moisture transport across Central America as a positive feedback on abrupt climatic changes. Nature, 445: 908-911.

Lee C T A, Jiang H, Dasgupta R, et al. 2019. A framework for understanding whole-earth carbon cycling. deep carbon: past to present. Cambridge: Cambridge University Press.

Lenton T M, Crouch M, Johnson M, et al. 2012. First plants cooled the Ordovician. Nature Geoscience, 5: 86-89.

Li M S, Hinnov L A, Huang C J, et al. 2018. Sedimentary noise and sea levels linked to land-ocean water exchange and obliquity forcing. Nature Communications, 9: 1004.

Li T, Baker J L, Wang T, et al. 2021. Early Holocene permafrost retreat in West Siberia amplified by reorganization of westerly wind systems. Communications Earth & Environment, 2: 199.

Li Z, Bogdanova S, Collins A S, et al. 2008. Assembly, configuration, and break-up history of Rodinia: a synthesis. Precambrian Research, 160: 179-210.

Linderholm H W, Ou T, Jeong J H, et al. 2011. Interannual teleconnections between the summer North Atlantic Oscillation and the East Asian summer monsoon. Journal of Geophysical Research: Atmospheres, 116(D13): D13107.

Lisiecki L E, Raymo M E. 2005. A Pliocene-Pleistocene stack of 57 globally distributed benthic δ^{18}O records. Paleoceanography, 20(1): PA1003.

Liu T, Guo Z, Liu J, et al. 1995. Variations of eastern Asian monsoon over the last 140, 000 years.

Bulletin de la Société géologique de France, 166: 221-229.

Liu X, Kutzbach J E, Liu Z, et al. 2003. The Tibetan Plateau as amplifier of orbital-scale variability of the East Asian monsoon. Geophysical Research Letters, 30(16): 337-356..

Lo L, Belt S T, Lattaud J, et al. 2018. Precession and atmospheric CO_2 modulated variability of sea ice in the central Okhotsk Sea since 130, 000 years ago. Earth and Planetary Science Letters, 488: 36-45.

Loulergue L, Schilt A, Spahni R, et al. 2008. Orbital and millennial-scale features of atmospheric CH_4 over the past 800, 000 years. Nature, 453: 383-386.

Lourens L J, Wehausen R, Brumsack H J. 2001. Geological constraints on tidal dissipation and dynamical ellipticity of the Earth over the past three million years. Nature, 409: 1029-1033.

Lowell T V, Heusser C J, Andersen B G, et al. 1995. Interhemispheric correlation of late Pleistocene glacial events. Science, 269: 1541-1549.

Lund D C, Lynch-Stieglitz J, Curry W B. 2006. Gulf Stream density structure and transport during the past millennium. Nature, 444: 601-604.

Lüthi D, Le Floch M, Bereiter B, et al. 2008. High-resolution carbon dioxide concentration record 650,000-800,000 years before present. Nature, 453: 379-382.

Ma C, Myers S R, Sageman B B. 2017. Theory of chaotic orbital variations confirmed by Cretaceous geological evidence. Nature, 542: 468-470.

Ma W T, Tian J, Li Q Y, et al. 2011. Simulation of long eccentricity (400-kyr) cycle in ocean carbon reservoir during Miocene Climate Optimum: weathering and nutrient response to orbital change. Geophysical Research Letters, 38: L10701.

Ma Z B, Cheng H, Tan M, et al. 2012. Timing and structure of the Younger Dryas event in northern China. Quaternary Science Reviews, 41: 83-93.

Macdonald F A, Swanson-Hysell N L, Park Y, et al. 2019. Arc-continent collisions in the tropics set Earth's climate state. Science, 364(6436): 181-184.

Mackenzie F T, Kump L R, Kovacs J A, et al. 1995. Reverse weathering, clay mineral formation, and oceanic element cycles metal-carbon bonds in nature. Science, 270: 586.

Manabe S, Stouffer R J, Spelman M J, et al. 1991. Transient responses of a coupled ocean-atmosphere model to gradual changes of atmospheric CO_2. Part I. Annual mean response. Journal of Climate, 4: 785-818.

Marshall J, Armour K C, Scott J R, et al. 2014. The ocean's role in polar climate change:

asymmetric Arctic and Antarctic responses to greenhouse gas and ozone forcing. Philosophical Transactions of the Royal Society A: Mathematical, Physical and Engineering Sciences, 372(2019): 20130040.

Marshall J, Speer K.2012. Closure of the meridional overturning circulation through Southern Ocean upwelling. Nature Geoscience, 5: 171-180.

Martinez M, Deconinck J F, Pellenard P, et al. 2013. Astrochro-nology of the Valanginian Stage from reference sections (Vocontian Basin, France) and palaeoenvironmental implications for the Weissert Event. Palaeogeography, Palaeoclimatology, Palaeoecology, 376: 91-102.

Martinez M, Deconinck J F, Pellenard P, et al. 2015. Astrochronology of the Valanginian Hauterivian stages (Early Cretaceous): chronological relationships between the Parana Etendeka large igneous province and the Weissert and the Faraoni events. Global and Planetary Change, 131: 158-173.

Marzen R E, DeNinno L H, Cronin T M. 2016. Calcareous microfossil-based orbital cyclostratigraphy in the Arctic Ocean. Quaternary Science Reviews, 149: 109-121.

Maslin M A, Li X S, Loutre M F, et al. 1998. The contribution of orbital forcing to the progressive intensification of Northern Hemisphere glaciation. Quaternary Science Reviews, 17: 411-426.

Matthews R K, Frohlich C. 2002. Maximum flooding surfaces and sequence boundaries: comparisons between observations and orbital forcing in the Cretaceous and Jurassic (65-190 Ma). GeoArabia, Middle East Petroleum Geosciences, 7(3): 503-538.

McAnena A, Flögel S, Hofmann P, et al. 2013. Atlantic cooling associated with a marine biotic crisis during the mid-Cretaceous period. Nature Geoscience, 6: 558-561.

McLaughlin D B. 1943. The Revere well and Triassic stratigraphy, Pennsylvania. Academy of Science Proceedings, 17: 104-110.

McMahon W J, Davies N S. 2018. Evolution of alluvial mudrock forced by early land plants. Science, 359: 1022-1024

McManus J F, Anderson R F, Broecker W S, et al. 1998. Radiometrically determined sedimentary fluxes in the sub-polar North Atlantic during the last 140,000 years. Earth and Planetary Science Letters, 155: 29-43.

McManus J F, Oppo D W, Cullen J L. 1999. A 0.5-million-year record of millennial-scale climate variability in the North Atlantic. Science, 283: 971-975.

Meehl G A, Arblaster J M, Bitz C M, et al. 2016. Antarctic sea-ice expansion between 2000 and

2014 driven by tropical Pacific decadal climatevariability. Nature Geoscience, 9: 590-595.

Milankovitch M. 1941. Kanon der Erdbestrahlung und seine Anwendung auf das Eiszeitenproblem. Special Publication 132, Section of Mathematical and Natural Sciences, Belgrade: Royal Serbian Academy of Sciences.

Miller K G. 2009. Broken greenhouse windows. Nature Geoscience, 2: 465-466.

Miller K G, Kominz M A, Browning J V, et al. 2005a. The Phanerozoic record of global sea-level change. Science, 310: 1293-1298.

Miller K G, Mangan J, Pollard D, et al. 2005b. Sensitivity of the Australian Monsoon to insolation and vegetation: implications for human impact on continental moisture balance. Geology, 33: 65-68.

Mohtadi M, Hebbeln D, Nuñez Ricardo S, et al. 2006. El Niño-like pattern in the Pacific during marine isotope stages (MIS) 13 and 11? Paleoceanography, 21(1): PA105.

Mohtadi M, Oppo D W, Steinke S, et al. 2011. Glacial to Holocene swings of the Australian-Indonesian monsoon. Nature Geoscience, 4: 540-544.

Mohtadi M, Prange M, Steinke S. 2016. Palaeoclimatic insights into forcing and response of monsoon rainfall. Nature, 533: 191-199.

Molnar P, Cane M A. 2002. El Niño's tropical climate and teleconnections as a blueprint for pre-Ice Age climates. Paleoceanography, 17: 1021.

Montañez I P. 2016. A Late Paleozoic climate window of opportunity. PNAS, 113(9): 2334-2336.

Moran K, Backman J, Brinkhuis H, et al. 2006. The Cenozoic palaeoenvironment of the arctic ocean. Nature, 441: 601-605.

Morris J L, Puttick M N, Clark J W, et al. 2018. The timescale of early land plant evolution. PNAS, 115: E2274-E2283.

Müller R D, Mather B, Dutkiewicz A. et al. 2022. Evolution of Earth's tectonic carbon conveyor belt. Nature, 605: 629-639.

Naish T R, Woolfe K J, Barrett P J, et al. 2001. Orbitally induced oscillations in the East Antarctic ice sheet at the Oligocene/Miocene boundary. Nature, 413: 719-723.

Neukom R, Steiger N, Gómez-Navarro J J, et al. 2019. No evidence for globally coherent warm and cold periods over the preindustrial Common Era. Nature, 571: 550-554.

Nordt L, Breecker D, White J. 2022. Jurassic greenhouse ice-sheet fluctuations sensitive to atmospheric CO_2 dynamics. Nature Geoscience, 15: 54-59.

Ogg J G. 2015. The mysterious Mid-Carnian "Wet Intermezzo" global event. Journal of Earth Science, 26: 181-191.

Olsen P, Laskar J, Kent D V, et al. 2019. Mapping chaos in the solar system with the geological orrery. PNAS, 116(22): 201813901.

Olsen P E, Kent D V, Cornet B, et al. 1996. High-resolution stratigraphy of the Newark rift basin (early Mesozoic, eastern North America). Geological Society of America Bulletin, 108: 40-77.

Pahnke K, Zahn R. 2005. Southern Hemisphere water mass conversion linked with North Atlantic climate variability. Science, 307: 1741-1746.

Paillard D. 2001. Glacial cycles: toward a new paradigm. Reviews of Geophysics, 39: 325-346.

Paillard D, Donnadieu Y. 2014. A 100 myr history of the carbon cycle based on the 400 kyr cycle in marine δ^{13}C benthic records. Paleoceanography, 29(12): 1249-1255.

Pälike H, Norris R D, Herrle J O, et al. 2006. The heartbeat of the Oligocene climate system. Science, 314: 1894-1898.

Parkinson C L. 2019. A 40-y record reveals gradual Antarctic sea ice increases followed by decreases at rates far exceeding the rates seen in the Arctic. Proceedings of the National Academy of Sciences, 116: 14414-14423.

Parrish J T. 1993. Climate of the supercontinent Pangea. Journal of Geology, 101: 217-235.

Pawlik U, Buma B, Amonil P, et al. 2020. Impact of trees and forests on the Devonian landscape and weathering processes with implications to the global Earth's system properties-A critical review. Earth-Science Reviews, 205: 103200.

Pearson P N. 2012. Oxygen isotopes in foraminifera: overview and historical review. The Paleontological Society Papers, 18: 1-38.

Petit J R, Jouzel J, Raynaud D, et al. 1999. Climate and atmospheric history of the past 420, 000 years from the Vostok ice core, Antarctica. Nature, 399(6735): 429-436.

Phillips F M, Zreda M G, Benson L V, et al. 1996. Chronology for fluctuations in late Pleistocene Sierra Nevada glaciers and lakes. Science, 274: 749-751.

Pierrehumbert R T. 2002. The hydrologic cycle in deep-time climate problems. Nature, 419: 191-198.

Pierrehumbert R, Abbot D, Voigt A, et al. 2011. Climate of the Neoproterozoic. Annual Review of Earth and Planetary Sciences, 39: 417-460.

Porter S C, An Z. 1995. Correlation between climate events in the North Atlantic and China during the last glaciation. Nature, 375: 305-308.

Pross J, Contreras L, Bijl P K, et al. 2012. Persistent near-tropical warmth on the Antarctic continent during the early Eocene epoch. Nature, 488: 73-77.

Purich A, England M H, Cai W, et al. 2016. Tropical Pacific SST drivers of recent Antarctic sea ice trends. Journal of Climate, 29: 8931-8948.

Pusz A E, Thunell R C, Miller K G. 2011. Deep water temperature, carbonate ion, and ice volume changes across the Eocene-Oligocene climate transition. Paleoceanography, 26(2): PA2205.

Rahmstorf S. 2002. Ocean circulation and climate during the past 120,000 years. Nature, 419: 207-214.

Raymo M E. 1994. The initiation of Northern Hemisphere glaciation. Annual Review of Earth and Planetary Sciences, 22: 353-383.

Raymo M E. 1997. The timing of major climate terminations. Paleoceanography, 12: 577-585.

Raymo M E, Lisiecki L E, Nisancioglu K H. 2006. Plio-Pleistocene ice volume, Antarctic climate, and the global δ^{18}O record. Science, 313: 492-495.

Raymo M E, Nisancioglu K. 2003. The 41 kyr world: Milankovitch's other unsolved mystery. Paleoceanography, 18(1): 1011.

Raymo M E, Oppo D W, Curry W. 1997. The mid-Pleistocene climate transition: a deep sea carbon isotopic perspective. Paleoceanography, 12: 546-559.

Raymo M E, Ruddiman W F, Shackleton N J, et al. 1990. Evolution of Atlantic-Pacific δ^{13}C gradients over the last 2.5 my. Earth and Planetary Science Letters, 97: 353-368.

Regnier P, Resplandy L, Najjar R G, et al. 2022.The land-to-ocean loops of the global carbon cycle. Nature, 603: 401-410.

Reichart G J, Lourens L J, Zachariasse W J. 1998. Temporal variability in the northern Arabian Sea oxygen minimum zone (OMZ) during the last 225,000 years. Paleoceanography, 13: 607-621.

Rial J A, Yang M. 2007. Is the frequency of abrupt climate change modulated by the orbital insolation? // Schmittner A, Chiang J C H, Hemming S R.Ocean Circulation: Mechanisms and Impacts-Past and Future Changes of Meridional Overturning. Geophys. Monogr. Ser., 173: 167-174.

Rong J, Harper A D T, Huang B, et al. 2020.The latest Ordovician Hirnantian brachiopod faunas: new global insights. Earth-Science Reviews, 208: 103280.

Rosenthal Y, Broccoli A J. 2004. In search of paleo-ENSO. Science, 304: 219-221.

Ruddiman W F. 2001. Earth's Climate: Past and Future. New York: W. H. Freeman and Company.

Ruddiman W F. 2003. The anthropogenic greenhouse era began thousands of years ago. Climatic Change, 61(3): 261-293.

Ruffell A, Simms M J, Wignall P B. 2015. The Carnian Humid Episode of the late Triassic: a review. Geological Magazine, 153: 271-284.

Sachs J P, Anderson R F, Lehman S J. 2001. Glacial surface temperatures of the southeast Atlantic Ocean. Science, 293: 2077-2079.

Sakamoto T, Ikehara M, Aoki K, et al. 2005. Ice-rafted debris (IRD)-based sea-ice expansion events during the past 100 kyrs in the Okhotsk Sea. Deep Sea Research Part Ⅱ: Topical Studies in Oceanography, 52: 2275-2301.

Scher H D, Martin E E. 2006. Timing and climatic consequences of the opening of Drake Passage. Science, 312: 428-430.

Scherer R P, Bohaty S M, Dunbar R B, et al. 2008. Antarctic records of precession-paced insolation-driven warming during early Pleistocene Marine Isotope Stage 31. Geophysical Research Letters, 35: L03505.

Schleussner C F, Feulner G. 2013. A volcanically triggered regime shift in the subpolar North Atlantic Ocean as a possible origin of the Little Ice Age. Climate of the Past, 9: 1321-1330.

Schmitz B, Farley K A, Goderis S, et al. 2019. An extraterrestrial trigger for the mid-Ordovician ice age: dust from the breakup of the L-chondrite parent body. Science Advances, 5: eaax4184.

Schneider T, Bischoff T, Haug G H. 2014. Migrations and dynamics of the intertropical convergence zone. Nature, 513: 45-53.

Schrag D P, Hampt G, Murray D W. 1996. Pore fluid constraints on the temperature and oxygen isotopic composition of the glacial ocean. Science, 272: 1930-1932.

Schulz H, von Rad U, Erlenkeuser H. 1998. Correlation between Arabian Sea and Greenland climate oscillations of the past 110, 000 years. Nature, 393: 54-57.

Schumm S A. 1968. Speculations concerning paleohydrologic controls of terrestrial sedimentation. Geological Society of America Bulletin, 79: 1573-1588.

Scotese C R, Song H, Mills B J W, et al. 2021. Phanerozoic paleotemperatures: The Earth's changing climate during the last 540 million years. Earth-Science Reviews, 215: 103503.

Serreze M C, Barry R G. 2011. Processes and impacts of Arctic amplification: A research synthesis. Global and Planetary Change, 77: 85-96.

Servais T, Cascales-Miñana B, Cleal C J, et al. 2019. Revisiting the great Ordovician diversification of land plants: recent data and perspectives. Palaeogeography, Palaeoclimatology, Palaeoecology, 534: 109280.

Shackleton N J. 2000. The 100,000-year ice-age cycle identified and found to lag temperature, carbon dioxide, and orbital eccentricity. Science, 289: 1897-1902.

Shackleton N J, Kennett J P. 1975. Paleotemperature history of the Cenozoic and the initiation of Antarctic glaciation: Oxygen and carbon isotope analyses in DSDP Sites 277, 279, and 281. Initial Reports of Deep Sea Drilling Project, 29: 743-756.

Shaviv N, Veizer J. 2003. Celestial driver of Phanerozoic climate. GSA Today, 402(13): 4-10.

Shepherd A, Fricker H A, Farrell S L. 2018. Trends and connections across the Antarctic cryosphere. Nature, 558: 223-232.

Shi F, Yin Q, Nikolova I, et al. 2020. Impacts of extremely asymmetrical polar ice sheets on the East Asian summer monsoon during the MIS-13 interglacial. Quaternary Science Reviews, 230: 106164.

Shields G A, Mills B J W. 2020. Evaporite weathering and deposition as a long-term climate forcing mechanism. Geology, 49: 299-303.

Siddall M, Rohling E J, Blunier T, et al. 2010. Patterns of millennial variability over the last 500 ka. Climate of the Past, 6: 295-303.

Sierro F J, Hodell D A, Curtis J H, et al. 2005. Impact of iceberg melting on Mediterranean thermohaline circulation during Heinrich events. Paleoceanography, 20(2): PA2019.

Sigl M, Winstrup M, McConnell J R, et al. 2015. Timing and climate forcing of volcanic eruptions for the past 2, 500 years. Nature, 523: 543-549.

Simmonds I. 2015. Comparing and contrasting the behaviour of Arctic and Antarctic sea ice over the 35 year period 1979-2013. Annals of Glaciology, 56: 18-28.

Sławiński C, Sobczuk H. 2011. Soil-plant-atmosphere continuum// Gliński J, Horabik J, Lipiec J. Encyclopedia of Agrophysics. Dordrecht: Springer Netherlands: 805-810.

Sloan L C, Barron E J. 1990. “Equable” climates during Earth history? Geology, 18: 489-492.

Song H, Wignall P B, Song H, et al. 2019. Seawater temperature and dissolved oxygen over the past 500 million years. Journal of Earth Science, 30: 236-243.

Spencer C J, Davies N S, Gernon T M, et al. 2022. Composition of continental crust altered by the emergence of land plants. Nature Geoscience, 15: 735-740.

Stampfli G M, Hochard C, Vérard C, et al. 2013. The formation of Pangea. Tectonophysics, 593: 1-19.

Stein R, Fahl K, Schreck M, et al. 2016. Evidence for ice-free summers in the late Miocene central Arctic Ocean. Nature Communications, 7: 11148.

Stocker T F. 1998. The seesaw effect. Science, 282: 61-62.

Stocker T F. 2000. Past and future reorganizations in the climate system. Quaternary Science Reviews, 19(1-5): 301-319.

Stoll H M, Schrag D P. 2000. High-resolution stable isotope records from the Upper Cretaceous rocks of Italy and Spain: glacial episodes in a greenhouse planet? Geological Society of America Bulletin, 112(2): 308-319.

Straume E O, Gaina C, Medvedev S, et al. 2020. Global Cenozoic Paleobathymetry with a focus on the northern hemisphere oceanic gateways. Gondwana Research, 86: 126-143.

Strother P K, Foster C. 2021. A fossil record of land plant origins from charophyte algae. Science, 373: 792-796.

Sun Y, McManus J F, Clemens S C, et al. 2021. Persistent orbital influence on millennial climate variability through the Pleistocene. Nature Geoscience, 14: 812-818.

Svensmark H. 2007. Cosmoclimatology: a new theory emerges. Astronomy & Geophysics, 48(1): 1.18-1.24.

Swanson-Hysell N L, Macdonald F A. 2017. Tropical weathering of the Taconic orogeny as a driver for Ordovician cooling. Geology, 45: 719-722.

Tabor N J, Poulsen C J, et al. 2008. Palaeoclimate across the Late Pennsylvanian-Early Permian tropical palaeolatitudes: a review of climate indicators, their distribution, and relation to palaeophysiographic climate factors. Palaeogeography, Palaeoclimatology, Palaeoecology, 268(3-4): 293-310.

Tang Y, Zhang R, Liu T, et al. 2018. Progress in ENSO prediction and predictability study. National Science Review, 5: 826-839.

Taylor K C, Lamorey G W, Doyle G A, et al. 1993. The 'flickering switch' of late Pleistocene climate change. Nature, 361: 432-436.

Tian J, Ma X, Zhou J, et al. 2018. Paleoceanography of the east equatorial Pacific over the past 16 myr and Pacific-Atlantic comparison: high resolution benthic foraminiferal $\delta^{18}O$ and $\delta^{13}C$

records at IODP Site U1337. Earth and Planetary Science Letters, 499: 185-196.

Tierney J E, Zhu J, Li M, et al. 2022. Spatial patterns of climate change across the Paleocene-Eocene Thermal Maximum. PNAS, 119: e2205326119.

Toggweiler J R, Bjornsson H. 2000. Drake Passage and palaeoclimate. Journal of Quaternary Science, 15: 319-328.

Trouet V, Esper J, Graham N E, et al. 2009. Persistent positive North Atlantic Oscillation mode dominated the medieval climate anomaly. Science, 324: 78-80.

Turner J, Hosking J S, Bracegirdle T J, et al. 2015. Recent changes in Antarctic sea ice. Philosophical Transactions of the Royal Society A: Mathematical, Physical and Engineering Sciences, 373: 20140163.

Tzedakis P C, Raynaud D, Mcmanus J F, et al. 2009. Interglacial diversity. Nature Geosciences, 2: 751-755.

Uemura R, Motoyama H, Masson-Delmotte V, et al. 2018. Asynchrony between Antarctic temperature and CO_2 associated with obliquity over the past 720, 000 years. Nature Communications, 9(1): 961.

Ulfers A, Zeeden C, Voigt S, et al. 2022. Half-precession signals in Lake Ohrid (Balkan) and their spatio-temporal relations to climate records from the European realm. Quaternary Science Reviews, 280: 107413.

Urey H C. 1947.The thermodynamic properties of isotopic substances. Journal of the Chemical Society (Resumed),(0): 562-581.

Usoskin I G, Gallet Y, Lopes F, et al. 2016. Solar activity during the Holocene: the Hallstatt cycle and its consequence for grand minima and maxima. Astronomy & Astrophysics, 587: A150.

Utescher T, Mosbrugger V. 2007. Eocene vegetation patterns reconstructed from plant diversity—a global perspective. Palaeogeography, Palaeoclimatology, Palaeoecology, 247: 243-271.

van Brunt W A. 2020. Autonomous changes in the concentration of water vapor drive climate change. Atmospheric and Climate Sciences, 10: 443-508.

Vance T R, Roberts J L, Plummer C T, et al. 2015. Interdecadal Pacific variability and eastern Australian megadroughts over the last millennium. Geophysical Research Letters, 42: 129-137.

Vérard C, Veizer J. 2019. On plate tectonics and ocean temperatures. Geology, 47 (9): 881-885.

Voelker A H, Abreu L D. 2011. A review of abrupt climate change events in the northeastern atlantic ocean (iberian margin): latitudinal, longitudinal, and vertical gradients // Rashid H,

Polyak L, Mosley-Thompson E. Abrupt Climate Change: Mechanisms, Patterns, and Impacts. Washington D C: Geophysical Monograph Series American Geophysical Union: 15-37.

Waelbroeck C, Paul A, Kucera M. 2009. Constraints on the magnitude and patterns of ocean cooling at the Last Glacial Maximum. Nature Geoscience, 2: 127-132.

Wagner T, Hofmann P, Flögel S. 2013. Marine black shale deposition and Hadley Cell dynamics: A conceptual framework for the Cretaceous Atlantic Ocean. Marine and Petroleum Geology, 43: 222-238.

Walczak M H, Mix A C, Cowan E A, et al. 2020. Phasing of millennial-scale climate variability in the Pacific and Atlantic Oceans. Science, 370: 716-720.

Walker J C G, Hays P B, Kasting J F. 1981. A negative feedback mechanism for the long-term stabilization of Earth's surface temperature. Journal of Geophysical Research, 86: 9776-9782.

Wang J, Yang B, Ljungqvist F C, et al. 2017. Internal and external forcing of multidecadal Atlantic climate variability over the past 1,200 years. Nature Geoscience, 10: 512-517.

Wang L, Chen W, Huang R. 2008. Interdecadal modulation of PDO on the impact of ENSO on the East Asian winter monsoon. Geophysical Research Letters, 35: L20702.

Wang P X. 2021. Low-latitude forcing: a new insight into paleo-climate changes. The Innovation, 2: 100145.

Wang P X, Li Q, Tian J, et al. 2016. Monsoon influence on planktic δ^{18}O records from the south China sea. Quaternary Science Reviews, 142: 26-39.

Wang P X, Li Q Y, Tian J, et al. 2014b. Long-term cycles in the carbon reservoir of the Quaternary ocean: a perspective from the South China Sea. National Science Review, 1: 119-143.

Wang P X, Tian J, Cheng X, et al. 2003. Carbon reservoir changes preceded major ice-sheet expansion at the mid-Brunhes event. Geology, 31: 239-242.

Wang P X, Tian J, Lourens L J. 2010. Obscuring of long eccentricity cyclicity in Pleistocene oceanic carbon isotope records. Earth and Planetary Science Letters, 290: 319-330.

Wang P X, Wang B, Cheng H, et al. 2014a. The global monsoon across timescales: coherent variability of regional monsoons. Climate of the Past, 10: 2007-2052.

Wang P X, Wang B, Cheng H, et al. 2017. The global monsoon across time scales: Mechanisms and outstanding issues. Earth-Science Reviews, 174: 84-121.

Wang Y, Cheng H, Edwards R L, et al. 2001. A high-resolution absolute-dated late Pleistocene monsoon record from Hulu Cave, China. Science, 294: 2345-2348.

Wang Y, Cheng H, Edwards R L, et al. 2005. The Holocene Asian monsoon: links to solar changes and North Atlantic climate. Science, 308: 854-857.

Wang Y, Cheng H, Edwards R L, et al. 2008. Millennial-and orbital-scale changes in the East Asian monsoon over the past 224,000 years. Nature, 451: 1090-1093.

Wang Y, Huang C, Sun B, et al. 2014. Paleo-CO_2 variation trends and the Cretaceous greenhouse climate. Earth-Science Reviews, 129: 136-147.

Wara M W, Ravelo A C, Revenaugh J S. 2000. The pacemaker always rings twice. Paleoceanography, 15: 616-624.

Warke M R, Di Rocco T, Zerkle A L, et al. 2020. The great oxidation event preceded a Paleoproterozoic "snowball Earth". Proceedings of the National Academy of Sciences, 117(24): 13314-13320.

Webster P J. 1994. The role of hydrological processes in ocean-atmosphere interactions. Reviews of Geophysics, 32(4): 427-476.

Webster P J, Yang S. 1992. Monsoon and ENSO: Selectively interactive systems. Quarterly Journal of the Royal Meteorological Society, 118: 877-926.

Wendler J E, Wendler I, Vogt C, et al. 2016. Link between cyclic eustatic sea-level change and continentalweathering: Evidence for aquifer-eustasy in the Cretaceous. Palaeogeography, Palaeoclimatology, Palaeoecology, 441: 430-437.

Westerhold T, Marwan N, Drury A J, et al. 2020. An astronomically dated record of Earth's climate and its predictability over the last 66 million years. Science, 369: 1383-1387.

Wilson J P, Montañez I P, White J D, et al. 2017. Dynamic Carboniferous tropical forests: New views of plant function and potential for physiological forcing of climate. New Phytologist, 215: 1333-1353.

Wolff E W, Fischer H, Fundel F, et al. 2006. Southern Ocean sea-ice extent, productivity and iron flux over the past eight glacial cycles. Nature, 440: 491-496.

Wu H, Zhang S, Hinnov L A, et al. 2013. Time-calibrated Milankovitch cycles for the late Permian. Nature Communications, 4: 2452.

Wu Z, Yin Q, Guo Z, et al. 2020. Hemisphere differences in response of sea surface temperature and sea ice to precession and obliquity. Global and Planetary Change, 192: 103223.

Wu Z, Yin Q, Guo Z, et al. 2022. Comparison of Arctic and Southern Ocean sea ice between the last nine interglacials and the future. Climate Dynamics, 59(1): 519-529.

Xu D, Lu H, Chu G, et al. 2014. 500-year climate cycles stacking of recent centennial warming documented in an East Asian pollen record. Scientific Reports, 4: 3611.

Xu D, Lu H, Chu G, et al. 2019. Synchronous 500-year oscillations of monsoon climate and human activity in Northeast Asia. Nature Communications, 10(1): 1-10.

Yan Q, Korty R, Zhang Z, et al. 2021. Large shift of the pacific walker circulation across the Cenozoic. National Science Review, 8(5): 9.

Yang J, Ding F, Ramirez R M, et al. 2017. Abrupt climate transition of icy worlds from snowball to moist or runaway greenhouse. Nature Geoscience, 10: 556-560.

Yao L, Aretz M, Wignall P B, et al. 2019. The longest delay: re-emergence of coral reef ecosystems after the Late Devonian extinctions. Reference Module in Earth Systems and Environmental, 203: 103060.

Yin Q. 2013. Insolation-induced mid-Brunhes transition in Southern Ocean ventilation and deep-ocean temperature. Nature, 494: 222-225.

Yin Q, Berger A. 2012. Individual contribution of insolation and CO_2 to the interglacial climates of the past 800, 000 years. Climate Dynamics, 38: 709-724.

Yin Q, Berger A. 2015. Interglacial analogues of the Holocene and its natural near future. Quaternary Science Reviews, 120: 28-46.

Yin Q, Berger A, Crucifix M. 2009. Individual and combined effects of ice sheets and precession on MIS-13 climate. Climate of the Past, 5: 229-243.

Yin Q, Berger A, Driesschaert E, et al. 2008. The Eurasian ice sheet reinforces the East Asian summer monsoon during the interglacial 500 000 years ago. Climate of the Past, 4: 79-90.

Yin Q, Guo Z. 2008. Strong summer monsoon during the cool MIS-13. Climate of the Past, 4: 29-34.

Yin Q, Wu Z, Berger A, et al. 2021. Insolation triggered abrupt weakening of Atlantic circulation at the end of interglacials. Science, 373: 1035-1040.

Yu L, Zhong S, Winkler J A, et al. 2017. Possible connections of the opposite trends in Arctic and Antarctic sea-ice cover. Scientific Reports, 7: 45804.

Yuan D, Cheng H, Edwards R L, et al.2004. Timing, duration, and transitions of the last interglacial Asian monsoon. Science, 304: 575-578.

Zachos J C, Pagani M, Sloan L, et al. 2001a. Trends, rhythms, and aberrations in global climate 65 Ma to present. Science, 292: 686-693.

Zachos J C, Shackleton N J, Revenaugh J S, et al. 2001b. Climate response to orbital forcing across the Oligocene-Miocene boundary. Science, 292: 274-278.

Zeebe R E, Lourens L J. 2019. Solar System chaos and the Paleocene-Eocene boundary age constrained by geology and astronomy. Science, 365: 926-929.

Zeichner S S, Nghiem J, Lamb M P, et al. 2021. Early plant organics increased global terrestrial mud deposition through enhanced flocculation. Science, 371: 526-529.

Zhang S, Wang X, Hammarlund E U, et al. 2015a. Orbital forcing of climate 1.4 billion years ago. Proceedings of the National Academy of Sciences, 112: E1406-E1413.

Zhang W, Mei X, Geng X, et al. 2019a. A nonstationary ENSO-NAO relationship due to AMO modulation. Journal of Climate, 32: 33-43.

Zhang W, Wang L, Xiang B, et al. 2015b. Impacts of two types of La Niña on the NAO during boreal winter. Climate Dynamics, 44: 1351-1366.

Zhang W, Wang Z, Stuecker M F, et al. 2019b. Impact of ENSO longitudinal position on teleconnections to the NAO. Climate Dynamics, 52: 257-274.

Zhang X, Barker S, Knorr G, et al. 2021. Direct astronomical influence on abrupt climate variability. Nature Geoscience, 14: 819-826.

Zhang J, Dong H, Liu D, et al. 2013. Microbial reduction of Fe(Ⅲ) in smectite minerals by thermophilic methanogen Methanothermobacter thermautotrophicus. Geochimica et Cosmochimica Acta, 106: 203-215.

Zhao Y, Tzedakis P C, Li Q, et al. 2020. Evolution of vegetation and climate variability on the Tibetan Plateau over the past 1.74 million years. Science Advances, 6(19): eaay6193.

第四章

东亚－西太的海陆衔接

第一节　引　　言

一、亚洲和太平洋的衔接

研究地球表层的过程及其演化，通常关注的是岩石圈、水圈、生物圈和大气圈之间的相互作用，其实也应该涉及更深部的地球层圈，因为地球内部是地球整体运行的引擎，而地球内外系统之间的联系更可能是创建地球科学新理论的突破口（Mao et al.，2020）。作为当代最大的大陆和大洋的分界，东亚－西太海陆衔接带是全球地球系统的关键地带。它横跨地球表面地形落差最大的东亚大陆和西太平洋两大地貌单元，是大洋和大陆岩石圈的过渡地带。太平洋板块向西的俯冲和印度－澳大利亚板块向北的俯冲碰撞是这个地区最显著的特色。这种双侧挤压、总体会聚的区域板块构造动力框架，在西太平洋到东亚大陆的宽阔的区域内形成规模宏大的海沟－岛弧－弧后体系以及弧陆碰撞造山体系。

从更宏观的角度看，同属太平洋构造域的东亚大陆和北美大陆地质演化存在诸多的不同，如全球70%的边缘海均集中在太平洋西缘，与之毗邻的东亚大陆边缘经历了世界上最为典型的华北克拉通破坏、陆内燕山运动、华南大陆再造和规模宏大的花岗岩浆作用，以及中国东部含油气盆地形成和大规模金属成矿作用等，而太平洋东岸发育线性的大陆弧岩浆岩带和规模巨大的斑岩矿集区，板块俯冲影响北美大陆西部的广泛区域，形成独特的盆岭地貌。尽管如此，两亿多年来，处在超级大陆和超级大洋交界的东亚－西太构造域却始终未能在板块构造学说中获得正宗的地位。其从表面看来可能与东亚－西太构造域的复杂性和多期地质事件的叠加有关。事实上，上述看似“孤立”的地质事件，实际上相互关联，这是地球系统多圈层相互作用的结果。用新的探索视角、新的研究思路是解密东亚－西太海陆衔接的关键。

二、超级大陆和超级大洋的衔接

两亿多年来，地球上超级大陆和超级大洋就在亚洲和太平洋之间衔接。现在这里发育边缘海系列，早在50年前板块学说开始确立的时期就引起了注意。从威尔逊旋回中板块俯冲的角度出发（Wilson and Burke，1972），学术界先后提出过“小洋盆”（Menard，1967）、边缘海盆地（Karig，1971）、弧后扩张（Elsasser，1971）等概念。可是时至今日，西太海区还是板块学说的软肋，无论在洋壳年龄图或者海底地形图上，这里都是最“乱”的海区。关于海盆的成因，也是观点矛盾、疑问成串。

可是近年来的两大进展正在改变着东亚－西太在全球构造演变中的地位。一是关于对增生造山带和增生楔混杂岩的解读，揭示出大洋俯冲带增添大陆地壳的过程。元古代末形成的造山带有两类：超级大陆内部的造山带有高度变质作用和花岗岩活动；超级大陆边缘的造山带却是低变质的火山－沉积岩（Murphy and Nance，1991）。在中新生代，前者以阿尔卑斯与喜马拉雅山系为代表，属于陆－陆碰撞的碰撞造山带；后者就是科迪勒拉山系，属于大洋俯冲造成大陆增生的增生造山带。碰撞造山带是威尔逊旋回的结束，而太平洋周围的增生造山带并不包含在威尔逊旋回里，这是板块学说传统概念的缺陷（Collins et al.，2011）。二是核幔边界剪切波低速区的发现，说明板块运动的驱动来自全地幔环流。20世纪末地震层析成像揭示，地幔底部有巨大的地震剪切波低速区，东西两半球各有一个：西半球非洲底下堆成脊状，东半球太平洋底下堆成较圆的形状，据推测是俯冲板块的产物（McNamara and Zhong，2005）。核幔边界上这两个化学成分异常、物质致密的低速区，在地理上近乎两极分布，各有15000 km长，是地球上最大的分区结构，被称为大型剪切波低速区（large low-shear velocity province，LLSVP），分别位于超级大陆和超级大洋的下方（图4-1）（Garnero and McNamara，2008）。这些新发现正在拓展板块学说所覆盖的时空范围，而东亚－西太正是拓展的关键环节。

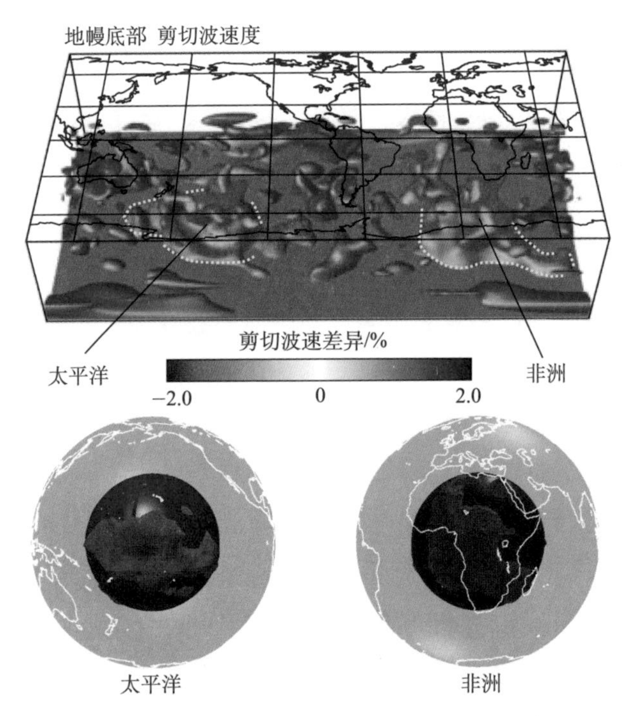

图4-1 地幔底部的两大剪切波低速区（据Garnero and McNamara，2008等改绘）

大型剪切波低速区的发现，将板块学说和全地幔环流直接连接起来，而且得到了验证。有人根据2.5亿年以来的古地理，对俯冲板片进行数值模拟，结果真的在非洲底下得到脊状的大型剪切波低速区，太平洋底下得到较圆的大型剪切波低速区（Bower et al.，2013）。最近又发现，地幔底部的结构和地幔顶部的超级大陆一样有分有合，说明地幔的顶底两边具有相似性（Flament et al.，2022）。向上的地幔柱和向下的俯冲带，将地球表面的板块和核幔边界的大型低速带连接起来，形成了全地幔的大环流，为板块学说提供了深部基础。

增生造山带和核幔边界大型剪切波低速区的发现，揭示了板块学说、威尔逊旋回传统版本的不足：平面上的研究重心在于超级大陆的分合，把超级大洋作为背景处理，殊不知超级大洋有着自己的旋回和演变规律（Li Z X et al.，2019）；垂向上的研究对象至于上地幔，其实要到下地幔底部才能看出东西两半球的低速区，才能明白超级大陆和超级大洋都是同一个全地幔环流的表现（Ernst et al.，2016）。完整的板块理论应当包括超级大陆和大洋，以及板块运动的深部驱动机制。如果大西洋的张裂和闭合开启了板块学说的研究，那么板块学说的完成应当是研究太平洋的俯冲和由此产生的大陆增生。形象地说，大西洋打开研究的是板块学说的上集，有待通过西太平洋研究完成的将是板块学说的下集。

三、寻找东亚－西太构造研究的突破口

东亚－西太的海陆衔接处，不但是我国所处的地理位置，也是板块学说进一步发展的突破口，我国地学界近年来正是在这方面取得了重要进展。近十几年来，国家自然科学基金委员会设立了“华北克拉通破坏”（2007～2014年）和“南海深部过程演变”（2011～2018年）两个重大研究计划，以空前规模从海、陆两方面进行探索，为揭示东亚－西太演变的深部原因提供了条件。“华北克拉通破坏”计划完成了全长6500 km的密集流动地震台阵探测，运用国际先进设备开展大量地球化学分析，表明早白垩世西太平洋板块俯冲作用是导致华北克拉通破坏的一级外部控制因素和驱动力（朱日祥等，2012；朱日祥和徐义刚，2019）。“南海深部过程演变”计划通过三个半大洋钻探航次和大量地球物理探测，首次分析大洋地壳和洋陆过渡带的基岩，发现俯冲带形成的边缘海盆地属于“板缘张裂”，和大西洋被动大陆的“板内张裂”有根本的不同（Wang et al.，2019）。西太平洋的这类现象在其他地区的地质历史上早有出现，应当是板块学说的遗漏环节。

华北克拉通破坏和南海深海盆张裂的深部根源，推测都与东亚大地幔楔相关。而研究东亚－西太的海陆衔接，不仅需要再造西太平洋板块本身的历史，而且要恢复俯冲带的迁移演化。这项研究不仅在理论上触及板块学说中的基础问题，在矿产资源的探测上也具有重大意义。本章循着“以陆看海”“以海看陆”“海陆联动”的逻辑思路，按照以下四个关注点展开讨论：

①太平洋板块俯冲和东亚大地幔楔；②西太平洋边缘海盆地的形成与演化；③东亚大陆横向不均一性对大洋板块俯冲的影响；④西太－东亚海陆衔接过程的资源效应与多圈层相互作用。

第二节　太平洋板块俯冲和东亚大地幔楔

一、西太平洋板块俯冲作用

大洋板块向大陆俯冲，在俯冲上盘形成活动大陆边缘，其由（弧前）增生楔、（大洋和大陆）岛弧岩浆和边缘海（弧后盆地）构成。根据这些主要构造组分的分布特征，活动大陆边缘又进一步分为西太平洋型与安第斯型（Uyeda and Kanamori，1979），前者发育岛弧及弧后边缘海（Mohn et al.，2022；Wu et al.，2022），后者发育大陆弧和弧后前陆盆地（DeCelles，2011）。俯冲过程既可以向被俯冲板块增生，也可以对被俯冲板块进行刮削。一般认为，增生楔中卷入的是不同时代杂乱的大洋沉积物－岩石圈碎块（Hsü，1968），局部甚至可以保留完整的大洋板块层序（Safonova and Santosh，2014）。并不是所有俯冲带都有增生楔，但在俯冲过程中刮削一直都存在，并显著影响岛弧岩浆的物质组成（Stern，2011；Straub et al.，2020；Liu L et al.，2021）。在洋壳俯冲角度不变的情况下，长时间的构造增生会导致弧火山链向海沟方向迁移，而构造刮削则会导致弧火山链向陆内迁移（Kay et al.，2005；Jicha and Kay，2018）。洋壳俯冲角度也是控制主动大陆边缘构造演化的一个重要因素（Hu and Gurnis，2020）。前人通常将安第斯型大陆边缘－年轻洋壳－低角度俯冲－构造增生四者联系起来，认为年老的洋壳更倾向于高角度俯冲，并形成刮削型的边缘以及弧后扩张（Dasgupta et al.，2021）。但在地质历史上，不能完全排除洋壳低角度俯冲下的西太平洋型大陆边缘和高角度俯冲下的安第斯型大陆边缘存在的可能。

虽然西太平洋型大陆边缘作为一个俯冲端元模型被提出，但对其认识却仍在不断进行和深化中。我国学术界早在20世纪70年代起就用西太平洋俯冲作用来解释中国东部乃至东亚大陆的地质演化。虽然在一定的时空范围内能获得合理的认识，但在更大的时空尺度上常产生相互矛盾、不能自洽的结果。事实上，要揭示西太平洋板块俯冲在东亚大陆地质演化中所扮演的角色，其前提条件是对其俯冲的起始时间、运动历史、影响范围要有客观的认识。

1. 从增生楔和弧岩浆作用看西太平洋板块俯冲

古太平洋板块向东亚大陆之下俯冲作用的起始时间一直存在争论（如 Li Z X and Li X H，2007；Xu et al.，2013；Zhou et al.，2014；Sun et al.，2015；朱日祥和徐义刚，2019）。这种现象产生的原因之一是中国东部处在不同构造域叠加部位，在中生代时期经历了不同构造域的转换，致使代表古太平洋板块早期俯冲作用的构造、岩浆、沉积记录难以被识别。在环西太平洋地区，大洋板块俯冲于欧亚大陆板块之下必然产生增生楔及火山岛弧，因此，增生楔及火山岛弧是研究东亚大陆与西太平洋海陆地质衔接的最佳载体（Zhou et al.，2014；徐义刚等，2020），可探索这一地区由中生代进入新生代海洋的演化。沿欧亚大陆东缘，由日本群岛经琉球群岛、台湾岛到巴拉望群岛，几乎连续出露约4000 km长的中生代—新生代古近纪活动大陆边缘地质记录，可以追踪西太平洋地区伊泽纳吉-法拉隆板块的俯冲消亡过程（图4-2）（Sun Z et al.，2018；Xu et al.，2021；Guo et al.，2021）。

位于中国东北地区东缘，毗邻俄罗斯远东滨海区的那丹哈达地体是晚古生代—中生代环太平洋增生造山带的一部分，是中国境内唯一明确与古太平洋板块向东亚大陆边缘俯冲有关的增生杂岩。饶河杂岩增生就位的时间为晚侏罗世末—早白垩世初，增生的位置在佳木斯地块东缘（Zhou et al.，2014；Sun et al.，2015）。日本中生代最早的美浓地体到达海沟的时间约为190 Ma，最终构造就位的时间约为175 Ma，说明西太平洋板块起始俯冲的时间至少不晚于早侏罗世（Xu et al.，2013；Zhou et al.，2014；Sun et al.，2015）。这一认识与黑龙江杂岩中蓝片岩的变质年龄相仿（Zhou et al.，2009）。

华北晚中生代岩浆作用发生的位置距离当时的海沟大于1000 km，按照传统的板块构造理论应属板块内部（朱日祥和徐义刚，2019）。但对华北北缘晚中生代岩浆岩时空迁移规律进行深入研究，可以发现，180～140 Ma，岩浆

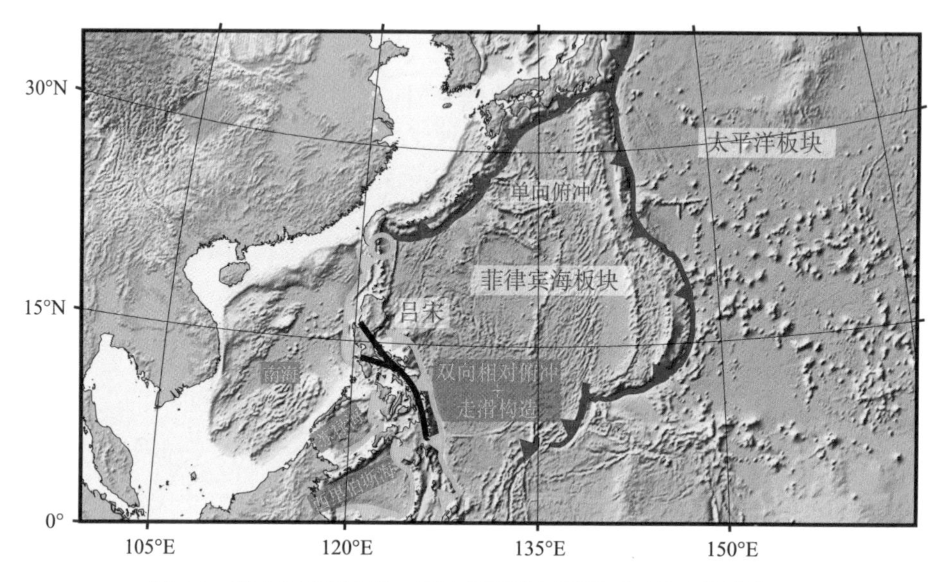

图 4-2　现今环东亚大陆－西太平洋地区两类不同俯冲构造格局

红色表示单向海对陆俯冲，包括中生代太平洋板块沿日本海沟及沿马尼亚纳海沟俯冲，以及新生代菲律宾海板块沿南开海槽－北段琉球海沟俯冲；黄色表示新生代南海－苏禄海－西里伯斯海向东俯冲及西菲律宾盆地（菲律宾海板块）沿菲律宾海沟向西俯冲，形成双向相对俯冲构造；黑色线为衔接双向相对俯冲构造间的菲律宾左行走滑断层

活动从海沟向陆内迁移，而自 140 Ma 起，岩浆活动自内陆向海沟方向迁移（Wu et al.，2019；Ma and Xu，2021）。Ma 和 Xu（2021）通过对这两期岩浆形成条件的分析，认为它们分别代表了西太平洋板块向东亚大陆边缘前进俯冲和后撤的岩浆响应。也就是说，西太平洋板块可能以平俯冲的方式深入东亚板块内部（Wu et al.，2019），同样说明西太平洋板块向东亚大陆的俯冲至少在早侏罗世时期就已经开始了。在这种动力学背景下，岩浆的成因显然不同于传统的沟弧盆体系中岛弧岩浆的形成机制，这一时期岩浆锆石中水的含量甚至远高于真正的岛弧岩浆（Yang et al.，2022）。

在早中侏罗世，安第斯型大陆弧岩浆岩带发育在整个东亚东部大陆边缘，从中国东北的张广才岭－小兴安岭、朝鲜半岛、华南浙闽沿海地区直至南海（Kee et al.，2010；Xu et al.，2017；Ge et al.，2018；Suo et al.，2019）。之后，俯冲的西太平洋板块被认为长期滞留在上地幔－地幔转换带区域，在早白垩世中晚期至晚白垩世初期，其后撤、滞留和进一步脱水引发了内陆地区广泛的板内岩浆作用与火山断陷盆地沉积（Li et al.，2014；Ma and Xu，2021）。

在晚白垩世中晚期，受俯冲洋壳年龄变化、俯冲方向以及角度变化等因素影响，伴随着一系列构造隆升－剥蚀事件，安第斯型大陆边缘再次在东亚东缘形成（Zhou et al.，2014；Sun M H et al.，2018；Suo et al.，2019；Guo et al.，2021）。

2. 西太平洋板块俯冲、燕山运动与华北克拉通破坏

东亚大陆边缘晚中生代以来的地质演化在全球地质版图中独树一帜，其中燕山运动和华北克拉通破坏是两个最重要的地质事件。值得注意的是，两者与西太平洋板块向东亚大陆俯冲在时间上相一致，那么它们是否相互关联呢?

燕山运动是90余年前由翁文灏先生创名的，用以表述中国东部侏罗纪—白垩纪期间的不整合、岩浆和成矿作用（Wong，1926）。其标志是中晚侏罗世砾岩－火山岩组合不整合在更古老的地层之上（即燕山运动A幕）。该不整合之上地层底部的年龄为170～160 Ma（董树文等，2019；Guo et al.，2022），代表了燕山运动的启动时间。在138 Ma左右，广泛发育的地壳缩短和褶皱以及地层的角度不整合事件标志着燕山运动B幕的发生。因燕山地区远离古太平洋板块俯冲带（＞1000 km），燕山运动被认为是陆内造山事件（董树文等，2019）。燕山运动和太平洋板块的关系很早就引起我国地质界的注意（张宏仁，1998）。东亚大陆周邻的古太平洋、蒙古－鄂霍次克洋和新特提斯洋俯冲消减，都有可能独立或者共同制约燕山运动的启动与发展（董树文等，2019；Su et al.，2021）。然而，随着研究的深入，越来越多的学者认为古太平洋板块俯冲可能是燕山运动的首要深部驱动力。详细的野外地质、沉积地层学、构造地质学研究证实，燕山运动A幕是一次强烈的陆内逆冲推覆事件（Zhu et al.，2021），燕山运动B幕对应于早白垩世初的挤压事件。更为重要的是，高精度区域地层年代学工作揭示燕山运动A幕的时间自东向西逐渐变年轻，而燕山运动B幕的时间自西向东逐渐变年轻，说明燕山运动A幕和B幕具有穿时性，与晚中生代岩浆活动的时空演化特征（先自东向西迁移至内陆，再自西向东回迁）相协调。

古太平洋板块的平俯冲与后撤可以很好地解释当时的构造和岩浆活动延伸到1000 km以上的内陆地区（Ma and Xu，2021）；板块俯冲角度的调整能

导致幕式的、挤压与伸展交替的地壳变形（朱日祥和徐义刚，2019）。燕山运动A幕和B幕分别是由西太平洋板块向东亚大陆边缘以高速低角度俯冲和俯冲角度逐渐变低两种不同的地球深部动力学过程导致的。另外，早白垩世以来西太平洋板块俯冲带的大规模后撤（>880 km）（朱日祥等，2015），使得中国东部深部构造进入新的稳定状态，地壳构造岩浆活动逐渐减弱，燕山运动最终在晚白垩世早期结束。

一般来说，克拉通岩石圈具有形成时代老、密度低、水含量低、巨厚岩石圈根、构造稳定、缺乏大规模火山－构造活动和大地震等特点，是地球上最稳定的区域；可是华北克拉通却发生了大规模的岩浆活动和大地震（如唐山地震、邢台地震等），说明华北克拉通丧失了稳定性，这就是克拉通破坏（朱日祥等，2012）。吴福元等（2000）提出华北克拉通破坏与燕山运动之间存在内在联系。的确，华北克拉通破坏的高峰期在燕山早期 。现在知道，两者的联系并不仅仅表现在时间上的关联，而且表现在由西太平洋板块俯冲这一深部纽带将两者联系起来，其主要标志是，华北克拉通破坏区与西太平洋板块俯冲影响区相重叠，即均位于南北重力梯度带移动地区（朱日祥等，2012；董树文等，2019；Ma and Xu，2021）。华北克拉通东部破坏期间，岩石圈伸展方向也与西太平洋板块运动方向具有相同的变化规律，破坏区域展布、中生代主要构造线的走向、变质核杂岩和盆地的展布方向平行于西太平洋板块俯冲带（朱日祥等，2012；Zhu et al.，2021；Meng et al.，2022）。前述的中国东部的晚中生代岩浆活动时空迁移规律，分别对应于太平洋板块的前进俯冲和后撤，而且这些晚中生代岩浆常表现出爆发性火山作用的特征（Xing et al.，2021；马强等，2022），岩浆中含有大量的挥发分和古太平洋板块洋壳再循环物质（Xia et al.，2013；Ma et al.，2016；冯亚洲等，2020；Yang et al.，2022），与典型的板内岩浆大相径庭。可能在早白垩世的130～120 Ma，西太平洋板块已经转变为高角度俯冲，回转与后撤速率达到最大，最终在地幔过渡带产生滞留体。这个过程可能显著改变了所在区域和上覆地幔的物性和黏滞度，导致上覆地幔楔产生非稳态流动，从而导致岩石圈地幔中熔/流体含量急剧增加、黏滞度降低以及岩石圈伸展/减压，并使其转变为年轻地幔。

因此，西太平洋板块俯冲是燕山运动和华北克拉通破坏的一级深部控制因素。不过，有关西太平洋板块俯冲角度调整的认识尚停留在宏观尺度上，而对俯冲方向变化的认识还十分有限，西太平洋板块俯冲作用对华北克拉通破坏的地表地质、地形地貌和陆地生态系统演化的控制机理尚在探索中。

3. 西太平洋板块改变运动方向对东亚地质的影响

太平洋板块运动曾发生过多次转向，其中最著名的两次分别发生在白垩纪和新生代。Sun 等（2007）根据西太平洋火山岛链的时空展布提出太平洋板块在早白垩世俯冲方向发生重大转折，导致中国东部的构造体制由拉张转为挤压；并认为同时代的南太平洋昂通爪哇海底大火成岩省喷发引起的洋底隆升是太平洋板块运动转向的源动力。不过，晚中生代西太平洋板块重建存在争议。例如，Engebretson 等（1985）认为，在白垩纪时，西太平洋板块运动方向垂直于东亚大陆边缘，而按照 Sun 等（2007）和 Seton 等（2012）的模型其则平行于大陆边缘。中生代西太平洋板块俯冲过程涉及俯冲角度及影响范围等，在东亚地质演化研究中争议也颇大。例如，Li Z X 和 Li X H（2007）在研究华南印支期宽广的板内造山作用时提出太平洋板块平俯冲；之后平俯冲板块下沉，在陆内产生拉张环境；燕山晚期太平洋俯冲板块发生后撤，造成岩浆自西向东的迁移和弧后伸展。Kusky 等（2014）在研究华北克拉通破坏时提出西太平洋板块直接俯冲到地幔过渡带而后发生板块后撤。这两种模式的主要差异在于俯冲时间和俯冲角度的不同。Ling 等（2009）认为，洋脊俯冲对中国东部白垩纪地质作用影响很大。这些争论的根源在于这一地区与海洋地质有关的一些基本科学问题尚未彻底解决。因此，重建西太平洋板块的俯冲历史是东亚大陆－西太平洋海陆衔接研究的一个核心内容。

太平洋板块运动的第二次转向发生在新生代初期。在 100～51 Ma，太平洋板块向北北西漂移，在太平洋板块与东亚大陆形成剪切为主的构造变形，在闽浙沿海形成了一系列北北东走向的岩浆活动。到 53～51 Ma 时，其漂移方向转为现今的北西向，由此产生了一系列重大的地质事件，如著名的夏威夷－帝王海山链大拐弯、新生代俯冲带和弧后拉张。太平洋板块转向的重要影响之一是导致汤加－克马德克、伊豆－小笠原、马里亚纳和阿留申等俯冲起始，在东亚大陆东缘产生弧后拉张，形成了完整的沟弧盆体系。前人认为，汤加－克马德克俯冲起始是偏诱导型的，在俯冲起始前有挤压隆升；而伊豆－小笠原是典型的自发式俯冲起始，即在俯冲起始前，盆地发生沉降。板块重建研究显示，西太平洋新生代俯冲起始与新特提斯洋闭合高度一致。到 53～51 Ma 时，由于新特提斯洋的闭合，印度板块与欧亚板块、澳大利亚板块与巴布亚新几内亚块体发生了硬碰撞，向北漂移的速度锐减。其中，澳大利亚板块的移动速度降低到接近 0。与澳大利亚板块紧紧相连的太平洋板块西缘，运动速度锐减，而其东缘的运动速度不减，结果导致太平洋板块发生了约 45°的转向，由北北西向漂移转为现今的北西向漂移（Sun W et al.，2020）。这一太平洋板块转向诱发俯冲起始的模型得到了岩石学和地球化学的支持。例如，新生代西北太平洋伊豆－小笠原俯冲起始阶段形成的玄武岩浆从斜长石－尖晶石－橄榄岩相边界处的压力迅速转移到地表，暗示俯冲起始阶段该区存在挤压环境（Li et al.，2021）。之后，俯冲板片后撤导致中国东部新生代拉张盆地的形成，著名的渤海湾盆地很可能是此次板块后撤的产物。

4. 新生代西太平洋俯冲与东亚深部结构

在统一的构造体制下经历了超过一亿年的俯冲作用之后，东亚大陆东北和东南缘新生代至现今的构造格局有着明显的分化。在东亚大陆东北缘（中国华北－东北、俄罗斯远东地区），伊佐奈岐－太平洋板块持续向西俯冲，活动大陆边缘构造格局（Maruyama et al.，1997；Isozaki et al.，2010）持续至新生代中晚期（约 15 Ma），直至日本海的扩张、日本岛弧远离了之前的大陆边缘。在东亚大陆东南缘（即华南地区），中生代伊佐奈岐板块俯冲形成的活动大陆边缘背景，转变为新生代初期古近纪的伸展型被动大陆边缘背景，新近纪之后因新生代南海边缘海的俯冲又形成活动大陆边缘构造格局，并形成受到两个极性几乎相反的俯冲系统环绕的台湾岛－陆碰撞造山带（王鸿祯等，1983；Li，2000；Yui et al.，2009；Li Z X et al.，2012；Li J et al.，2014；Wang et al.，2019）。太平洋板块及菲律宾海板块的俯冲记录在欧亚大陆板块东缘－西太平洋地区是不连续的。现今日本西南地区由简单且单向（海向陆）俯冲，到台湾地区变成双向（海对陆及陆对海）互相垂直的双俯冲，到菲律宾群岛又变成南－北斜平行、双向相对（海对陆及陆对海）俯冲构造，中间以西北－

东南走向左行走滑断层衔接。

俯冲板片的命运大致可分为两种情形：一种是穿越地幔过渡带进入下地幔，并滞留在核幔边界（van der Hilst et al.，1997）；另一种则是平躺滞留在地幔转换带（mantle transition zone, MTZ）（410～660 km）（Fukao et al.，1992；Huang and Zhao，2006）。东亚大陆边缘俯冲带属于后一种情况，在滞留板片之上形成大地幔楔。以南海为中心的东南亚环形俯冲系统更为复杂，无论俯冲角度、抵达深度，还是板片形态均有较大变化（Li et al.，2008）。这一地区最新的深部地球物理探测显示，在南海下方的地幔转换带也含有大量的高速体物质（Hua et al.，2022），其空间展布更似来自东侧的菲律宾板片的俯冲。与东亚大陆边缘不同的是，东南亚经历多向俯冲作用，引发核幔边界物质的不稳定性，形成柱状物质向上运移。考虑到海南地幔柱的位置远离现今两个大型剪切波低速区，因此可能代表了一种新类型地幔柱，即由俯冲引发的地幔柱（Wang et al.，2013）。海南地幔柱在上升过程中与滞留在地幔转换带的俯冲板片相互作用，极大地改造了上地幔的物质组成与对流方式，造成了南海这一地区丰富的火山活动和特殊的洋壳组成（Xu et al.，2012；Yang et al.，2022）。

二、大地幔楔与东亚地质演变

1. 连接西太与东亚的大地幔楔

在地理上，西太平洋和东亚大陆相连，但两者的关联绝非仅限于此，而是被隐藏在地幔深部的巨型俯冲板片像带子一样紧紧地捆绑在一起。起源于海沟的俯冲作用对俯冲上盘的影响通常在距离海沟 200 km 左右的范围，形成我们熟知的经典板块构造理论中的沟-弧-盆体系（图 4-3）。其中俯冲板片与上覆岛弧区岩石圈所夹持的楔形地幔被定义为地幔楔（本章称为“小地幔楔”）。俯冲板片与小地幔楔之间的物质和能量交换导致了地震活动、岛弧岩浆、成矿作用的发生，是板块构造理论的经典内容。板块构造学说主要涉及岩石圈尺度，小地幔楔系统中地幔对流也多在 200 km 以浅。

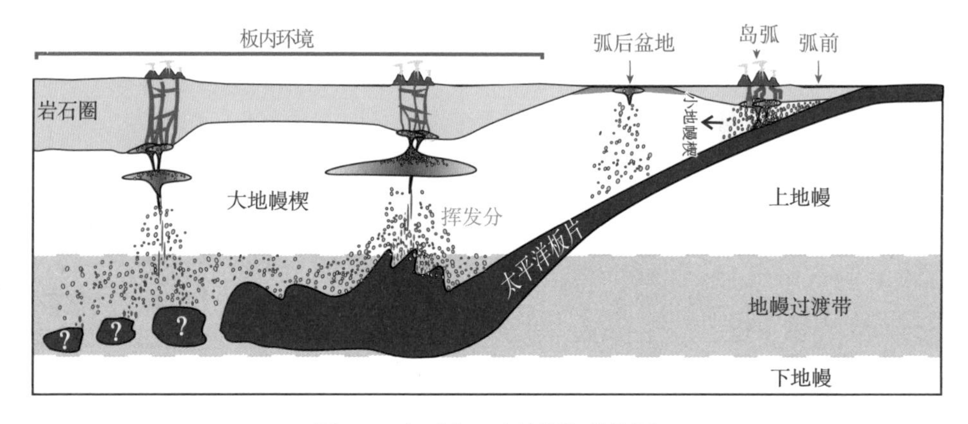

图 4-3　东亚大、小地幔楔结构图

西太平洋板块的俯冲方式却与众不同。Fukao 等（1992）利用地震层析成像技术首次发现，西太平洋俯冲板块并没有穿越 MTZ 进入下地幔，而是平躺在 MTZ 之中。后续高分辨率地震成像结果（Huang and Zhao，2006）进一步显示，在环太平洋俯冲带的一些地段，俯冲板片近水平、大范围滞留在地幔过渡带内，向陆内延伸达 1000～1500 km。50% 以上环太平洋板片俯冲均出现了滞留作用，如东亚、阿拉斯加、北美和南美地区。东亚是大地幔楔系统的发现和命名地，Zhao（2004）将 MTZ 中滞留板片与上覆板块之间夹持的广阔地幔区域称作“大地幔楔”（Zhao，2004），尽管它并不呈楔状。与小地幔楔相比，东亚大地幔楔确实很大，其深度一直到 400～500 km，远大于小地幔楔涵盖的地幔深度（100～200 km）；在平面上，滞留板片的前锋一直可以追溯到大兴安岭—太行山一线，距离现今日本海沟 2000 多公里，说明东亚大地幔楔几乎覆盖了重力梯度带（图 4-3）以东的广大区域。

作为一种新发现的深部构造，东亚大地幔楔的重要性却日益显现。从板块与地幔相互作用过程来看，大地幔楔在空间范围、时间尺度上远大于小地幔楔（图 4-4），俯冲板片与上覆地幔之间的物质和能量交换也十分强烈且更为复杂，为揭示陆内，特别是海陆衔接带地幔对流、俯冲板片 - 上地幔底部相互作用、板内变形和岩浆起源等板块构造理论不能解决的问题提供了新的思路。这一特殊的深部构造体系可能主导了整个东亚大陆晚中生代以来的构造演化和环境变迁，与燕山运动、华北克拉通破坏、南北重力梯度带、板内岩浆起源等密切相关（Xu，2007；徐义刚等，2018；Wu et al.，2019；朱日祥和徐义刚，2019；Deng et al.，2021），然而学术界对它的形成机理、体系中物质循环规律及地质环境效应均缺乏系统性认知，这是经典的板块构造理论的缺陷。

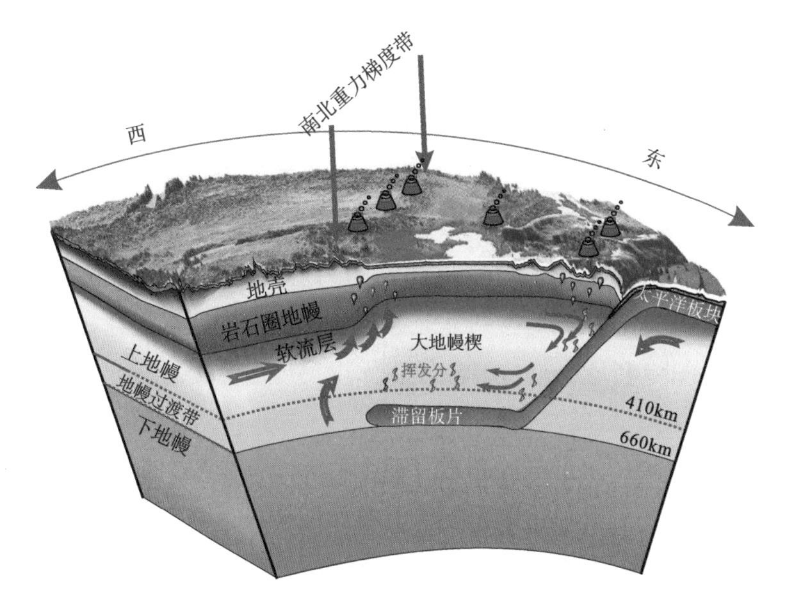

图 4-4　东亚大地幔楔与晚中生代以来东亚大陆边缘地质演化

2. 大地幔楔对东亚地质演化的影响

如前所述，东亚大陆边缘晚中生代两个最重要的地质事件，即燕山运动和华北克拉通破坏均与西太平洋板块俯冲有关。然而，世界上许多典型克拉通受到多期俯冲的影响却依旧“巍然不动”，为何唯独华北克拉通和其他少数克拉通发生破坏呢？贯穿东亚大陆南北的重力梯度带恰与太平洋滞留板片前锋的位置相重叠似乎也不仅仅是巧合。这些看似相互独立，且经典板块构造理论无法解释的重大地质现象，是否代表了大地幔楔的形成和演化的浅部地质效应？

大地幔楔的形成机制和过程是大地幔楔系统研究中最基础的科学问题，其核心在于揭示俯冲板片在 MTZ 中滞留和平躺上千公里的机理，以及俯冲板片与上地幔的相互作用机制。通常情况下，俯冲板片的整体密度大于周围地幔，它会直接穿过 MTZ 下边界约 660 km 处的不连续面进入下地幔。当俯冲大洋板片内矿物的相变受到抑制而存在大量低密度矿物时，俯冲板片就会停滞在 MTZ 中（Torii and Yoshioka，2007；van Mierlo et al.，2013；King et al.，2015），直到随着相变的进行，俯冲板片负浮力增加到可以抵消阻力后又会继续下沉至下地幔。从这个角度上说，板片在 MTZ 中的滞留是一种准平衡状态，只能维持一定时间（Goes et al.，2017），意味着现今观测到的 MTZ 中板片的滞留时间很可能晚于大地幔楔结构的形成时间。单纯由板片下沉阻力增加而形成的滞留板片趋向于折叠堆积在 660 km 不连续面附近（Torii and Yoshioka，2007），只有同时发生大规模海沟后撤才会形成平躺上千公里的滞留板片（Griffiths et al.，1995；Agrusta et al.，2017）。因此，俯冲板块在地幔过渡带开始滞留的时间与俯冲带后撤开始的时间大致相同。基于这一思路，Ma 和 Xu（2021）根据朝鲜－华北克拉通岩浆活动的迁移规律，确定了古太平洋板块俯冲带 145～140 Ma 开始发生大规模后撤，提出东亚大地幔楔系统初始形成于早白垩世，这与 Li S G 等（2017）根据中国东部＜110 Ma 玄武岩镁同位素组成研究得出的结论一致。现今的大地幔楔和中生代的东亚大地幔楔之间是相互独立，还是继承发展，以及如何转换，仍争议较大。俯冲板片的属性控制了俯冲板块的几何学（平 / 陡俯冲）和运动学（海沟后撤等）行为，还决定了它在 MTZ 中的滞留能力（即负浮力），因此其在大地幔楔形成过程中可能起到了关键作用。

如果东亚大地幔楔形成于晚中生代，那它很可能参与了华北克拉通破坏过程（Wu et al.，2019；朱日祥和徐义刚，2019；Ma and Xu，2021）。东亚大地幔楔是一个规模巨大的碳库和水库（Li S G et al.，2017；Xia et al.，2019），在中国东部，这样的板内环境下的上地幔有与岛弧上地幔差不多的含水量（Xia et al.，2013），壳源岩浆中锆石含水量甚至高于典型岛弧岩浆（Yang et al.，2022），这在世界上是不多见的。而这一特点很可能与滞留在地幔过渡带的太平洋俯冲板片脱水和脱碳有关（徐义刚等，2018）。滞留在地幔过渡带的太平洋板块释放大量水和碳酸盐熔体，引发大地幔楔发生部分熔融，促进深部流体向浅部岩石圈地幔的运移，从而导致华北克拉通岩石圈地幔的强烈水化和东部地幔对流系统失稳，上覆岩石圈被交代—熔融—弱化，最终导致岩石圈的减薄和克拉通的破坏。由此引发的华北克拉通岩浆活动、构造事件、成矿作用和盆地发展显示了高度一致的自海沟向内陆，再由内陆向海沟的时空迁移规律（Ma and Xu，2021；Meng et al.，2022）。

3. 大地幔楔系统中的壳幔相互作用

大地幔楔系统中的壳幔相互作用有两个特点：①由于西太平洋俯冲板片滞留在地幔过渡带，该板片俯冲将大量的沉积物、洋壳和岩石圈都带到了东亚上地幔。每年通过板块俯冲进入地幔的俯冲沉积物达 2.5 km^3，其中现今西北太平洋约占全球俯冲量的 1/3，势必对东亚大地幔楔系统产生重大影响。②滞留在地幔过渡带的俯冲洋壳下部和大洋岩石圈上部的蛇纹岩可进一步脱水导致碳酸盐化榴辉岩相俯冲洋壳熔融，这些熔融产生不混溶的碳酸盐熔体和富硅熔体（Zhang et al.，2020；Sun Y et al.，2020），它们渗透进入地幔过渡带上方的上地幔底部，形成不同类型的交代地幔。这种发生在大地幔楔底部的地幔深部交代作用与我们所熟知的小地幔楔系统中俯冲板片变质脱水、改造浅部地幔有很大的不同，是以前没有充分认识的壳幔相互作用。

Karato（2011）发现，东亚大地幔楔 250 km 以浅和 250～660 km 深度的地幔分别具有极低和极高的导电率，其中全球地幔过渡带的导电率以中国东部最高，这一深部导电率结构也与 MTZ 之上的地震波低速层相耦合（Wei and Shearer，2017）。由于实验研究表明含水条件下橄榄岩的导电率较干体系高得多，因此 Karato（2011）认为中国东部地幔过渡带含有大量的水。这与地幔过渡带是一个巨大的储水库（Hirschmann，2006）和东亚地幔过渡带中存在滞留洋壳（Huang and Zhao，2006）的事实相吻合。Ichiki 等（2006）根据导电率估算的中国东部上地幔的含水量为500～1000 ppm H/Si，相当于地幔中含有30～60 ppm H_2O。通过测定，单斜辉石斑晶的水含量限定的中国东部玄武岩含水量与岛弧玄武岩相当（Liu et al.，2015），其 H_2O/Ce 高达 800（Liu et al.，2015），远高于亏损软流圈地幔的 H_2O/Ce 值（150 ± 78）（Salters and Stracke，2004），也高于洋中脊玄武岩和洋岛玄武岩的 H_2O/Ce 值。

东亚大地幔楔同时也是一个巨大的碳库。Li S G 等（2017）对东亚陆缘板内玄武岩和环太平洋部分岛弧玄武岩进行了广泛的 Mg 同位素调查，发现中国东部晚白垩世和新生代玄武岩具有比正常地幔轻的 Mg 同位素组成，从而圈定出北从黑龙江五大连池南到海南岛的巨大地幔低 δ^{26} Mg 异常区。由于只有沉积碳酸盐岩有极低 δ^{26} Mg，而且在板块俯冲过程中，沉积碳酸盐的 Mg 同位素组成没有大的变化，因此认为异常区与太平洋板块俯冲导致的沉积碳酸盐岩再循环进入地幔有关（Huang et al.，2015）。碳酸质熔 / 流体可以在地质历史时间尺度上稳定存在于上地幔深部（Zhang et al.，2020；Sun Y et al.，2020），它的导电能力极强，是含水橄榄石和硅酸质熔体的5个和3个数量级（Gaillard et al.，2008）。滞留在MTZ的太平洋板块向上地幔释放的富碳酸盐熔/流体也可能是东亚大地幔楔具有高导电率的原因。

东亚大地幔楔富含再循环的洋壳、沉积物、水和沉积碳酸盐（Li S G et al.，2017；徐义刚等，2018；Ma et al.，2022），但其中具体的水和碳的比例、空间分布特征和来源目前还没有很好的约束。根据滞留板片的分布范围，高含水量玄武岩以及地幔低 δ^{26} Mg异常区主要出现在南北重力梯度带以东地区，推测这些再循环物质来源于地幔过渡带的滞留板片（Xu et al.，2012；Li S G et al.，2017）。无论如何，大量的再循环物质和挥发分改变东亚大地幔楔的性质、对流方式和熔融过程。一般来说，板内背景下的岩浆活动主要与岩石圈伸展背景下地幔上涌或者异常热地幔有关，但中国东部新生代玄武岩的成因却另有隐秘（徐义刚等，2018）。岩石地球化学研究表明，中国东部新生代玄武岩大致可以解释为高硅和低硅端员熔体的混合物：高硅玄武岩源区为石榴石辉石岩，而低硅玄武岩源区为含碳酸盐的榴辉岩+橄榄岩地幔。根据石榴石辉石岩和碳酸盐化榴辉岩或橄榄岩地幔的固相线，限定高硅玄武岩和低硅玄武岩的初始起源深度分别为＜100 km和约300 km。低硅玄武岩可能起源于富 CO_2 的地幔源区，而高硅玄武岩可能起源于富 H_2O 的地幔源区（Liu et al.，2016；Li H Y et al.，2019）。由于东亚地区上地幔并无热异常，因此地幔在如此深度发生熔融更可能与地幔过渡带滞留板片释放流体的注入有关。这是继高温地幔和伸展扩张减压熔融之后第三种板内玄武岩的成因机制，与大地幔楔体系中特有的壳幔相互作用高度关联（徐义刚等，2018）。

三、未来研究方向

与同属太平洋构造系的北美西部相比，东亚大陆地质在板块构造理论的发展中所起的作用相对不足，可能与该地区多旋回、多期事件叠加的地质演化特征有关。我们认为，西太平洋板块俯冲与东亚大地幔楔是两个紧密相连的地质过程，是理解海陆衔接带地质演化的关键。将大洋板块俯冲、大地幔楔、大陆构造演化和边缘海形成等过程作为一个有机整体开展研究，不仅可在现代固体地球科学研究中践行系统科学思想，也是探究错综复杂地质现象背后本质的必由之路。未来以下三个方向值得关注。

1）重建西太平洋板块俯冲历史：了解西太平洋板块俯冲历史是认识东亚地质演化的前提。可通过对太平洋及周围大洋的磁异常条带、太平洋多个岛链的年代学和地球化学对比，以及东亚地质记录的系统解析，获得自洽的太平洋板块漂移和俯冲历史。重视将俯冲作用与地表过程联系起来的研究思路，如开展 4D 地球动力学正演模拟，结合构造－古地理和动力地形进行约束、调整和检验，为西太平洋板块重建提供重要约束。

2）确定东亚大地幔楔的物质组成与对流方式：虽然已经肯定东亚大地幔楔深部富含再循环的洋壳、沉积物、水和沉积碳酸盐，但其中水和碳的比例、空间分布特征及其受控因素、再循环组分对大地幔楔对流方式的影响等目前还没有很好的约束。

3）大地幔楔壳幔相互作用机制及其浅表地质响应：地幔过渡带中滞留板片脱水和脱碳作用及其相关的熔体与上覆地幔的交代作用是认识大地幔楔壳幔相互作用的关键。可通过实验和计算模拟大地幔楔底部条件下滞留板片（及其释放的熔流体）与地幔橄榄岩的相互作用机制，了解在深时地质过程中，大地幔楔中挥发分的释放机制及效应，探讨西太平洋板块俯冲作用对克拉通破坏、地表地质、地形地貌和陆地生态系统演化的控制机理。

第三节 西太平洋边缘海盆地的形成与演化

一、从板块学说看西太边缘海系统

1. 超级大洋与威尔逊旋回

亚洲和太平洋之间，不仅是当代地球上最大的大陆和大洋的分界，也是两亿多年来超级大陆和超级大洋的交汇带，但是在板块学说中的地位并不清楚。好在近年来古今大洋和地幔深部的研究进展拓宽了视野、创造了条件，让我们得以重新评价东亚大陆和西太平洋在板块运动中的地位。与其直接相关的是大洋的研究，发现有两类不同的大洋：超级大洋或者叫外大洋，以及由超级大陆崩解产生的内大洋。今天的太平洋周围都是俯冲带，这就是与超级大陆相对应的超级大洋；而联合大陆分裂产生的大西洋、印度洋属于内大洋，两类大洋有着本质上的区别（Murphy and Nance，2008）。

威尔逊旋回研究的是超级大陆分解与聚合的旋回，其实超级大洋也有自己的旋回。由于超级大洋的交替是俯冲带的改组，需要从根本上改变板块分布的格局，推测其旋回的时间跨度也比超级大陆的旋回长一倍（Li Z X et al.，2019）。尽管大洋板块的岩石圈更新快，现在的太平洋板块在侏罗纪才产生，但是超级大洋的交替却很慢，现在太平洋所在的超级大洋是前寒武纪已经开始的老大洋。两类大洋的板块形成过程也不相同，今天的太平洋板块是1.9亿年前从“三联点”出发扩张形成的，不同于大西洋之类从洋中脊沿裂谷张裂的内大洋（Boschman and van Hinsbergen，2016）。尽管超级大洋95%的岩石圈已经俯冲殆尽，其演变旋回的主体只能根据层析成像结合地质残留加以推论，但太平洋海底丰富的大火成岩省和热点提供了再造超级大洋历史的重要依据，其中包括洋内俯冲形成海沟与岛弧，地幔上涌造成大火成岩省和热点，以及板块位移造成海山链的曲折，如4700万年前夏威夷－帝王岭的60°转折（Torsvik et al.，2019）。

两类大洋对大陆岩石圈的贡献也大不相同。内大洋的终结是洋盆关闭，碰撞造山；而超级大洋板块俯冲的结果可以形成增生造山带，这就是俯冲带的大陆增生。与此相对应，当前的造山带也分为两类：增生造山带和碰撞造山带，碰撞造山带是威尔逊旋回的终点，但是太平洋周围的增生造山带在传统的威尔逊旋回中并没有地位（图4-5）（Cawood et al.，2009；Collins et al.，2011）。

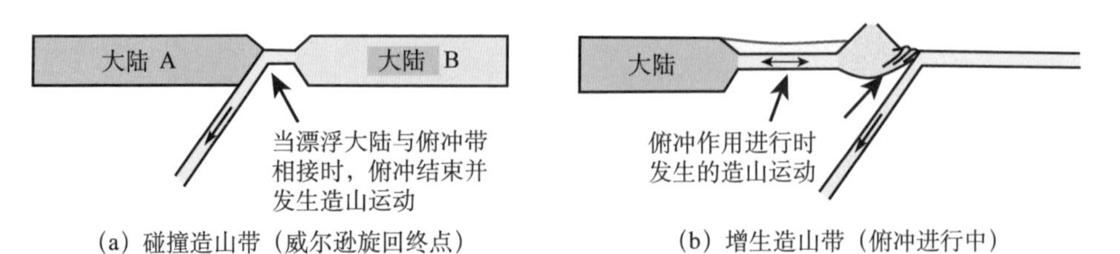

图4-5　两类造山带的示意图（Cawood et al.，2009）

2. 增生造山带与超级大洋旋回

与超级大陆相比，超级大洋的演变历史研究过于零星，其俯冲带的增生造山也不例外。大洋俯冲带漂移到大陆边缘，产生增生造山带，形成条带状大陆，拓宽大陆的面积。现在西太平洋岛弧林立的局面，曾经在晚中生代东太平洋出现，结果形成了北美西部的科迪勒拉山系（Sigloch and Mihalynuk，2013），其实都属于超级大洋旋回的一个演化阶段。这方面的研究日本科学界有重要贡献，因为日本列岛的一部分就是太平洋俯冲带增生造山的产物。其中一项进展是对增生楔混杂岩的研究，日本科学家在混杂岩中找到了放射虫等微体化石，其可用来追踪大洋板块漂移的历史，从板块产生追踪到俯冲隐没，建立了“大洋地层学”的新方向（Isozaki et al.，1990），从原来难以解读的混杂岩里整理出头绪，开辟了研究大洋板块历史的新途径。

现在，西太平洋已经成为解读地质历史上增生造山带的模板，恰如北大西洋成为洋底扩张的模板一样。近年来，由于“大洋板块地层学”和锆石 U-Pb 测年等技术的进展，混杂岩的研究有重大突破，可望应用于 38 亿年以来增生造山带的辨认（Kusky et al.，2013）。从北美科迪勒拉山系（DeCelles，2004；Sigloch and Mihalynuk，2013）到南天山一带的古生代中亚造山带（Xiao et al.，2013），甚至前寒武纪的五台山（Gao et al.，2021），都在以西太平洋为现代模型，辨识出古老的增生造山带，重新解释深时地质历史上的大洋演变。

从深部的地幔环流来看，产生于超级大洋边缘的增生造山带和超级大陆内大洋闭合形成的碰撞造山带，在深部物质的来源上就应当有所不同，而这种区别也确实得到了地球化学观察的佐证。地幔来源岩石所含的钕和铪同位素（$^{143}Nd/^{144}Nd$ 和 $^{176}Hf/^{177}Hf$）分析结果揭示出，太平洋超级大洋边缘的造山带和欧亚大陆内部碰撞造山带的地幔物质来源不同（Murphy and Nance，2003；Collins et al.，2011），从而为探索超级大洋和超级大陆的旋回提供了化学依据。

二、西太边缘海成因机制的探索

1. 边缘海盆地成因机制的多样性

地球上 75% 的边缘海盆地集中在西太平洋（Tamaki and Honza，1991）。

早在半世纪前，学术界就将它们的形成归因于俯冲带（Karig，1971），提出了弧后盆地的假说，认为大洋板块俯冲的分力会使海沟后撤，引起弧后张裂并产生边缘海盆（Sleep and Toksöz，1971）。如果比较西太平洋边缘海的洋壳年龄，可以看出，从亚澳大陆向太平洋方向，海盆洋壳年龄呈现变新趋势（图 4-6）（Wang et al.，2019），说明其成因确实与太平洋俯冲板块的后撤相关，构成一个相互间有成因联系的海盆系统。

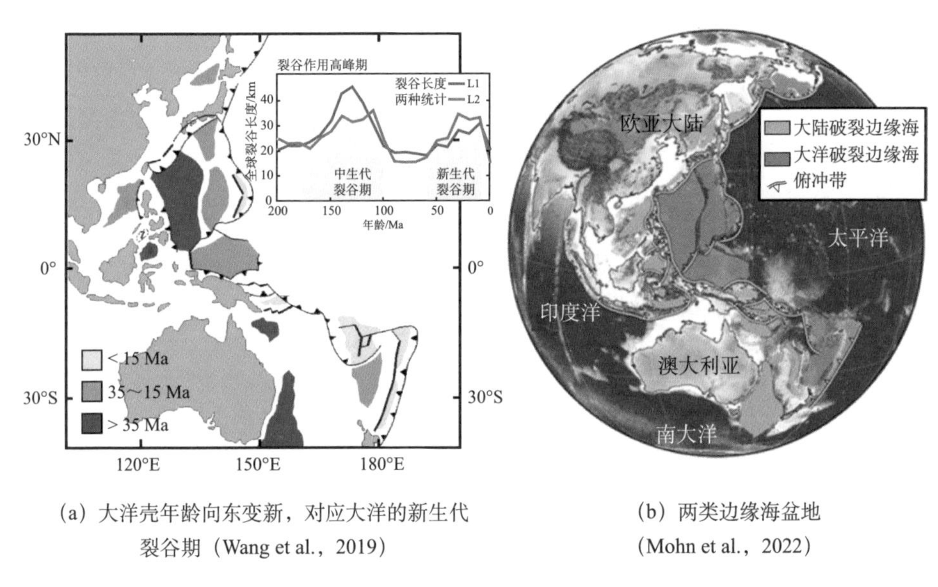

(a) 大洋壳年龄向东变新，对应大洋的新生代裂谷期（Wang et al.，2019）

(b) 两类边缘海盆地（Mohn et al.，2022）

图 4-6　西太平洋边缘海

然而，对逐个海盆的具体分析，又发现其成因并非都能用弧后张裂来解释，显然有两类海盆：一类海盆由洋内俯冲造成，如菲律宾海，属于典型的弧后盆地[图 4-6（b）的紫色区域]；另一类海盆沿着欧亚与澳洲大陆分布，这一系列边缘海与大陆关系密切[图 4-6（b）的绿色区域]。前者产生在大洋板块内部，如太平洋板块俯冲于菲律宾海板块之下，海沟向东后撤，现在已经撤到了马里亚纳海沟，是大洋板块破裂形成的边缘海，属于典型的弧后盆地。后者是大洋板块向大陆板块俯冲，如南海、塔斯曼海，都是由洋陆两种类型板块共同构成驱动力，加上周围海盆的干扰，使得大陆岩石圈破裂而形成的边缘海[图 4-6（b）]（Mohn et al.，2022）。前者的构造演变过程相对简单，而后者却复杂得多，后者正是我们重点研究的对象。

大陆对边缘海的影响，南北半球显然不同。西南太平洋与澳洲为邻，而澳洲从联合大陆分解出来，构造上相对简单；西北太平洋面对的是亚洲，亚洲是拼接起来的新大陆，横向有严重不均一性。几亿年来，南、北西太平洋都是超级大洋的西边界，但是西南太平洋的演变历史比较清晰。古生代超级大洋在澳大利亚东部形成的塔斯曼增生造山带，占据了全澳州面积的 1/3（Rosenbaum，2018）。到中—新生代之交（85～55 Ma），塔斯曼海张裂形成洋壳，在此期间还有与之平行的新喀里多尼亚（New Caledonia）海、珊瑚（Coral）海张裂形成的小型边缘海盆，显然它们都是在太平洋板块俯冲背景下，超级大洋和超级大陆相互作用的产物。渐新世之后由于弧后张裂的效应，俯冲带逐渐东撤，直到 5 Ma 形成最新的劳（Lau）海盆（图 4-7）（Crawford et al.,

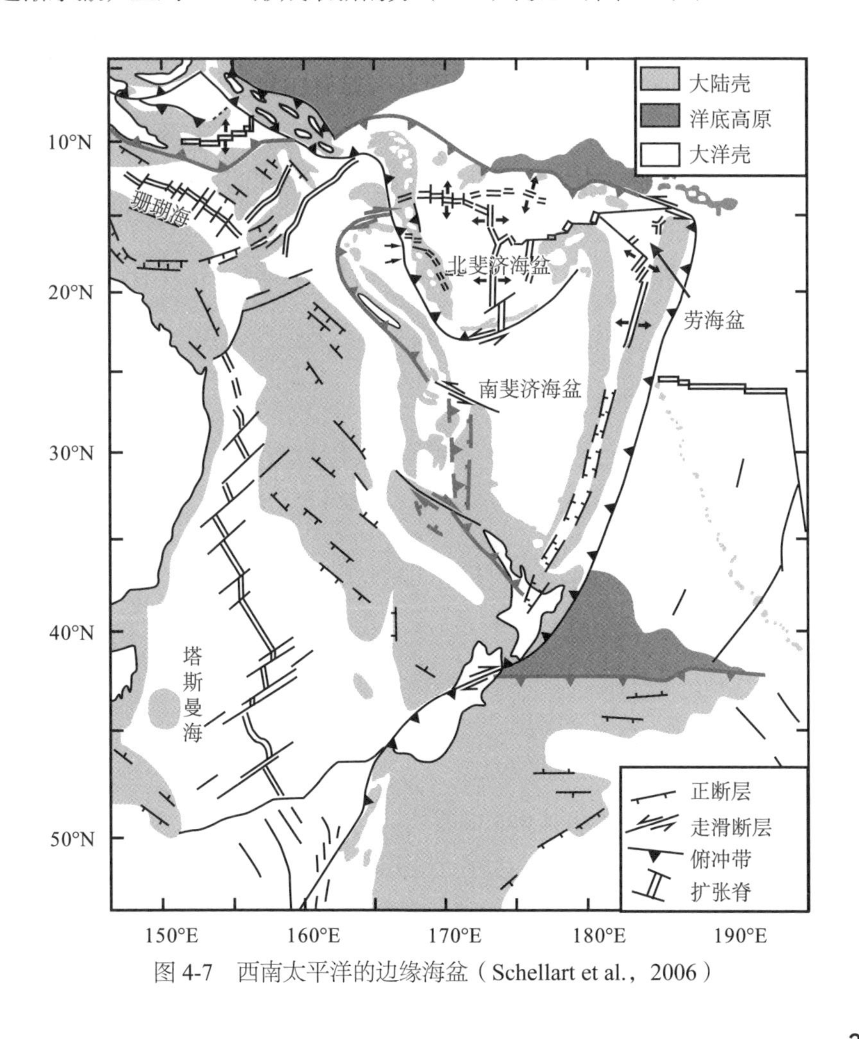

图 4-7 西南太平洋的边缘海盆（Schellart et al.，2006）

2003；Schellart et al.，2006）。由西向东，从澳洲东部古生代的塔斯曼增生造山带，到中—新生代之交由大陆裂解产生的塔斯曼海，再到晚新生代大洋壳弧后张裂形成斐济（Fiji）和劳海盆等边缘海（图 4-7），西南太平洋边缘海的发育历史基本上是清楚的。

2. 中生代的西北太平洋俯冲带

西北太平洋演变历史的讨论要比西南太平洋复杂得多。西北太平洋由中生代洋内俯冲产生的岛弧，经过长途漂移到达大洋西岸，形成了西伯利亚东边和日本北海道的增生楔（van der Meer et al.，2012）。我国东北地区东缘的那丹哈达地体是晚古生代—中生代环太平洋增生型造山带的一部分，有着中国境内唯一明确与古太平洋板块俯冲有关的增生杂岩。然而，除了台湾岛中央山脉大南澳变质带（Yui et al.，2009）以外，位于东亚大陆南部的华夏地块一直未发现确切的增生楔。

华南出露的 22 万 km^2 侵入岩和火山岩，90% 属于燕山期（Zhou et al.，2006），构成 1300 km 宽的陆内造山带（Li Z X and Li X H，2007），被认为是中侏罗世到晚白垩世（180～80 Ma）太平洋板块低角度俯冲的产物（Zhou and Li，2000）。众多研究表明，中生代晚期中国东部的地形变化和岩浆作用是太平洋板块俯冲的直接结果，形成了安第斯式大陆边缘的演变历史。但是俯冲带在哪里？在华夏地块东缘的中生代海洋就成为西太平洋板块俯冲研究中最大的谜团。解谜的关键在于找到残留在华夏地块东侧的中生代洋壳，在现今西太平洋地质构造格局中，最可能的突破口就是台湾和西菲律宾盆地之间的花东海盆（图 4-8）。

花东海盆位于台湾岛 - 吕宋岛连线和西菲律宾盆地之间，海床抓样获得的辉长岩测年结果为 123 Ma，从而推测花东海盆可能是现今太平洋和印度洋间中生代海洋板块的残留（Deschamps et al.，2000）。最近采自花东海盆洋壳的定年结果是 130 Ma，该结果证实了先前研究结论为白垩纪年龄的推断（Huang et al.，2019）。其东缘的加瓜海脊（Gagua Ridge）作为早白垩世花东海盆和始新世西菲律宾海盆的边界，也被证实是早白垩世的火山岛弧（Qian et al.，2021；Zhang et al.，2022）。

有趣的是，花东海盆的洋壳年龄（130～123 Ma）和台湾兰屿火山岛放

图 4-8　花东海盆的位置（Huang et al.，2019）

射虫硅质燧石捕获岩块的年龄（115 Ma）（Yeh and Chen，2001），以及菲律宾早白垩世蛇绿岩套基盘上燧石的放射虫年龄之间相互对应（Queaño et al.，2013），强烈指示着花东海盆和古菲律宾海板块有着密切的关联（图 4-8），但却与西菲律宾盆地始新世洋壳的年龄大相径庭。花东海盆是东亚大陆东侧仅有的残存中生代海盆，其位置又在东亚大陆张裂形成的南海和西太平洋张裂形成的西菲律宾盆地之间，因此是书写西太平洋中生代以来海洋构造历史的突破口。花东海盆的研究对于我国从南海新生代边缘海跨入中生代大洋研究也具有重要的战略意义。争取花东海盆的大洋钻探，是探索“东亚大陆 - 西太平洋海陆衔接”谜团的有效途径。

另外一条线索就是古南海。根据地震层析影像分析推测，在婆罗洲 - 苏禄海 - 菲律宾变动带之下的地幔转换带，700 km 深的高速 P 波分布区发现俯冲滞留板片，有可能代表着俯冲消亡的古南海（Hall and Breitfeld，2017）。根据古地理再造的推测，中生代古南海向东开阔，在晚白垩世向北俯冲，始新世—中中新世又转向南俯冲，于中中新世时完全闭合，古南海和花东海盆都可能是当时超级大洋板块的一部分。

3. 北半球西太平洋的新生代边缘海

西太平洋边缘海基本上是新生代的产物（图 4-6），然而其成因机制北半球比南半球复杂得多。一方面是因为亚洲是拼合中的大陆，陆地的构造变动严重影响着大陆破裂形成边缘海的进程；另一方面是因为澳大利亚板块的向北漂移，使亚洲和太平洋两大板块的关系变得更加复杂。西北太平洋各个边缘海的成因研究，以菲律宾海、日本海和南海最多。

菲律宾海是全球体量最大，也是西太平洋成因探索最早的边缘海（Karig，1971），先后经历6个大洋钻探航次。菲律宾海的东部，在帕劳－九州海岭以东是存在两列晚渐新世以来的弧后盆地，其成因清楚；以西是始新世形成的西菲律宾盆地，其成因存在颇多争论，然而大洋地壳十分典型，6～7 km厚、磁异常条带清晰，最可能是新特提斯洋板块和太平洋板块双向俯冲的产物，之后又发生旋转从赤道地区位移进入现在的海域（Lallemand，2016）。

在西太平洋各个边缘海中，日本海的成因研究相对最为成熟，不但周边陆地的研究比较深入，而且又经过4个大洋钻探航次的探索，揭示出日本海盆演化的两大阶段，先是新生代中期处于陆缘弧的环境，到了渐新世开始拉张沉降，形成南北两个盆地：大和盆地和日本盆地。其中，只有日本盆地才有玄武岩的大洋地壳，洋壳厚达11～12 km；大和盆地地壳厚达17～19 km并且不发育磁异常条带，属于拉薄的大陆地壳。日本海的张裂很大程度归因于其东缘的巨型右行走滑断层，所以说日本海论位置确实是弧后盆地，但是在陆缘弧上出现的边缘海盆不能单靠弧后张裂，走滑剪切构造在其中起了很大的作用（Tamaki et al.，1992；黄奇瑜和余梦明，2018）。

南海是大洋钻探投入最多的西太边缘海，近20年来完成了4次半钻探航次，其中6个站位钻进了洋壳基底。但是南海成因的争论也最多：先推测是中生代弧后盆地（Ben-Avraham and Uyeda，1973），但是“弧”和“盆”无论是年龄还是方向都不相匹配；后来根据磁异常条带的分析，被认为是晚新生代的“大西洋型被动边缘”盆地（Taylor and Hayes，1980），并且属于非火山型（Bradley，2008）。于是在2017/2018年，执行了两个半国际大洋钻探航次，专门来检验这项假设，以便确立大西洋型海盆张裂模型的“普适性”。但是钻探的结构否定了原先的假设：“非火山型被动大陆”的特色，应该是洋陆过渡带的橄榄岩风化产生蛇纹岩，而南海钻得的岩芯却是玄武岩（图4-9）（Sun Z et al.，2018）。

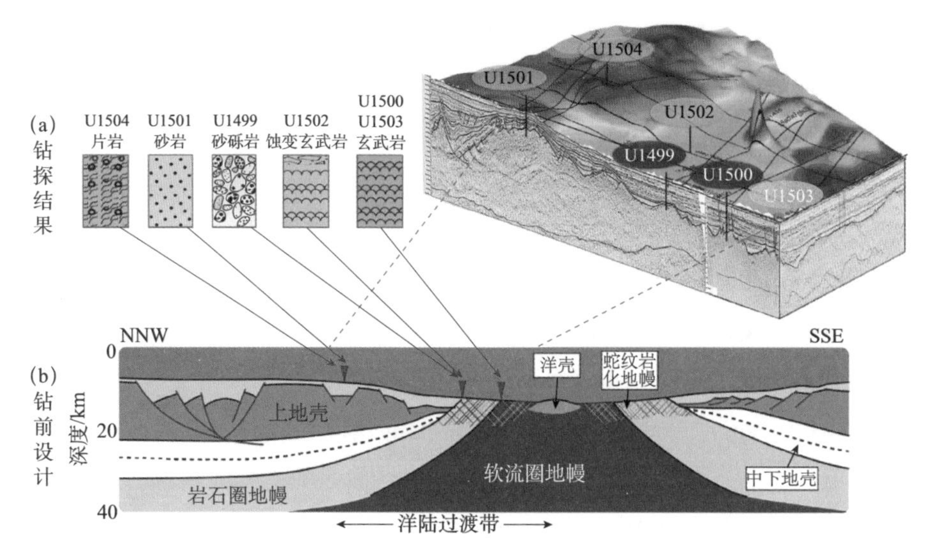

图 4-9　南海大洋钻探结果否定了原有假设（汪品先和翦知湣，2019）

（a）钻探结果：发现洋陆过渡带并非蛇纹岩化地幔；（b）钻前设计：按照大西洋模式设计的剖面解释示意图

此大洋钻探得到的意外结果颠覆了多年来对南海成因的流行观点，说明南海并不是“非火山型大陆边缘”。相反，南海的岩浆作用自始至终高度活跃，不但钻井揭示玄武岩基底之上还有多层火山和火山碎屑岩，还在中新世晚期形成大量海山链，在地震剖面中也可以看出有强烈的岩浆底侵作用，可见南海岩浆活动的规模远远超出以前的想象（Sun et al.，2019）。大洋钻探的结果还说明破裂过程十分迅速，完全不同于大西洋非火山型边缘，需要先有蛇纹岩化的长期地幔剥露过程（Larsen et al.，2018）。总结起来，“南海不是小大西洋”（Wang et al.，2019），南海张裂的驱动机制需要重新探讨。流行多年的南海成因假说有两种：一种认为印支半岛沿红河断裂的逃逸导致了南海的张裂（Tapponnier et al.，1982）；另一种认为古南海向婆罗洲－巴拉望的俯冲拉开了南海盆地（Hall，1996）。但是，大洋钻探和区域地质的新资料一致表明，最大的可能是沿着原有的走滑断层，南海从东边打开后扩张脊向西推进，以致最晚形成的西南次海盆呈尖角状（Huang et al.，2019），而南海东边最早形成的洋壳已经沿马尼拉海沟向东俯冲消隐（Zhao et al.，2019）。不少西太平洋新生代边缘海和南海相似，也都呈三角形，如日本海、南海、斐济海、伍德拉克（Woodlark）海盆，宽侧常有走滑断层相伴（Tamaki，1995）。

“南海不是小大西洋”，意味着海盆有两类不同的张裂机制，虽然都是大陆破裂形成海盆，但是裂开的岩石圈却大不相同：大西洋产生于超级大陆的内部，其岩石圈早已经过造山运动加固；南海产生在超级大陆的边缘，经过大洋板块两亿多年向超级大陆的俯冲，岩石圈富含水分，容易破裂。两者分属板块运动演化的不同阶段：大西洋产生于中生代超级大陆的瓦解阶段（Murphy and Nance，2008），其是在岩石圈离散（divergence）背景下的产物，属于“板内破裂”（intra-plate rifting）；南海和其他西太平洋边缘海一样，是在新生代岩石圈汇聚（convergence）背景下发生的张裂，属于“板缘张裂”（plate-edge rifting）（Wang et al.，2019）。驱动这两类破裂的地幔环流的深度也不相同：驱动大西洋破裂的是深层的地幔环流，而南海等边缘海的张裂只有上层地幔环流卷入（Dal Zilio et al.，2018）。板缘张裂的历史也都不长，通常只有1000万～2000万年的寿命，比大西洋的板内张裂海盆的寿命要短一个量级，因此边缘海盆容易形成楔形的轮廓。

三、西太边缘海成因解密的途径

1. 边缘海要求系统研究

西太平洋边缘海的形成机制丰富多彩，构成了一个复杂系统，以致孤立研究单个盆地的成因并不现实，需要将西太地区不同边缘海的可能成因结合起来分析才有答案。其中，日本海、南海的研究程度较高可以起骨干作用，而花东海盆之类的残留洋壳是中生代遗留的珍贵“文物”，有待重点突破。

归纳起来，东亚边缘海盆地主要发育于三个扩张幕：始新世、渐新世—中新世和晚中新世—第四纪。一些边缘海盆地在扩张作用停止后即转向关闭、消失，这一般是由边缘海盆地向东侧超级大洋方向的俯冲造成的。例如，15～12 Ma 日本海的扩张作用停止，从1.5 Ma开始，日本海正在沿日本岛弧西侧一个新形成的俯冲带向日本岛弧之下俯冲消亡（Okada and Ikeda，2012）；17～15 Ma开始，南海沿着马尼拉海沟向东俯冲到中生代残留海洋花东海盆之下而逐渐消亡（Huang et al.，2018），并一直持续至今。西太平洋新生代边缘海的俯冲消亡，可能和超级大洋持续向欧亚超级大陆移动有关。

俯冲板块枢纽后撤所控制的弧后伸展（Dewey，1980）可能与俯冲到软流圈的大洋岩石圈的密度差有关（Uyeda and Kanamori，1979）。在这种情况下，俯冲板块的长度与其在地幔中的后退速度直接相关（Faccenna et al.，1996），横向地幔流或者全球地幔流的存在可以加速这一过程（Russo and Silver，1994）。上覆板块对俯冲板块后撤的响应方式存在不同的解释（Taylor and Hayes，1983），一般认为，当两个板块之间的耦合程度较低时，伸展应力可能更容易从下行板块传递到上覆板块（Hassani et al.，1997），这点得到了俯冲带和弧后扩张动力学效应的相似性模拟和数值模拟的证实。Sdrolias 和 Müller（2006）提出，俯冲岩石圈的年龄是弧后扩张作用的主要制约因素，当俯冲的正常大洋岩石圈的年龄大于 55 Ma 时，才会发育弧后盆地；他们还建立了一个“年龄－倾角”关系，表明具有弧后扩张的俯冲板块倾角始终大于 30°，并发现弧后盆地形成之前，俯冲板块总是会发生远离俯冲带的绝对运动，从而在上覆板块和俯冲板块之间形成可容纳空间。但是，弧后伸展作用一旦启动，就无论上覆板块如何运动，弧后伸展作用都会继续，这表明弧后伸展并不简单地是上覆板块运动的结果。作为弧后伸展的前兆，上覆板块向陆地迁移可表明，上覆板块的伸展受到向洋方向地幔流动的影响。然而，一旦弧后伸展建立起来，俯冲带的后撤明显是继续创造可容空间的主要动力。弧后伸展的驱动机制是地表运动学、下行板块的性质、地幔侧向流动对板块的影响以及地幔楔动力学的复合。

然而，对于紧贴大陆、由陆壳破裂产生的盆地来说，其发育过程还受远程应力场，主要是大陆的控制和影响。由于太平洋板块的斜向俯冲，东亚大陆的裂谷作用容易沿固有的走滑断层发生，从鄂霍次克海、日本海直到南海，形成延续雁行排列的斜向边缘海盆（Yin，2010）。Jolivet 等（1999）认为，日本海的不对称扩张形态，受到了盆地东侧边缘延伸长达 2000 km 的 NNE 向、巨型右旋走滑剪切带的控制。Tamaki（1995）认为，沿盆缘走滑断层岩石圈更容易被撕裂，从而触发不对称的海底扩张作用的过程，并强调这是弧后盆地形成的一个普遍过程。为了探讨东亚边缘海地区沿 NNE 向走滑带发生右旋运动的动力学背景，Fournier 等（2004）通过物理模拟实验，证明印度－亚洲大陆的碰撞可以导致亚洲大陆东部 NNE 向大型走滑带的右旋走滑作用，并且东部的低应力边界条件（太平洋俯冲）使得走滑断层可以扩展到大陆边缘。这一碰撞的远程效应最远已经传递到鄂霍次克海（Worrall et al.，1996）。最近，Huang 等（2019）对南海的研究强调其东侧的走滑作用对南海扩张启动的触发作用，不过他们的模式中走滑作用的运动方式是左旋剪切作用。这个巨量左旋剪切构造及自始新世以来超级大洋和超级大陆间的斜向聚合，与自南半球低纬地区向北漂移的东南亚－澳洲大陆间含中生代上板片俯冲带（supra-subduction zone，SSZ）蛇绿岩为代表的活动大陆边缘存在密切的关系（Pubellier et al.，2004）。

总之，西太平洋边缘海是一个唇齿相依的地质系统，在超级大洋和亚洲大陆相互作用下形成了各不相同的盆地。而要在这错综复杂的系统中选出关键、理出头绪，必须依靠地质、地球化学、地球物理三结合的途径才能成功。

2. 地质、地球化学、地球物理三结合

在西太边缘海的研究历史上，总是地球物理打前锋。如果说半世纪前重要的进展来自海底磁异常条带的调查，那么近年来的突出进展在于层析成像。在南海、菲律宾海一带的地幔深处存在俯冲海洋板片的影像，揭示古南海，甚至推测中的“东亚洋”俯冲板块的可能存在，这些由地震波速度反应的俯中板片，将探索西太平洋演变的目光透射到地幔深处（如 Wu et al.，2016）。同样地，地球化学尤其是同位素分析和锆石测年的应用，可鉴别海盆演化中不同的岩浆活动与来源，追踪地幔源区中的物质再循环（如 Zhang et al.，2017）。只有将地质、地球化学、地球物理的研究结合起来，在观测分析的基础上配以模拟手段，才能求得理论结果。其中的地质方面既包括大洋钻探之类的海底取样，还包括岛屿增生楔的野外考察和深入分析。这里特别需要强调的是要充分重视地质露头，进一步发挥地质考察在西太平洋边缘海历史研究中的作用。

亚洲大陆的东侧被一个从日本到澳洲的巨大弧形俯冲带所包围，既见证了超级大洋增生的构造旋回，也记录了边缘海构造演化的历史，俯冲带上的链状岛屿露头丰富，是考察东亚－西太海陆衔接的关键地区。以西南日本为例，四国岛的中央构造线以南有着平行构造并贴的秩父增生楔和四万十带增生楔，在其混杂岩体内的大洋层序岩块就为超级大洋演变提供了重要的露头证据，可以用来再造伊扎那琦和太平洋板块依序向西持续俯冲的历史

（Matsuoka，1992；Isozaki et al.，2010；Wakita，2013）。如今太平洋板块仍然持续于本州岛东侧海域的日本海沟向西俯冲，体现出欧亚大陆东部大地幔楔的特征（Zhao，2004），而菲律宾海的大洋板块则于四国－九州岛东侧海域沿南开海槽向西南日本岛弧俯冲，并向南延伸到冲绳岛（图 4-10）。

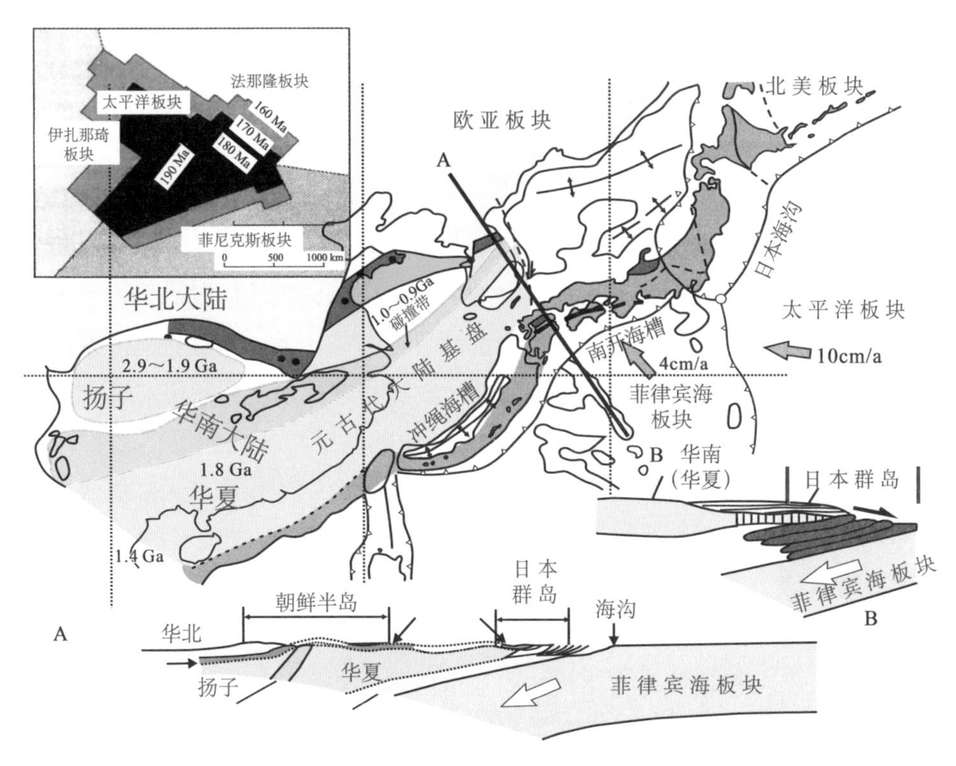

图 4-10　日本列岛呈现出超级大洋增生造山旋回的特征（Isozaki et al.，2010）

以冲绳为界，冲绳南北的岛屿地质背景大不相同，反映出西太地区在新生代早期有过明显的时空构造转折。南段琉球群岛诸岛（包括宫古岛、石垣岛、西表岛、与那国岛）于中新世晚期自东海向南裂离，由此到台湾岛出露亚洲大陆华夏造山带的东缘，记录着西太平洋大陆边缘的历史转折，由晚中生代伊佐奈岐海洋板块俯冲的活动大陆边缘（Ujiie and Iwasaki，1982；Ujjie and Nishimura，1992），转变到新生代古近纪伸展断陷的被动大陆演化过程。台湾的岛屿地质尤其可贵，是南海自中新世中期向东俯冲增生造山的直接见证（Teng，1987；Huang et al.，1997；Yui et al.，2009）。而台湾岛东北海域白垩纪残存的花东海盆沿南段琉球海沟向北俯冲，导致冲绳海槽弧后盆地张裂的机制（Sibuet et al.，1987）。

再继续向南，南海周围岛屿地质的学术价值与时俱增。菲律宾变动带的地质记录，为重建晚中生代南半球海洋板块沿主要左旋走滑断层向北漂移提供直接记录（Queaño et al.，2007；Yumul et al.，2020）。婆罗洲和巴拉望等岛屿，则是古南海历史重建的珍贵地质基础（如 Hall and Breitfeld，2017）。所有这些岛链的露头地质，为东亚－西太海陆衔接研究提供了不可或缺的宝贵信息。

3. 古今结合探索大洋的演变旋回

增生造山带的发育和“条带状大陆”的形成，是地质科学近年来不断升温的研究热点，而西太平洋岛弧林立的边缘海系统，正是借以进行古今对比的当代实例。最先的应用是在美国西部的科迪勒拉山系，十多年前发现，只要把晚侏罗世的科迪勒拉山系旋转100°，就能和现代东南亚印尼的造山带进行类比（DeCelles，2004）。科迪勒拉山系是东太平洋板块俯冲的产物，而俯冲板块早已隐没。近来又有进一步的论证，认为中生代美洲大陆的西移既然是和大西洋的张裂相伴发生，那么科迪勒拉山系的形成应该不是区域事件，而是全球现象，是超级大洋和超级大陆之间相互作用的结果（Spencer et al.，2019）。

另外一个典型案例是古生代的中亚造山带，Xiao 等（2010，2013）对南天山的古生代造山带和西太平洋边缘海盆地进行对比研究，发现这就是古亚洲洋的岛弧增生、碰撞的产物。进一步说，还可以在现代西太平洋研究的基础上，将大洋板块地层学应用在陆上深远地质时期的古俯冲带，最近发表的西藏中特提斯洋俯冲带（Zeng et al.，2021）和五台山前寒武纪（Gao et al.，2021）的研究便是成功的实例。其实我国大陆地质界早已注意到古今大洋的对比，20 多年前就指出华南古生代有“多岛洋”的特色（殷鸿福等，1999），近年来更是对大洋板块地层学的研究加以关注（如张克信等，2016），这都是陆地地质学家放眼大洋得出的认识，现在轮到海洋地质界利用西太平洋的有利条件，开展岛屿增生楔的大洋地层学等研究，争取能够在深层次上推进地球科学的洋陆联手和古今结合。

研究西太平洋边缘海系列的成因机制和演化特色，是我国地学界不容推辞的历史责任。一方面可以通过古今对比，理解超级大洋旋回和增生造山带的真谛；另一方面需要通过边缘海盆地的横向对比，揭示“板缘张裂”和“板内张裂”的差异所在。要知道板缘张裂并非南海的专有机制，而是太平洋俯冲带众多边缘海盆地的共同特征，无论在日本海、芬盆地还是伍德拉克盆等，都已经有过详细的研究，有待对更多的海盆和相关的岛屿开展比较研究，进而与深时地质进行对比，争取建立起“板缘张裂”的系统认识。历史的机遇已经降临，我国地学界应当敢于担当，争作西太谜团的解密人。

4. 我国东部中新生代海侵之谜

海侵不是构造问题，但能够为构造演变提供线索。大洋和大陆的分界在构造上是洋、陆板块的界线，从环境上看却是海岸线，两者相关但不相等，如东海至今还没有产生洋壳。然而，从地球系统出发，就要去追究构造和环境的关系，海水总可以追踪到海盆，海盆总可以追踪到洋壳。印支运动之后，海水从我国东部退出，因此，在中生代盆地中发现海相化石时，都会提出“海水从哪里来”的问题。

从 20 世纪 70 年代开始，在我国东部的陆相油田发现了海相微体化石：先是在长江中游江汉盆地的渐新世荆河镇组和渤海湾胜利油田始新世沙河街组发现了有孔虫化石（汪品先等，1975），接着又在渤海湾多个油田的沙河街组发现了钙质超微化石，甚至形成“钙片页岩”生油（王崇友，1985）；然后又在东北松辽盆地的晚白垩世地层里发现与海水有关的瓣鳃类（顾知微等，1976）和鱼类化石（张弥曼等，1977）。

面对这种种发现，我国地质学界出现了三种观点：①海侵说，化石证明中国东部确实发生过海侵（如徐宝政，1989）；②陆相说，微体海相化石不是海水，而是由风力搬运或者盐度造成（如姚益民等，1992）；③海水影响说，湖泊发育过程中某些时期受到海水影响，呈现“弱海相性”（汪品先等，1982）。其问题出在沉积记录过于零星，白垩纪以来的地层在我国东部与近海水域分布并不连续，尤其缺乏露头，因此古海岸线的位置至今不明，只有少数地区依靠连续取芯的深钻才能揭示真相，这就是松辽盆地。

2006 年以来松辽盆地的大陆科学钻探工程取得了空前规模的地层记录，松科一井和二井分别钻穿 5 km 和 7 km，通过连续取芯和高分辨率分析揭示了白垩纪时的真相。半咸水的有孔虫、沟鞭藻和有机地化、同位素的证据，一致表明这是潮湿气候下的大湖多次遭受短暂的海侵（席党鹏等，2010；Hu et al.，2015；Xi et al.，2016；Cao et al.，2016），于是松辽盆地晚白垩世的海侵之谜已经澄清。作为白垩纪的湖泊，松辽盆地附近并没有海洋，海水远距离入侵湖泊，在巨厚的陆相地层里留下了“海源陆生”化石层，这类现象不限于白垩纪，渤海湾盆地含颗石藻和有孔虫化石的沙河街组应该也有类似的成因（汪品先，1995；Liu and Wang，2013）。尽管海侵延续不久，但是对地质构造运动和生烃环境的研究却有着无可替代的重要意义。

首先，陆相盆地遭受远距离海侵并不是中国独有。例如，南美洲的内陆，早在19世纪就发现有孔虫化石，后来经过古生物、孢粉、沉积学、地球化学等多种分析，21世纪才证明南美西北中新世时有过两次海侵，中新世有过两次海侵。佩巴斯（Pebas）湖跨越巴西、秘鲁和哥伦比亚三国，面积是北美洲五大湖的两倍，属于显生宙最大湖泊之一，而来自加勒比海的海水可以上溯2000 km影响湖泊（Boonstra et al.，2015；Jaramillo et al.，2017）。这类现象显然和强烈的新构造运动相关，东太平洋俯冲安第斯山脉隆起，造成亚马孙河地形倒转，内陆湖泊遭受远距离海侵正是在剧烈构造变化的背景下发生的。白垩纪以来东亚地形剧变，河系大幅度改组，以致内陆的第四纪地层里也发现多处海相化石（王乃文，1981；Wang et al.，1985）。与南美洲不同，我国东部缺乏新生代地层露头，有待将钻井探测和区域井下地质相结合，查明我国东部及岸外古海洋的分布和构造变化的历史。

其次，海侵层的发现有助于陆相生油的理论探讨。我国地学界在陆相油气田发现之初，就极为关注烃源岩形成的环境问题：是不是短暂的海侵有利于内陆湖盆的生烃环境？尤其值得注意的是，渤海湾和松辽两大含油盆地，都有钙质超微化石即颗石藻产出，渤海湾生油层之一的“钙片页岩”竟是颗石藻所构成的（Liu and Wang，2013）。地球化学的分析表明，短暂的海侵和气候条件相结合，可能是造成湖泊生油的有利环境。“陆相生油”是中华人民共和国成立以来我国地球科学的一大进展，亟须从理论高度做深入探索，海侵的影响是有待探索的重要课题之一。

此外，我国东部中新生代海侵的研究也是生物学的重要课题。世界上的湖泊以表生浅湖为主，而生油的湖盆却是构造成因的裂谷深湖，于是湖泊生物的研究出现了缺口：对裂谷深湖的生物群缺乏了解。具体说，贝加尔湖有海豹，坦噶尼喀湖有水母，但不见得是海侵的结果（Reboul et al.，2021）。这在古湖泊研究中尤需注意，如美国始新世所产“虫管”化石，一度以为是多毛类蠕虫，其实是昆虫“石蛾”的幼体，这类虫管也曾在我国多处发现，被误以为是海侵的证据（Zhou et al.，2020）。

总之，我国东部海相化石成因的研究曾经是地学界的热门课题，进入21世纪已经逐渐冷却。然而，其学术意义绝没有冷却，构造上需要查明晚中生代以来海岸和海盆的迁徙，从中获得构造运动的踪迹；生物上有待进一步厘清海相和陆相生物的界限，从而理解生命演化如何处理两大生态域的屏障。说到底，查明我国岸外海域的历史变迁，也是我们地学界无可推诿的责任。

第四节　大陆横向不均一性对大洋板块俯冲的影响

在西太平洋之后，接着来讨论东亚大陆。大陆由三种基本地质单元构成，即克拉通、造山带和过渡带。不同属性地质单元的地壳 / 岩石圈厚度、强度和结构明显不同，导致大陆内部出现明显的横向不均一性。克拉通具有太古代变质基底，是大陆内部最刚硬、稳定的区域，缺乏岩浆活动和地壳变形是其主要特征（朱日祥等，2012）。造山带是经历强烈构造变形、变质作用和岩浆活动的区域，可分为碰撞型和增生型两种类型（Weller et al.，2021；Condie，2007；Cawood et al.，2009）。碰撞型造山相对狭长带状由两个陆块汇聚－碰撞形成。增生型造山带比较宽阔，包含各类地体和多条缝合带。过渡带位于两个克拉通或克拉通与增生型造山带之间，属于克拉通边缘构造转换带或由古老碰撞型造山带构成。

面对西太平洋俯冲带的东亚大陆，由北向南由中亚造山带、华北克拉通和华南复合陆块三部分组成。

一、东亚大陆拼贴过程与横向不均一性

1. 中亚造山带的形成与演化

中亚造山带是一个面积宽阔的增生型造山带，由不同类型地体拼合形成，其东部夹持在西伯利克拉通与华北克拉通之间（图 4-11）。中亚造山带内地体的复杂拼合过程主要发生在古生代，与古亚洲洋长期演化相关，多条缝合带记录了不同规模和不同属性洋盆俯冲、消减、闭合以及地体不断增生的过程（Xiao et al.，2015；Sengör et al.，2018；Zhou et al.，2018）。对于古亚洲洋

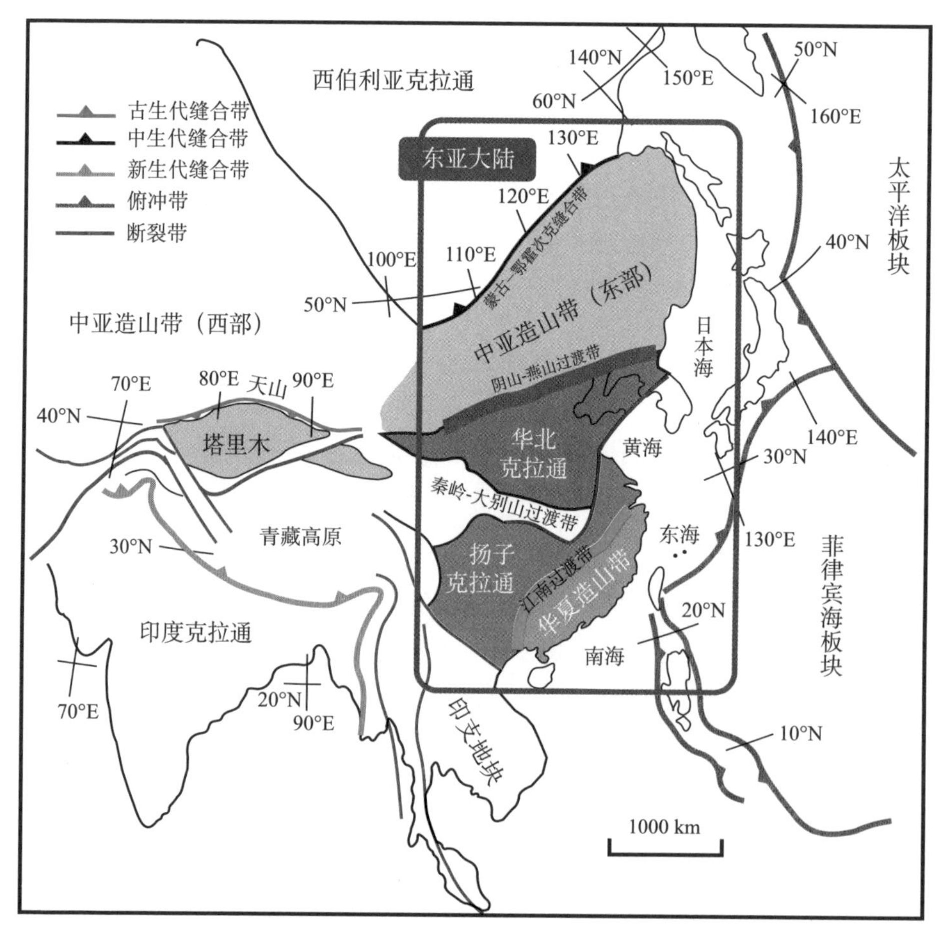

图 4-11　东亚陆块内部不同构造单元，具有明显横向不均一性

最后闭合的时间和位置存在不同观点，但大多地质证据指示其发生在古生代末—早三叠世，并且索伦克缝合带（Solonker suturezone）代表最后洋壳消减闭合位置（Wilde，2015；Eizenhöfer and Zhao，2018）。

晚三叠世中亚造山带东部经历了大范围地表抬升，同时发生各类岩浆活动和伴随上地壳伸展。这一时期构造－岩浆事件可能与蒙古－鄂霍次克洋板块向南俯冲以及触发深部地幔上涌等热－构造过程相关（图 4-12）（Meng et al.，2020）。中—晚侏罗世蒙古－鄂霍次克洋闭合。受西伯利亚克拉通向南挤压和古太平洋板块向西低角度俯冲的联合影响，中亚造山带东部地壳发生强烈缩短变形和增厚。因此，晚中生代中亚造山带东部的增厚地壳、复杂结构以及热状态等与南、北两侧华北和西伯利亚克拉通正常地壳结构和热体制呈现明显差异。早白垩世中亚造山带东部增厚地壳由于重力垮塌引发上地壳伸展变形（Meng，2003），而晚白垩世构造活动则相对平静。受古太平洋板块斜向俯冲和引发左旋走滑断裂活动的影响，在中亚造山带东缘发生压扭性构造变形，松辽盆地发生强烈拗陷（Wang et al.，2016；Liu et al.，2020）。新生代太平洋板块俯冲主要影响中亚造山带东缘，未对其内部主体产生重要改造（Ren et al.，2002）。

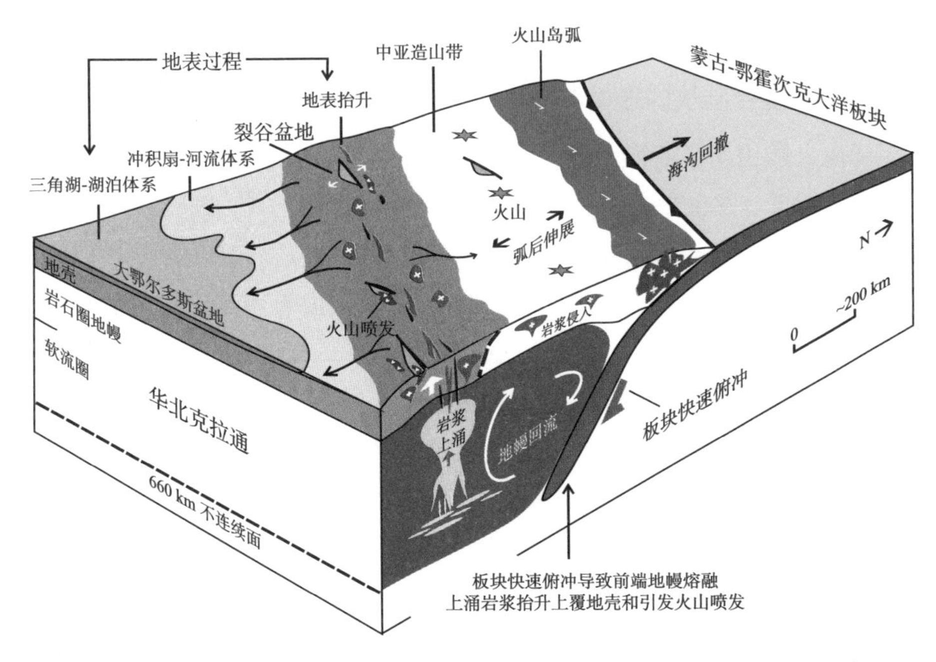

图 4-12　晚三叠世蒙古－鄂霍次克洋板块俯冲与华北克拉通构造和岩浆活动以及沉积作用的关系（Meng et al.，2020）

2. 华北克拉通的形成与演化

华北克拉通的形成与演化经历三大阶段：变质结晶基底形成阶段、沉积盖层发展阶段和克拉通破坏阶段。华北克拉通变质结晶基底形成于25亿～18.5亿年，经历了陆核产生、陆壳巨量生长、微陆块拼合以及东、西陆块焊接等复杂过程（Zhao and Zhai，2013）。这些构造过程造成广泛的岩浆活动和强烈变质作用，最终形成一个稳定的华北克拉通结晶基底（翟明国，2011）。古元古代晚期—新元古代，华北克拉通主体处于伸展构造环境，发育大陆裂谷盆地和爆发基性岩浆活动（翟明国等，2014）。早古生代陆表海覆盖整个华北克拉通，形成广泛分布的浅海碳酸盐岩和细碎屑岩沉积盖层。地壳垂向升降或全球海平面变化导致早、晚古生代地层出现沉积间断。晚古生代—三叠纪华北克拉通与周缘地体/地块的碰撞虽导致其边缘地带发生构造变形，但稳定的克拉通属性一直持续到侏罗纪（Meng et al.，2019）。白垩纪古太平洋板块向东亚大陆俯冲，诱发地幔对流、岩石圈减薄和大规模岩浆活动，长期稳定的华北克拉通东部被破坏（朱日祥等，2012）。新生代太平洋板块运动方向的变化和俯冲进一步引发华北克拉通东部伸展变形和岩浆活动（Northrup et al.，1995；Ren et al.，2002）。

3. 华南复合陆块的形成与演化

华南大陆由两个不同地质属性的陆块组合而成：扬子地块和华夏地块。两个地块的拼合发生在新元古代早期（8.6亿～8.0亿年前），形成两者之间的江南构造带（张国伟等，2013）。扬子地块具有太古代变质结晶基底以及元古代浅变质岩系（郑永飞和张少兵，2007），其上发育南华纪—中三叠世沉积盖层，揭示其具有明显的克拉通稳定地质结构。华夏陆块包含多个不同属性地体，早古生代末经历了强烈的地壳变形（广西运动），形成一个广阔的陆内造山带（张国伟等，2013）。晚古生代—中三叠世地层不整合沉积在下伏地层之上。与古特提斯洋闭合相关的印支运动对华南大陆东部产生了重大影响，华夏地块、江南造山带以及扬子地块周缘皆卷入强烈地壳变形，从而形成一个由残留克拉通与陆内造山带共同组成的一个复合陆块。受古太平洋板块俯冲作用的影响，华南复合地块东部在晚中生代又经历了多期挤压—伸展变形以及大规模岩浆活动（Li et al.，2014）。新生代太平洋板块和菲律宾海板块俯冲主要影响华南地块东（南）缘地带，形成中国东海盆地（Zhu et al.，2019）。

4. 东亚陆块拼合与横向不均一性

东亚大陆自北向南由中亚造山带东部、华北克拉通和华南复合地块拼贴而成。晚古生代古亚洲洋俯冲导致华北克拉通北部边缘演化为活动大陆边缘，伴随岩浆活动和构造变形。古生代末—早三叠世两个不同构造属性地块沿索伦克缝合带拼合（Wilde，2015；Eizenhöfer and Zhao，2018）。古特提斯洋（秦岭洋）曾分隔华北克拉通与华南复合地块。晚古生代古特提斯大洋板块向华北克拉通俯冲－消减，早—中三叠世大洋闭合导致华北克拉通与华南复合地块沿勉略缝合带碰撞拼合，形成秦岭－大别山碰撞造山带（张国伟等，2019）。因此，东亚大陆最终在三叠纪完成其拼合统一过程。拼合的三个陆块具有不同的地质结构和演化历史，因此东亚大陆自形成时就已表现出明显的横向不均一性。

晚中生代陆缘构造和深部热构造作用进一步增强了东亚大陆横向不均一性。中—晚侏罗世西伯利亚克拉通沿蒙古－鄂霍次克洋缝合带与中亚造山带东部碰撞，导致中亚造山带东部地壳/岩石圈强烈缩短增厚，与华北克拉通岩石圈形成明显差异。华北克拉通北缘也同时发生强烈的陆内变形，形成阴山－燕山－辽西陆内构造带，构成中亚造山带与华北克拉通之间的一条构造过渡带。中侏罗世—早白垩世华北克拉通与华南复合地块又经历了持续斜向汇聚和复杂陆内构造变形（Meng et al.，2005），形成了两者之间的秦岭－大别山过渡带。晚中生代秦岭－大别山构造带的演化也强烈改造了华南复合地块北部的地壳结构，增强了两个相邻陆块之间的不均一性。

二、东亚大陆不均一性与（古）太平洋板块俯冲

van Dinther 等（2010）利用力学有限元模型，发现上覆板块向海沟移动能够加快海沟后撤和降低大洋板块俯冲角度。通过二维力学模型测试，Capitanio 等（2010）提出增强增厚的上覆板块可使海沟趋于大陆方向前进，导致弧前变形区变宽和隆升幅度减小。Manea 等（2012）研究了上覆板块厚

度对俯冲角度的影响，发现增厚地壳向海沟运动促使大洋板块低角度俯冲。Sharples 等（2014）研究上覆板块厚度、强度和密度如何共同控制俯冲过程，揭示当上覆板块较厚、较强和密度较大时，海沟趋于向大陆方向迁移，大洋板块俯冲角度与上覆大陆厚度呈负相关。利用自由俯冲动力学模型，Holt 等（2015）研究了上覆板块黏度、厚度和密度对俯冲板片后撤速度的影响，提出具有较大负浮力的上覆板块会降低俯冲板片后撤速度和增加俯冲角度，而具有正浮力的上覆板块会加快海沟后撤。Riel 等（2018）通过二维数值模拟，揭示厚的上覆板块能够制约年轻大洋板片的俯冲角度和加快二者的会聚速率。唐嘉萱等（2020）研究了大陆板块的热状态对海沟位置和迁移的影响，揭示热的增厚陆壳重力垮塌和向俯冲大洋板块的逆冲将会减缓海沟后撤速度。

东亚大陆自北向南包括中亚增生造山带、阴山－燕山－辽西过渡带、华北克拉通、秦岭－大别山过渡带和华南复合地块。古太平洋板块自侏罗纪开始向东亚大陆俯冲，形成洋－陆汇聚型板块边界。对晚中生代古太平洋板块和新生代太平洋板块的俯冲历史已开展了大量研究，构建了（古）太平洋板块不同阶段的运动学模型，如高角度和低角度俯冲、俯冲板片的回卷和撕裂、海沟前进与回撤等。（古）太平洋板块俯冲常作为东亚大陆中—新生代地壳变形、岩浆活动以及它们时空演变的驱动机制。然而，当前研究较少考虑东亚大陆横向不均一性可能对（古）太平洋板块俯冲过程的影响。因此，西太－东亚衔接带是探索大陆不均一性如何影响和控制相邻大洋板块俯冲过程的难得区域。

1. 东亚大陆与大洋板块俯冲的相关性

不均一的东亚大陆在与俯冲板块相互作用时也有不同表现。大洋板块俯冲与东亚大陆的相关性，可以分中亚增生造山带、华北克拉通和华南复合陆块三部分进行讨论。

中亚增生造山带形成于古生代末—早三叠世，中—晚侏罗世西伯利亚克拉通与其碰撞进一步导致中亚造山带东部地壳增厚和岩浆活动。因此，晚中生代中亚造山带具有一个增厚热地壳，从而触发早白垩世发生重力垮塌和上地壳伸展（Meng，2003）。中亚造山带东缘保留完整的侏罗纪—白垩纪增生杂岩（Zhou et al.，2014），指示晚中生代古太平洋板块俯冲带位置没有发生明显侧向迁移。俯冲过程留下的地质记录与数值模拟结果一致，即增厚热地壳重力垮塌造成上覆大陆向俯冲大洋板块逆冲，从而降低了海沟回撤速率（唐嘉萱等，2020）。华南复合陆块东部的华夏造山带在早古生代末和中生代经历多期挤压变形以及岩浆活动，在晚中生代也发展为一个增厚热地壳。华夏造山带东缘也保存与古太平洋板块俯冲相关的增生杂岩系，指示晚中生代俯冲带位置相对稳定或海沟未发生明显侧向迁移（Li et al.，2020）。这种现象类似于中亚造山带东缘晚中生代俯冲带的演化。上述分析指示造山带的增厚热地壳的垮塌和向俯冲大洋板块的逆冲可降低俯冲带的回撤。

华北克拉通曾是一个稳定刚硬大陆，岩石圈厚度在古生代可达约 200 km。晚中生代华北克拉通岩石圈厚度减薄到小于 80 km（Menzies et al.，1993；Griffin et al.，1998），强烈的岩浆活动和地壳伸展导致克拉通失去其原有的稳定性（朱日祥等，2012）。华北克拉通如何影响中生代古太平洋板块俯冲过程仍不清楚。华北克拉通东缘没有出现与古太平洋板块俯冲相关的中生代增生杂岩系，可能指示西太板块在俯冲过程中曾不断回撤。华北克拉通晚中生代强烈伸展减薄和岩浆活动也反映古太平洋板块的回卷与回撤。这一推论与数字模拟结果相符，即冷的大陆板块（克拉通）可促使俯冲大洋板块快速回撤并引发上覆大陆地壳伸展和火山活动（唐嘉萱等，2020）。

华南复合陆块不仅包括扬子克拉通，而且包括多个不同规模元古代变质地体（舒良树等，2020），因此其地质结构既不同于华北克拉通也不同于中亚增生造山带。早古生代末广西运动和中三叠世印支运动进一步导致华南复合地块发生陆内变形，以及其内部在晚中生代已表现为明显的非均一性，特别是其东部已发展为一个陆内复合造山带（张国伟等，2013）。对于复合陆块如何影响相邻大洋板块俯冲过程，目前缺乏研究和探索。华南复合陆块在晚中生代发生挤压和伸展构造变形的交替，这种构造体制的时空变化通常归因于古太平洋板块俯冲角度和速率的变化对上覆板块的影响（Chu et al.，2019；Li et al.，2014）。

2. 过渡带对大洋板块俯冲过程的影响

过渡带是大陆内部狭窄的构造薄弱带。东亚大陆存在两种类型的过渡带：

一种位于增生造山带与克拉通之间，由克拉通边缘演变而来；另一种位于两个克拉通之间，由古老造山带构成。阴山－燕山构造带和秦岭－大别造山带是两种过渡带的代表。晚中生代这两个过渡带经历了多期构造变形和岩浆活动，其构造位置和地壳结构很可能影响古太平洋板块的俯冲过程。华北克拉通与中亚造山带具有完全不同的岩石圈结构、热状态和构造历史，阴山－燕山过渡带标记了两种不同构造单元的空间转换。阴山－燕山过渡带记录了晚中生代岩浆活动时空迁移和伸展－挤压构造作用的交替（Wu et al.，2019；Ma and Xu，2021）。由于中亚造山带和华北克拉通对西太俯冲过程可能产生不同影响，因此西太俯冲板片很可能沿阴山－燕山过渡带发生撕裂（Meng et al.，2022）。早白垩世裂谷盆地和岩浆活动迁移记录了西太俯冲板片自西向东的撕裂过程。西太板块在秦岭－大别山过渡带之下也可能曾发生过撕裂，但这一推论仍需地质和地球物理资料限定。

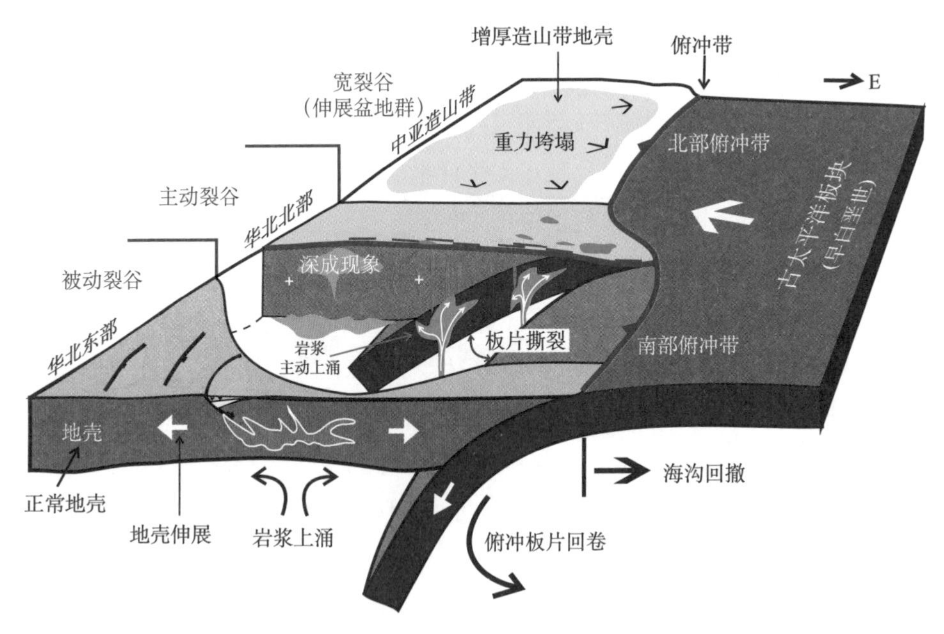

图 4-13　俯冲板片撕裂在早白垩世华北克拉通裂谷盆地发育和岩浆活动中起重要作用（Meng et al.，2022）

三、东亚大陆盆地时空差异性演化

1. 盆地演化时空差异与基底属性不均一性

东亚大陆广泛发育中—新生代盆地，但盆地演化在时空上存在明显差异。早中生代盆地的形成和发展主要与蒙古－鄂霍次克洋和古特提斯洋板块俯冲以及相邻地块汇聚碰撞过程相关，产生与大洋板块俯冲相关的伸展盆地、与地块碰撞相关的挤压盆地以及与碰撞后增厚地壳垮塌相关的伸展盆地（Meng et al.，2019，2020）。晚中生代盆地经历了复杂演化，不同陆块的盆地演化历史不同，同一陆块不同部位的盆地也显示差异性。中侏罗世挤压造山作用（燕山运动）广泛影响东亚大陆地壳变形，导致早中生代盆地普遍发生抬升反转。

中亚造山带东部晚侏罗世发育伸展盆地，早白垩世早期由于挤压发生反转，早白垩世又开始形成伸展盆地群或宽裂谷（Meng et al.，2003）。晚白垩世盆地演化更表现出明显的空间差异性，西部盆地群以缓慢沉降为特征，东部松辽盆地则经历了强烈拗陷（Wang et al.，2016）。中亚造山带缺乏新生代沉积盆地。中—晚侏罗世华北克拉通沉积盆地主要发育在西部以及其南、北边缘和太行山构造带内（张岳桥等，2007）。早白垩世伸展盆地主要发生在华北克拉通东部以及太行山与贺兰山构造带东侧。早白垩世末地壳挤压作用造成早期盆地不同程度反转和抬升。晚白垩世华北克拉通未经历明显构造沉降，仅东缘部分地区发生凹陷以及与走滑断裂相关的沉降和沉积（张岳桥等，2008）。新生代华北克拉通盆地演化出现明显差异性沉降，东部渤海湾裂谷盆地强烈沉积（Qi and Yang，2010），而西部伸展盆地主要沿鄂尔多斯地块周缘发育（Shi et al.，2020）。华南复合地块东部晚中生代构造环境和盆地类型经历了复杂演变。中—晚侏罗世发育挤压盆地，早白垩世早期为伸展盆地，早白垩世晚期盆地挤压反转，而晚白垩世又演变为伸展盆地（Chu et al.，2019；Li et al.，2020）。华南复合陆块西部四川盆地在晚中生代连续沉降，未经历伸张－挤压多阶段发展过程（Liu L et al.，2021）。新生代裂谷盆地向东迁移到东海区域。

中—新生代盆地构造演化在空间上具有很大差异性，并且在白垩纪—新生代表现得尤为突出。盆地属性的空间变化与大陆横向不均一性之间可能存在内在联系。早白垩世中亚造山带东部宽裂谷盆地发育在造山带增厚地壳之上，而华北被动裂谷盆地则形成在克拉通基底之上（Meng et al.，2022）。华南复合陆块基底既不同于克拉通基底，也不同于造山带基底，因此白垩纪盆地演化在许多方面明显不同于典型宽裂谷和被动裂谷盆地，表现出挤压和伸展构造作用反复交替。新生代东亚大陆盆地演化的空间差异性也指示地壳横向不均一性可能对太平洋板块俯冲过程的影响不同，如裂谷盆地在中亚造山带缺失，在华北克拉通东部广泛发育，在华南复合陆块则迁移到东海海域（Zhu et al.，2019）。

2. 板块俯冲、深部过程与盆地演化

大陆盆地演化与相邻大洋板块俯冲和引发的深部过程密切相关（Liu et al.，2017）。大洋低角度俯冲造成上覆大陆发生水平挤压，逆冲推覆构造导致挤压挠曲盆地的形成，如美国西部晚中生代前陆盆地体系（DeCelles，2004）。大洋板块高角度俯冲则造成上覆大陆发生水平伸展和岩石圈减薄，产生裂谷盆地，同时导致深部软流圈热物质上涌和引发岩石圈 / 地壳发生部分熔融。深部岩浆活动和地表火山喷发明显影响裂谷盆地的演化过程，因此裂谷盆地的火山-沉积序列可用于反演盆地深部过程（Meng et al.，2022）。东亚大陆中—新生代盆地类型的时空变化有明确的（火山）沉积以及构造变形记录，但盆地构造沉降和沉积作用与相邻（古）太平洋板块俯冲和深部地幔楔形成演化之间的内在关联需深入研究。（古）太平洋板块俯冲产生的大地幔楔对华北克拉通中—新生代岩浆活动、岩石圈变形和盆地构造演化具有重要的影响（朱日祥等，2020；朱日祥和徐义刚，2019），但大地幔楔对东亚大陆的影响范围和影响方式仍不清楚，如东北亚和华南复合大陆盆地发展和岩浆活动是否受大地幔楔活动的影响还不清楚。

中—新生代东亚大陆盆地演化还可能受中 - 新特提斯大洋板块俯冲以及欧亚 - 印度大陆碰撞的影响。晚中生代中 - 新特提斯洋可能向东延伸到东亚大陆南侧（Stampfli and Borel，2002；Scotese，2021），大洋板块向北俯冲可直接影响华南复合大陆地壳变形和盆地发育。华南复合大陆晚中生代盆

地演化研究目前主要考虑古太平洋板块俯冲的影响，对特提斯洋板块俯冲所产生的控制作用考虑较少。欧亚 – 印度大陆之间碰撞和持续陆内汇聚可产生远程影响，如地块侧向挤出可导致地块间斜向挤压等，也对东亚大陆新生代盆地发展产生一定的影响。如何辨识空间上不同构造作用对盆地发展所产生的影响，是恢复新生代东亚盆地演化与太平洋板块相互作用的一项重要研究内容。

大陆横向不均一性对大洋板块俯冲行为的影响是地球系统科学的一个前缘研究领域，对其研究有助于深入了解洋 – 陆汇聚过程、不同动力学过程关联以及板片俯冲时空转换机制。重建东亚大陆中—新生代地壳 / 岩石圈结构和热历史、分析与（古）太平洋板块俯冲相关的地质记录以及使用数值模拟技术，是探索西太 – 东亚汇聚过程的重要途径之一。该研究领域面临几个关键问题：①大洋板块俯冲角度变化、板块回卷以及海沟回撤实际上受多种因素影响，如俯冲洋壳年龄、汇聚速率以及洋底高原俯冲等。如何判定上覆板块横向不均一性对大洋板块俯冲过程的贡献仍缺乏具体识别标志。②大洋板块俯冲方式的变化会改变上覆板块岩石圈结构、厚度和热状态，上覆板块横向不均一性将会随之改变。如何限定东亚大陆横向不均一性的时空改变对（古）太平洋板片俯冲的影响还未开展深入研究。③周缘构造作用会不同程度地影响东亚大陆变形、改变其横向不均一性的空间格局以及影响相邻大洋板块俯冲方式。例如，中生代新特提斯洋板块向北俯冲和新生代欧亚 – 印度碰撞 / 汇聚皆影响东亚大陆变形。如何甄别区域构造作用对东亚大陆横向不均一性的影响是一项重要挑战。

第五节　中新生代盆地流体活动及资源环境效应

西太平洋俯冲作用显著影响了我国东部深部地质结构、岩浆火山活动、盆地形成演化、流体物质的对流循环过程以及多种流体和固体矿产资源的富集。西太 – 东亚海陆衔接带除了发育全球瞩目的陆相盆地和边缘海、花岗岩带和火山活动外，这一地区还是全球重要的贵重稀有金属、非生物 CH_4、H_2、CO_2、He、油气等多种资源基地，其中松辽盆地和渤海湾盆地的产油量占我国的半壁江山，华南多金属矿产在全球尺度上也有重要的地位。

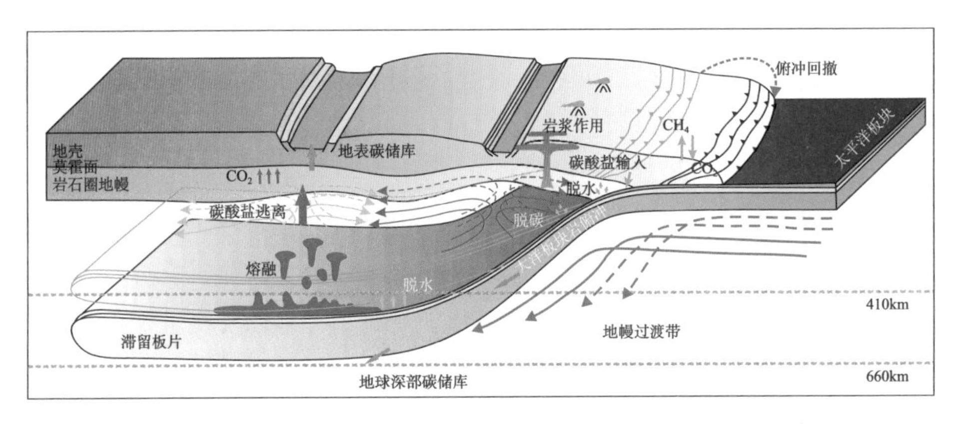

图 4-14　中国东部太平洋俯冲带与深部物质循环示意图（赵斐宇等，2017）

一、西太－东亚海陆衔接带深部过程与盆地形成演化

西太平洋俯冲作用显著影响着我国东部壳幔不同层圈结构特征和西太－东亚陆海衔接带深部过程与盆地形成演化。自中新生代以来，太平洋板块向西俯冲至华北板块之下，在大地幔楔作用及俯冲后撤作用的影响下（郑建平，2020），浅表圈层持续的拉张作用和岩浆火山活动促使华北克拉通板块破坏（朱日祥和徐义刚，2019），同时地壳厚度和岩石圈厚度减薄，导致东部众多裂谷盆地形成。

西太－东亚俯冲带高角度板块俯冲诱发弧后地幔对流和伸展，导致东亚－西太衔接带广泛发育边缘海（弧后伸展盆地），不仅广泛发育新生代边缘海，而且中生代也存在残留边缘海，如前面所提到的花东海盆具有早白垩世洋壳，被认为是东亚大陆边缘罕见的中生代边缘海残留体（黄奇瑜等，2012）。但板块俯冲诱发的弧后伸展并非是边缘海形成的单一控制因素，走滑拉分和转换断层应同时控制弧后伸展盆地的演化，其中日本海和南海海域在新生代以来发育有多个走滑拉分和转换断层（Chough et al.，2018）。然而，海盆周缘发育走滑 / 转换断层和俯冲带，其晚中生代位置和构造环境值得深入探究，（古）

西太板块俯冲是否导致当时边缘海盆的形成，其地质记录和空间规模尚不清楚。

由于受太平洋俯冲作用的影响，东海陆架盆地自中、新生代以来遭受了多期构造活动影响，形成了时期不同、展布方向与性质各异的断裂、岩浆岩分布。受多期构造演化叠加影响，盆地具有多类型、多期次的构造体系演化特征。侏罗纪—早白垩世西太板块俯冲控制了弧前盆地、弧后伸展盆地以及克拉通边缘拗陷盆地的形成和发展。晚白垩世—新生代西太板块以斜向俯冲为特点，形成了弧后走滑相关盆地、陆内裂谷等不同类型沉积盆地。东海不仅是海陆衔接带，也是大规模油气聚集区。西太板块回卷诱发东海诸多裂谷盆地的形成，俯冲带向东后撤导致盆地不断向东迁移。东海盆地面积 25 万 km^2，比渤海湾、珠江口和莺歌海盆地大，但目前探明油气资源丰度仅为 2.68 万 t/km^2，探明率明显低于渤海湾、珠江口和莺歌海盆地。中新生代以来，东海东部是否存在俯冲，俯冲过程如何影响盆地的形成演化、盆地类型和分布，如何影响油气形成与聚集，是当前需要关注的科学问题。

二、火山活动对富有机质烃源岩发育的贡献

深部流体广泛发育，有利于富有机质烃源岩的形成。板块俯冲导致深部流体上涌，从而释放大量的 C、N、P、Fe、Si 等营养物质和 Zn、Mn、Ni、V 等重要的微量金属元素，这些元素是有机生物生长繁育所必需的。其中，N 是植物体内蛋白质、磷脂和叶绿素的重要组成，在深部流体中 N 主要以 NO_3^-、NH_4^+、NO_2^- 等形式存在。Fe 是除 N、P、Si 等常量元素外，大洋水体中浮游植物生长的又一重要元素。Fe 或富 Fe 火山灰等物质的加入，将促进赤道太平洋等高营养低叶绿素（high nutrient low chlorophyll，HNLC）水域中 NO_3^-、NO_2^- 的吸收利用和浮游植物的生长繁盛。海底热液喷流（黑烟囱）也挟带各类营养物质和生命必需元素，使得水体中生物具有多样性和异常勃发（Li J et al.，2017），黑烟囱伴随的羽状物可以将深部化学物质和海洋微生物搬运至距离喷发口大于 4000 km 处（Fitzsimmons et al.，2017）。

大规模的岩浆及热液喷发，向大气和海洋输送了大量的 CO_2，引发了温室效应和海水的静止分层，造成如白垩纪中期的大洋缺氧等事件的发生。

Demaison 和 Moore（1980）指出，与富氧水体不同，缺氧的底层水避免了有机质在下降沉积过程中氧化分解的损耗，是有机质富集的极佳环境。此外，火山喷发和深部流体喷涌对海水和湖水水体输送了额外的 S（硫酸盐、SO_2、H_2S 等），影响了细菌硫酸盐还原作用（bacterial sulfate reduction，BSR）过程，改变了水体氧化还原条件，逐步使水体进入硫化分层的静水环境，使水体中有机质处于良好的保存条件，最终有利于富有机质烃源岩的形成和发育。

在陆相湖盆的环境中，其水体范围比海相盆地要小，受火山活动或深部流体影响会更频繁和更显著。在淡水环境中硫酸盐含量平均浓度不到海水中浓度的百分之一，火山活动补充的硫酸盐为细菌硫酸盐还原作用提供了充足的硫源。火山活动导致的生物繁盛和硫酸根富集使得细菌硫酸盐还原作用对有机质的消耗和有机质的积累达到一种动态平衡，如果有机碳的保存要强于消耗，则有利于形成富有机质的页岩（Liu Q Y et al.，2021）。俯冲过程中，火山活动、热液流体等是如何影响湖盆中有机质富集和优质烃源岩发育的，以及 C-S-Fe 循环机制是什么有待深入研究。

三、深部流体作用下 C-H-He 资源效应

东部盆地区域中大量基性 - 超基性火山岩是西太平洋俯冲作用的直接表现。在深部俯冲与浅部地壳减薄拉张作用影响之下，壳幔深部流体广泛活动，导致我国许多地区相关无机 CO_2、CH_4、H_2、He 和油气等资源的形成富集。但不同地区深部地质结构的差异和深部地质作用过程的差异，会引起深部流体属性的差异，也导致无机 CO_2、CH_4、H_2、He 和油气等多种资源的形成与富集的差异。

H_2 是目前为止最为高效清洁的能源，同时也是现代工业不可或缺的原料。现阶段人类能利用的氢能主要来自工业生产（如化石燃料分解或者水电解）。越来越多的研究发现，固体地球从地表到地核都会有各种不同成因类型的 H_2。自然界中 H_2 具有多种来源，包括有机成因和无机成因。一般认为，在有机质生烃过程中可以产生一定量的 H_2，有机烃类物质与水在一定的温度和压力条件下也可以产生 H_2，这是目前工业上制备 H_2 的主要方法（Shah et al.，2001）。受微生物作用影响，生物成因的烷烃气田中会伴随

有含量较高的 H_2。无机 H_2 主要有幔源和水岩反应 H_2（金之钧等，2007；Sherwood Lollar et al.，2014）。地球科学家通过长期的研究发现，地幔橄榄岩通过岩浆作用被带出地表与地表水相互作用，抑或是地表水通过俯冲作用进入深部地球与地幔橄榄岩相互作用，这些都可以通过一系列水 - 岩相互作用（如蛇纹岩化）产生大量的 H_2（Klein et al.，2020）。近年来，在北京高压科学研究中心毛河光院士的带领下，在极端高压实验过程中发现，进入深部下地幔乃至核幔边界的 H_2O 会将金属铁氧化成具有黄铁矿结构的 FeO_2，同时释放出大量的 H_2（Mao et al.，2017）。以上研究成果说明，地球从浅部洋中脊到核幔边界，都有通过水岩反应产生的 H_2。另外，有人认为，H_2 主要由放射性元素辐照分解水形成（Bouquet et al.，2017）。Barbara Sherwood Lollar 等在 *Nature* 发文，他们经过大量的测量观测研究，发现在前寒武系的进程当中，H_2 的资源量有 2.27×10^{11} mol/a（Lollar et al.，2014）。其问题的关键是如何聚集成藏？ H_2 来源丰富，但由于活性强，地质条件下如何封盖保存，其成藏机理是需要进一步探索的科学问题。

在地球早期演化过程中，大量的无机非生物成因 CH_4 就捕获在深部地幔中，Gold 和 Soter（1980）提出了“地球深部气体”的地幔脱气假说，认为地幔中的 CH_4 可以沿岩石圈板块边界、古缝合带、陨石撞击坑等地壳薄弱带向深部地壳中充注。此外，费托合成反应也是重要的形成机制（McCollom and Seewald，2006）。俯冲带高温高压环境是费托合成非生物碳氢资源的加工厂，地球深部碳氢挥发分物质的循环，对地质时间尺度地表碳氢资源形成演化具有重要影响。板块俯冲和岩浆作用产生的高温高压条件促使深部非生物碳氢工厂物理化学作用过程启动，形成大量 CH_4、H_2 等（Mao et al.，2020）。深部俯冲带碳氢加工厂效应、深部地幔岩浆中碳氢挥发分的释放等使深部流体在向浅部地层运移过程中输送大量的无机 CH_4 等，为浅表盆地海量无机 CH_4 等资源富集奠定基础。在大洋中脊、俯冲带、火山口等热液体系、蛇绿岩发育区等均发现了非生物成因烷烃气的产出（McCollom and Seewald，2001）。非生物烷烃气在地球生命演化的早期可能发挥了重要作用（Fiebig et al.，2007）。

中国东部沿着郯庐断裂的松辽、渤海湾、苏北等众多盆地中都见到一定含量的无机 CH_4 的产出。其中，松辽盆地庆深气田被证明存在无机 CH_4 规模性聚集，其也被证明是全球唯一具有工业价值的无机 CH_4 气藏（Dai et al.，

2008；Jin et al.，2009）。依据碳氢同位素和氦同位素端元模型，计算所得庆深气田 CH_4（除芳深 1 井外）中无机 CH_4 所占比例介于 25%～53%，超过 500 亿 m^3（Liu et al.，2016）。

深部岩浆火山活动、深大断裂等发育使得深部壳幔 He 资源向地壳浅部圈闭富集。研究发现，地质体中 He 主要来自幔源岩浆释放或者地壳花岗岩体中的 U 和 Th 的衰变。He 从深部运移至地球浅层圈闭中与油气伴生成藏或者溶解在地层 / 地热水中富集。美国雨果顿（Hugoton）气田为著名的富氦气田，He 主要为壳源放射性成因，He 含量平均为 0.532%；二叠纪盆地中也有丰富的氦气，含量平均为 0.03%～1.8%，资源潜力巨大（Ballentine and Porcelli，2001）。

我国中西部和东部盆地中都有一定量的氦气富集，中西部盆地以壳源氦气为主。壳氦气藏以威远气藏为代表，He 含量超过 0.15%，如威 100 井 He 含量为 0.3%，达到工业氦气藏的品位。此外，塔里木盆地雅克拉、塔中和鄂尔多斯盆地东胜气田等都有丰富壳源氦气富集。东部断裂带附近的含油气盆地是深部幔源氦气藏的主要分布区域。例如，松辽盆地芳深 9 井 He 含量最高可达 2.743%，汪 9-12 井中 He 含量为 2.104%（冯子辉等，2001）。渤海湾盆地济阳拗陷的东营凹陷和惠民凹陷交界的花沟地区天然气中 He 含量为 5.11%（花 501 井 459.1～461.7 m），中国东南部三水盆地中 He 含量最高可达 0.427%。值得一提的是，苏北盆地黄桥 CO_2 气田之上形成了一个小型氦气田，由于储量规模小，所以不具有商业开采价值。由于油气勘探与生产实践中对氦资源关注不足，对于氦气富集规律认识研究薄弱，但其作为战略性资源具有重要的工业和经济价值，也是提高天然气经济效益的着力点。这些不同成因来源的氦气将为我国氦资源的需求提供重要保障。

四、深部流体有机 - 无机相互作用对油气成藏影响

深部流体不仅挟带富含 C、H 等挥发分流体，而且也挟带大量热能，促使有机质快速成熟生烃形成热液石油（Simoneit，1990）。热液流体对沉积盆地中的原油产生热蚀变，使得原油的地球化学特征发生改变。由于热液对原油热蚀变促进了原油发生芳构化或者热裂解，原油构成以芳烃或者非烃 + 沥青质为主（Simoneit，1990），芳烃和非烃 + 沥青质含量介于 30%～98%

（Didyk and Simoneit，1990；Simoneit，1990），在美国黄石国家公园热液石油的芳烃和非烃＋沥青质含量甚至可达99%以上（Clifton et al.，1990）。我国陆上的苏北盆地黄桥地区幔源CO_2热液流体、云南兰坪金顶地区幔源铅锌（Pb-Zn）金属热液流体、塔里木盆地受深大断裂控制的顺北－顺南－古城地区的壳源热液流体等，影响了烃类的形成和原油的热蚀变。深部流体（CO_2、CH_4、H_2、He）除了在盆地储层圈闭中直接富集成藏之外，还能通过加氢作用提高沉积有机质生烃潜力。通常盆地中有机质生烃演化是一个逐渐脱氢贫氢的过程（Baskin，1997），深部流体提供额外的氢能，大幅提高生烃潜力。关于有机无机相互作用方面，金之钧及其团队从1999年开始做了有益的探索。1999年，在第一期973项目"中国典型叠合盆地油气形成富集与分布预测"的研究内容中，设计了关于深部流挟带的物质和能量影响烃源岩生烃的研究，主要是通过在封闭生烃模拟实验系统中加入H_2开展工作。Jin等（2004）模拟实验证实，加H_2后干酪根的生烃率可以提高147%。我国中西部盆地中，高演化烃源岩中的干酪根以及广泛分布的储层沥青基本不再具备生气能力，但深部来源的H_2为这些高演化烃源提供了额外的氢源，在深部来源热能的促进下可能将烃源中残留碳进一步激活，从而提高其生气潜力。对于H_2的来源，基于对河北大麻坪地幔捕虏体以及济阳拗陷玄武岩橄榄石中包裹体气体组分特征，认为H_2是幔源流体的主要挥发分之一，并以此将深部流体划分为富氢流体和富CO_2流体，并提出有机－无机复合生烃机理（金之钧等，2002）。在探讨深部流体氢逸度的过程中，开始对沉积盆地中的H_2来源进行研究（刘国勇等，2004）。通过自研设备，明确了幔源H_2的同位素组成（孟庆强，2008）。2014年，团队明确提出天然H_2作为能源气体的意义（孟庆强等，2014），并对济阳拗陷天然H_2的分布进行详细研究，认为幔源H_2在济阳拗陷广泛分布，为油气的形成提供了充足的H元素（Meng et al.，2015）。近年来，团队在高含量H_2的分布特征方面进行了较为系统的研究（孟庆强等，2021），并指出在自然界可能存在氢气藏（金之钧和王璐，2022）。

五、高分异花岗岩与多金属矿产形成

西太平洋板块俯冲作用及相关的岩浆火山活动、深大断裂发育等深部地质作用过程，促使深部流体从深部壳幔向浅表地层运移或驱动地壳内流体发生循环，流体从流经的岩石中萃取金属元素，最终卸载形成金属矿产资源。在我国华南、华北等区域形成多种类型金属矿产的富集成矿。

华南地区晚中生代岩浆活动和多金属成矿作用主要与西太俯冲板块回撤和上覆岩石圈伸展相关。受西太平洋大地幔楔影响，在110～83 Ma，由于软流圈地幔上涌和减压熔融，形成大量的A型高分异花岗岩、双峰式岩浆岩、基性岩脉等。伴随火山岩浆的形成，在我国东南沿海形成一系列的Cu、Au、Mo、U等矿产。受燕山期高分异的白云母过铝质花岗岩类影响，在南岭东段许多地区见有钨锡、稀有、稀土金属矿成矿作用。诸广山岩体（南部）的印支期（253 Ma、244 Ma）和燕山期（139 Ma、124 Ma）具有高分异特征的4件酸性岩脉（小岩体）样品中锆石的U含量明显高于同期岩体。依据铀矿床中高分异酸性岩脉（小岩体）侵位期、基性岩脉侵位期、铀成矿早期（140～90 Ma）三者的良好对应关系，结合这一锆石U含量指示，初步认为，华南花岗岩型铀矿床中的U可能主要来自高分异花岗岩浆；推测花岗岩型铀成矿可能属壳幔混合作用的结果，即铀源来自地壳分异岩浆，成矿流体和矿化剂主要来自地幔，而成矿空间受断裂系统控制。岩体锆石U含量或可在铀源丰度、矿床品位判别等方面发挥积极作用。

在华北东部地区，西太平洋俯冲作用导致克拉通破坏以及岩浆和深大断裂的广泛形成。来自俯冲洋壳、富集地幔或深部地壳的富CO_2流体挟带Au沿深大断裂向上运移，最终在浅部地壳金卸载成矿，形成世界级的胶东金成矿省；在华南，岩浆或构造驱动沉积地层中的热流体发生循环，在沉积岩内形成了Pb-Zn、Cu、Au、Sb、As、Hg等多种金属矿产。沉积地层中金属矿床的成矿作用与有机质的关系非常密切，很多金属硫化物矿体直接赋存在富有机质地层中。赋矿地层有机质为成矿提供了很好的地球化学障，油气流体可以还原地层中的（溶解的）硫酸盐，为成矿提供不可缺少的还原硫，为沉积岩内热液Pb-Zn、Cu成矿聚集提供储集场所。

综上所述，发育有大地幔楔的西太－东亚衔接带是地球系统科学研究的独特领域。大地幔楔的形成演化不但对东亚深部多圈层地质结构、盆地演化有着显著的控制作用，而且相关深部岩浆火山活动、深大断裂发育、深部流体活动等贯穿多圈层物质和能量的交换，对多金属矿产、油气、无机CH_4、

H_2、He 等资源的富集、成矿、成藏等产生了显著的影响。

该领域亟待解决的科学问题如下：

1）在西太 - 东亚衔接带大陆横向不均一性、大地幔楔对西太平洋板块俯冲的影响下，东海中新生代俯冲与走滑构造体系对边缘海形成演化产生什么影响？俯冲体系变化对东海新生代盆地形成演化有哪些影响？其动力学机制是什么？

2）深部流体活动是如何促进稀有贵重金属成矿和油气成藏的？其作用机制是什么？壳幔有机 - 无机相互作用对沉积岩内金属成矿和无机 CH_4、H_2、He 成藏制约的因素是什么？

3）东部不同区域深部岩浆活动、深大断裂发育等深部地质作用过程如何控制深部流体活动及其属性特征的差异？不同地区不同类型深部流体影响下，无机 CH_4、H_2、He 等成因来源、贡献大小、规模性聚集机制与富集主控因素有待深入探索。

4）中新生代以来广泛的火山喷发所挟带的生命营养元素 / 有毒元素如何影响成烃生物勃发或消减？成烃生物种属类型如何变异？火山喷发相伴的巨量 CO_2/SO_2/H_2S 等输入地表对优质烃源岩沉积发育与有机质保存环境的影响特征和机理还有待深入探索。

5）深部流体活动如何通过有机 - 无机相互作用影响盆地有机成烃、成藏全过程还有待进一步完善，包括深部流体催化加氢生烃与古老烃源岩再活化生烃机理、幔源 CO_2 天然驱替深层油气与致密油气耦合成藏机理、深部流体影响下油气资源潜力与有利区分布；探索天然 CO_2 气藏长期封存地质条件与 CO_2 驱采 -CCUS（CO_2 捕集利用与封存）工程一体化评价方法。

本章参考文献

董树文，张岳桥，李海龙，等. 2019.“燕山运动”与东亚大陆晚中生代多板块汇聚构造——纪念“燕山运动”90 周年. 中国科学：地球科学，49：913-938.

冯亚洲，杨进辉，孙金凤，等. 2020. 中生代古太平洋板块俯冲诱发华北克拉通破坏的物质记录. 中国科学：地球科学，50：651-662.

冯子辉，霍秋立，王雪 .2001. 松辽盆地北部氦气成藏特征研究 . 天然气工业，21（5）：27-30.

顾知微，黄宝玉，陈楚震，等 . 1976. 中国的瓣鳃类化石 . 北京：科学出版社 .

黄奇瑜，余梦明 . 2018. 边缘海的形成机制 . IODP-China. 大洋钻探五十年 . 上海：同济大学出版社 .

黄奇瑜，闫义，赵泉鸿，等 . 2012. 台湾新生代层序：反映南海张裂，层序和古海洋变化机制 . 科学通报，57（20）：1842-1862.

金之钧，胡文瑄，张刘平，等 . 2007. 深部流体活动及油气成藏效应 . 北京：科学出版社 .

金之钧，王璐 . 2022. 自然界有氢气藏吗？地球科学，47（10）：3858-3859.

金之钧，杨雷，曾溅辉，等 . 2002. 东营凹陷深部流体活动及其生烃效应初探 . 石油勘探与开发，29（2）：42-44.

刘国勇，张刘平，杨振平 . 2004. 天然气中氢气的地化特征及油气成藏效应 . 天然气工业，24（11）：31-33，13.

马强，郭建芳，徐义刚，等 . 2022. 华北中生代火山作用：对克拉通破坏深部过程和浅部响应的制约 . 矿物岩石地球化学通报，41：776-787.

孟庆强 . 2008. 幔源流体活动区油气地球化学特征 . 北京：中国石油大学 .

孟庆强，金之钧，刘文汇，等 . 2014. 天然气中伴生氢气的资源意义及其分布 . 石油实验地质，36（6）：712-717，724.

孟庆强，金之钧，孙冬胜，等 . 2021. 高含量氢气赋存的地质背景及勘探前景 . 石油实验地质，43（2）：208-216.

舒良树，陈祥云，楼法生 . 2020. 华南前侏罗纪构造 . 地质学报，94（2）：333-360.

唐嘉萱，陈林，孟庆任，等 . 2020. 上覆大陆板块热状态对俯冲动力学的影响：二维热力学模拟 . 中国科学：地球科学，50（10）：1424-1444.

汪品先 . 1995. "海源陆生化石"与中国新生代"海侵"问题 . 同济大学学报，23（增刊）：129-135.

汪品先，闵秋宝，林景星，等 . 1975. 我国东部新生代几个盆地半咸水有孔虫化石群的发现及其意义 . 地层古生物论文集，（2）：1-36.

汪品先，闵秋宝，卞云华 . 1982. 关于我国东部含油盆地早第三纪地层的沉积环境 . 地质论评，（5）：402-412.

汪品先，翦知湣 . 2019. 探索南海深部的回顾与展望 . 中国科学：地球科学，49（10）：1590-1606.

王崇友 . 1985. 辽河地区下第三系沙河街组钙质超微化石与白垩页岩的研究 . 中国地质科学院地质研究所文集，(1)：107-116.
王鸿祯，杨森楠，李思田 . 1983. 中国东部及邻区中、新生代盆地发育及大陆边缘区的构造发展 . 地质学报，(3)：213-223.
王乃文 . 1981. 山西外旋九字虫（新属新种）的发现及其地层与古地理意义 . 地质学报,(1)：14-19，83.
吴福元，孙德有，张广良，等 . 2000. 论燕山运动的深部地球动力学本质 . 高校地质学报，6：379-388.
席党鹏，万晓樵，冯志强，等 . 2010. 松辽盆地晚白垩世有孔虫的发现：来自松科 1 井湖海沟通的证据 . 科学通报，55（35）：3433-3436.
徐宝政 . 1989. 中国东部沿海地区早第三纪海侵地层与蒸发岩的关系 . 北京：北京大学出版社 .
徐义刚，李洪颜，洪路兵，等 . 2018. 东亚大地幔楔与中国东部新生代板内玄武岩成因 . 中国科学：地球科学，48（7）：825-843.
徐义刚，王强，唐功建，等 . 2020. 弧玄武岩的成因：进展与问题 . 中国科学：地球科学，50（12）：1818-1844.
徐义刚，陈俊，等 . 2022. 深地科学前沿问题战略研究报告 . 北京：科学出版社 .
姚益民，徐金鲤，单怀广，等 . 1992. 山东济阳坳陷早第三纪海侵的讨论 . 石油学报，(2)：29-34.
殷鸿福，吴顺宝，杜远生，等 . 1999. 华南是特提斯多岛洋体系的一部分 . 地球科学，24（1）：1-12.
翟明国 . 2011. 克拉通化与华北陆块的形成 . 中国科学：地球科学，41(8)：1037-1046.
翟明国，胡波，彭澎，等 . 2014. 华北中—新元古代的岩浆作用与多期裂谷事件 . 地学前缘，21（1）：100-119.
张国伟，郭安林，董云鹏，等 . 2019. 关于秦岭造山带 . 地质力学学报，25（5）：746-768.
张国伟，郭安林，王岳军，等 . 2013. 中国华南大陆构造与问题 . 中国科学：地球科学，43（10）：1553-1582.
张宏仁 . 1998. 燕山事件 . 地质学报，72（2）：103-111.
张克信，何卫红，徐亚东，等 . 2016. 中国洋板块地层分布及构造演化 . 地学前缘，23（6）：24-30.
张弥曼，周家健，刘智成 . 1977. 东北白垩纪含鱼化石地层的时代和沉积环境——东北白垩纪鱼化石之四．古脊椎动物学报，15（3）：36-39，78.

张岳桥，董树文，赵越，等．2007. 华北侏罗纪大地构造：综评与新认识．地质学报，81：1462-1480.

张岳桥，李金良，张田，等．2008. 胶莱盆地及其邻区白垩纪—古新世沉积构造演化历史及其区域动力学意义．地质学报，82（9）：29.

赵斐宇，姜素华，李三忠，等．2017. 中国东部无机 CO_2 气藏与（古）太平洋板块俯冲关联．地学前缘，24（4）：370-384.

郑建平．2020. 中国东部大陆岩石圈地幔置换作用的内外原因．地质力学学报，26（5）：742-758.

郑永飞，张少兵．2007. 华南前寒武纪大陆地壳的形成和演化．科学通报，52（1）：1-10.

朱日祥，范宏瑞，李建威，等．2015. 克拉通破坏型金矿床．中国科学：地球科学，45（8）：1153-1168.

朱日祥，徐义刚．2019. 西太平洋板块俯冲与华北克拉通破坏．中国科学：地球科学，49：1346-1356.

朱日祥，徐义刚，朱光，等．2012. 华北克拉通破坏．中国科学：地球科学，42：1135-1159.

朱日祥，周忠和，孟庆任．2020. 华北克拉通破坏对地表地质与陆地生物的影响．科学通报，65：2955-2965.

Agrusta R, Goes S, van Hunen J. 2017. Subducting-slab transition-zone interaction: stagnation, penetration and mode switches. Earth and Planetary Science Letters, 464: 10-23.

Ballentine C J, Porcelli D. 2001. Noble Gases and the Layered Mantle. Virginia: Eleventh Annual V. M. Goldschmidt Conference.

Baskin D K. 1997. Atomic H/C ratio of kerogen as an estimate of thermal maturity and organic matter conversion. AAPG Bulletin, 81(9): 1437-1450.

Ben-Avraham Z, Uyeda S. 1973. The evolution of the China Basin and the Mesozoic paleogeography of Borneo. Earth and Planetary Science Letters, 18(2): 365-376.

Boonstra M, Ramos M I F, Lammertsma E I, et al. 2015. Marine connections of Amazonia: Evidence from foraminifera and dinoflagellate cysts (early to middle Miocene, Colombia/Peru). Palaeogeography, Palaeoclimatology, Palaeoecology, 417: 176-194.

Boschman L M, van Hinsbergen D J J. 2016. On the enigmatic birth of the Pacific Plate within the Panthalassa Ocean. Science Advances, 2(7): e1600022.

Bouquet A, Glein C R, Wyrick D, et al. 2017. Alternative energy: production of H-2 by radiolysis of water in the rocky cores of icy bodies. The Astrophysical Journal Letters, 840(1): L8.

Bower D J, Gurnis M, Seton M. 2013. Lower mantle structure from paleogeographically constrained dynamic Earth models. Geochemistry, Geophysics, Geosystems, 14: 44-63.

Bradley D C. 2008. Passive margins through earth history. Earth-Science Reviews, 91: 1-26.

Cao H, Hu J, Peng P A, et al. 2016. Paleoenvironmental reconstruction of the Late Santonian Songliao Paleo-lake. Palaeogeography, Palaeoclimatology, Palaeoecology, 457: 290-303.

Capitanio F A, Stegman D R, Moresi L N, et al. 2010. Upper plate controls on deep subduction, trench migrations and deformations at convergent margins. Tectonophysics, 483: 80-92.

Cawood P A, Kröner A, Collins W J, et al. 2009. Accretionary orogens through earth history // Cawood P A, Kröner A. Earth Accretionary Systems in Space and Time. Geological Society, London, Special Publications, 318: 1-36.

Chough S, Shinn Y, Yoon S H. 2018. Regional strike-slip and initial subsidence of Korea Plateau, East Sea: tectonic implications for the opening of back-arc basins. Geosciences Journal, 22(4): 533-547.

Chu Y, Lin W, Faure M, et al. 2019. Cretaceous episodic extension in the South China Block, East Asia: evidence from the Yuechengling Massif of central South China. Tectonics, 38(10): 3675-3702.

Clifton C G, Walters C C, Simoneit B R T. 1990. Hydrothermal petroleums from Yellowstone National Park, Wyoming, U.S.A. Applied Geochemistry, 5(1): 169-191.

Collins W J, Belousova E A, Kemp A I S, et al. 2011. Two contrasting Phanerozoic orogenic systems revealed by hafnium isotope data. Nature Geoscience, 4(5): 333-337.

Condie K C. 2007. Accretionary orogens in space and time // Hatcher R D Jr, Carlson M P, McBride J H, et al. 4-D Framework of Continental Crust. Geological Society of America Memoir, 200:181-209.

Crawford J, Meffre S, Symonds P A. 2003. 120 to 0 Ma tectonic evolution of the Southwest Pacific and analogous geological evolution of the 600 to 220 Ma Tasman Fold Belt System. Geological Society of America, Special Publication, 22: 377-397.

Dai J X, Zou C N, Zhang S C, et al. 2008. Discrimination of abiogenic and biogenic alkane gases. Science in China Series D: Earth Sciences, 51(12): 1737-1749.

Dal Zilio L, Faccenda M, Capitanio F. 2018. The role of deep subduction in supercontinent breakup. Tectonophysics, 746: 312-324.

Dasgupta R, Mandal N, Lee C. 2021. Controls of subducting slab dip and age on the extensional versus compressional deformation in the overriding plate. Tectonophysics, 801: 228716.

DeCelles P G. 2004. Late Jurassic to Eocene evolution of the Cordilleran thrust belt and foreland basin system, Western U.S.A. American Journal of Science, 304: 105-168.

DeCelles P G. 2011. Foreland Basin Systems Revisited: Variations in Response to Tectonic Settings. New York: John Wiley & Sons.

Demaison G J, Moore G T. 1980. Anoxic environments and oil source bed genesis. Organic Geochemistry, 2(1): 9-31.

Deng Y, Xu Y G, Chen Y. 2021. Formation mechanism of the North-South Gravity Lineament in eastern China. Tectonophysics, 818: 229074.

Deschamps A, Monié P, Lallemand S, et al. 2000. Evidence for Early Cretaceous oceanic crust trapped in the Philippine Sea Plate. Earth and Planetary Science Letters, 179: 503-516.

Dewey J. 1980. Episodicity, sequence, and style at convergent plate boundaries. The Continental Crust and its Mineral Deposits, 20: 553-573.

Didyk B M, Simoneit B R T. 1990. Petroleum characteristics of the oil in a Guaymas Basin hydrothermal chimney. Applied Geochemistry, 5(1-2): 29-40.

Eizenhöfer P R, Zhao G. 2018. Solonker Suture in East Asia and its bearing on the final closure of the eastern segment of the Palaeo-Asian Ocean. Earth-Science Reviews, 186: 153-172.

Elsasser W M. 1971. Sea-floor spreading as thermal convection. JGR, 76(5): 1101-1112.

Engebretson D C, Cox A, Gordon R G. 1985. Relative motions between oceanic and continental plates in the Pacific basin. Special Paper of the Geological Society of America, 206(9): 1-60.

Ernst W G, Sleep N H, Tsujimori T. 2016. Plate-tectonic evolution of the Earth: bottom-up and top-down mantle circulation. Canadian Journal of Earth Sciences, 53: 1103-1120.

Faccenna C, Davy P, Brun J, et al. 1996. The dynamics of back-arc extensions: an experimental approach to the opening of the Tyrrhenian Sea. Geophysical Journal International, 126: 781-795.

Fiebig J, Woodland A B, Spangenberg J, et al. 2007. Natural evidence for rapid abiogenic hydrothermal generation of CH_4. Geochimica et Cosmochimica Acta, 71(12): 3028-3039.

Fitzsimmons J N, John S G, Marsay C M, et al. 2017. Iron persistence in a distal hydrothermal plume supported by dissolved-particulate exchange. Nature Geoscience, 10(3): 195-201.

Flament N, Bodur Ö F, Williams S E, et al. 2022. Assembly of the basal mantle structure beneath Africa. Nature, 603: 846-851.

Fournier M, Jolivet L, Davy P, et al. 2004. Backarc extension and collision: an experimental approach to the tectonics of Asia. Geophysical Journal International, 157: 871-889.

Fukao Y, Obayashi M, Inoue H, et al. 1992. Subducting slabs stagnant in the mantle transition zone. Journal of Geophysical Research: Solid Earth, 97: 4809-4822.

Gaillard F, Malki M, Iacono-Marziano G, et al. 2008. Carbonatite melts and electrical conductivity in the asthenosphere. Science, 322: 1363-1365.

Gao P, Santosh M, Kwon S, et al. 2021. Ocean Plate Stratigraphy of a long-lived Precambrian subduction-accretion system: The Wutai Complex, North China Craton. Precambrian Research, 363: 106334.

Garnero E J, McNamara A K. 2008. Structure and dynamics of Earth′s lower mantle. Science, 320(5876): 626-628.

Ge M H, Zhang J J, Li L, et al. 2018. A Triassic-Jurassic westward scissor-like subduction history of the Mudanjiang Ocean and amalgamation of the Jiamusi Block in NE China: constraints from whole-rock geochemistry and zircon U-Pb and Lu-Hf isotopes of the Lesser Xing′an-Zhangguangcai Range granitoids. Lithos, 302-303: 263-277.

Goes S, Agrusta R, van Hunen J, et al. 2017. Subduction-transition zone interaction: a review. Geosphere, 13: 644-664.

Gold T, Soter S. 1980. The deep-earth-gas hypothesis. Scientific American, 242(6): 154-161.

Griffin W L, Andi Z, O′Reilly S Y, et al. 1998. Phanerozoic evolution of the lithosphere beneath the Sino-Korean Craton. Mantle Dynamics and Plate Interactions in East Asia, 27: 107-126.

Griffiths R W, Hackney R I, van der Hilst R D. 1995. A laboratory investigation of effects of trench migration on the descent of subducted slabs. Earth And Planetary Science Letters, 133: 1-17.

Guo J F, Ma Q, Xu Y G, et al. 2022. Migration of Middle-Late Jurassic volcanism across the northern North China Craton in response to subduction of Paleo-Pacific Plate. Tectonophysics, 833: 229338.

Guo F, Wu Y, Zhang B, et al. 2021. Magmatic responses to Cretaceous subduction and tearing of the paleo-Pacific Plate in SE China: an overview. Earth-Science Reviews, 212: 103448.

Hall R, Breitfeld H T. 2017. Nature and demise of the proto-South China Sea. Bulletin of the

Geological Society of Malaysia, 63: 61-76.

Hall R. 1996. Reconstructing Cenozoic SE Asia. Geological Society, London, Special Publications, 106: 153-184.

Hassani R, Jongmans D, Chéry J. 1997. Study of plate deformation and stress in subduction processes using two-dimensional numerical models. Journal of Geophysical Research: Solid Earth, 102(B8): 17951-17965.

Hirschmann M M. 2006. Water, melting and the deep earth H_2O cycle. Annual Review of Earth and Planetary Sciences, 34: 629-653.

Holt A F, Becker T W, Buffett B A. 2015. Trench migration and overriding plate stress in dynamic subduction models. Geophysical Journal International, 201: 172-192.

Hsü K J. 1968. Principles of mélanges and their bearing on the Franciscan-Knoxville paradox. Geological Society of America Bulletin, 79: 1063-1074.

Hu J F, Peng P A, Liu M Y, et al. 2015. Seawater incursion events in a Cretaceous Paleo-lake revealed by specific marine biological markers. Scientific Reports, 5: 9508.

Hu J, Gurnis M. 2020. Subduction duration and slab dip. Geochemistry, Geophysics, Geosystems, 21(4): e2019GC008862.

Hua Y Y, Zhao D P, Xu Y G. 2022. Seismic azimuthal anisotropy tomography of the Southeast Asia subduction system. Journal of Geophysical Research-Solid Earth, 127: e2021JB022854

Huang C Y, Wang P X, Yu M M, et al. 2019. Mechanism and processes for opening up the South China Sea. National Science Review, 6(5):891-901.

Huang J, Zhao D. 2006. High-resolution mantle tomography of China and surrounding regions. Journal of Geophysical Research Solid Earth, 111: B9305.

Huang C Y, Chen W H, Wang M H, et al. 2018. Juxtaposed sequence stratigraphy, temporal-spatial variations of sedimentation and development of modern-forming Lichi Mélange in North Luzon Trough forearc basin onshore and offshore eastern Taiwan: an overview. Earth-Science Reviews, 182: 102-140.

Huang C Y, Wu W Y, Chang C P, et al. 1997. Evolution of the pre-collision accretionary prism in the arc-continent collision terrane of Taiwan. Tectonophysics, 281: 31-51.

Huang J, Li S G, Xiao Y, et al. 2015. Origin of low δ^{26}Mg Cenozoic basalts from South China Block and their geodynamic implications. Geochimica et Cosmochimica Acta, 164: 298-317.

Ichiki M, Baba K, Obayashi M, et al. 2006. Water content and geotherm in the upper mantle above the stagnant slab: interpretation of electrical conductivity and seismic P-wave velocity models. Physics of the Earth and Planetary Interiors, 155: 1-15.

Isozaki Y, Maruyama S, Furuoka F. 1990. Accreted oceanic materials in Japan. Tectonophysics, 181: 179-127.

Isozaki Y, Aoki K, Nakama T, et al. 2010. New insight into a subduction-related orogen: a reappraisal of the geotectonic framework and evolution of the Japanese Islands. Gondwana Research, 18: 82-105.

Jaramillo C, Romero I, D'Apolito C, et al. 2017. Miocene flooding events of western Amazonia. Science Advances, 3: e1601693.

Jicha B R, Kay S M. 2018. Quantifying arc migration and the role of forearc subduction erosion in the central Aleutians. Journal of Volcanology and Geothermal Research, 360: 84-99.

Jin Z J, Zhang L P, Yang L, et al. 2004. A preliminary study of mantle derived fluids and their effects on oil/gas generation in sedimentary basins. Journal of Petroleum Science and Engineering, 41: 45-55.

Jin Z J, Zhang L P, Wang Y, et al. 2009. Using carbon, hydrogen and helium isotopes to unravel the origin of hydrocarbons in the Wujiaweizi area of the Songliao Basin, China. Episodes, 32(3): 167-176.

Jolivet L, Faccenna C, D'Agostino N, et al. 1999. The kinematics of back-arc basins, examples from the Tyrrhenian, Aegean and Japan Seas. Geological Society, London, Special Publications, 164: 21-53.

Karato S. 2011. Water distribution across the mantle transition zone and its implications for global material circulation. Earth and Planetary Science Letters, 301: 413-423.

Karig D E. 1971. Origin and development of marginal basins in the Western Pacific. Journal of Geophysical Research, 76(11): 2542-2561.

Kay S M, Godoy E, Kurtz A. 2005. Episodic arc migration, crustal thickening, subduction erosion, and magmatism in the south-central Andes. GSA Bulletin, 117(1-2): 67-88.

Kee W S, Kim S W, Jeong Y J, et al. 2010. Characteristics of jurassic continental arc magmatism in South Korea: tectonic implications. Journal of Geology, 118(3): 305-323.

King S D, Frost D J, Rubie D C. 2015. Why cold slabs stagnate in the transition zone. Geology, 43: 231-234.

Klein F, Tarnas J D, Bach W. 2020. Abiotic sources of molecular hydrogen on Earth. Elements:

An International Magazine of Mineralogy, Geochemistry, and Petrology, 16(1): 19-24.

Kusky T M, Windley B F, Wang L, et al. 2014. Flat slab subduction, trench suction, and craton destruction: comparison of the North China, Wyoming, and Brazilian cratons. Tectonophysics, 630: 208-221.

Kusky T M, Windley B F, Safonova I, et al. 2013. Recognition of ocean plate stratigraphy in accretionary orogens through earth history: a record of 3.8 billion years of sea floor spreading, subduction, and accretion. Gondwana Research, 24: 501-547.

Lallemand S. 2016. Philippine Sea Plate inception, evolution, and consumption with special emphasis on the early stages of Izu-Bonin-Mariana subduction. Progress in Earth and Planetary Science, 3: 15.

Larsen H C, Mohn G, Nirrengarten M, et al. 2018. Rapid transition from continental breakup to igneous oceanic crust in the South China Sea. Nature Geoscience, 11: 782-789.

Li Z X, Mitchella R N, Spencer C J, et al. 2019. Decoding earth's rhythms: modulation of supercontinent cycles by longer superocean episodes. Precambrian Research, 323: 1-5.

Li C, Hilst R, Engdahl E, et al. 2008. A new global model for P wave speed variations in Earth's mantle. Geochemistry Geophysics Geosystems, 9: Q05018.

Li H Y, Xu Y G, Ryan J G, et al. 2016. Olivine and melt inclusion chemical constraints on the source of intracontinental basalts from the eastern North China Craton: discrimination of contributions from the subducted Pacific slab. Geochimica et Cosmochimica Acta, 178: 1-19.

Li H Y, Xu Y G, Ryan J G, et al. 2017. Evolution of the mantle beneath the eastern North China Craton during the Cenozoic: linking geochemical and geophysical observations. Journal of Geophysical Research: Solid Earth, 122(1): 224-246.

Li J, Cui J, Yang Q, et al. 2017. Oxidative weathering and microbial diversity of an inactive seafloor hydrothermal sulfide chimney. Frontiers in Microbiology, 8: 1378.

Li J, Zhang Y, Dong S, et al. 2014. Cretaceous tectonic evolution of South China: a preliminary synthesis. Earth-Science Reviews, 134: 98-136.

Li S G, Yang W, Ke S, et al. 2017. Deep carbon cycles constrained by a large-scale mantle Mg isotope anomaly in eastern China. National Science Review, 4(1): 111-120.

Li H Y, Li J, Ryan J G, et al. 2019. Molybdenum and boron isotope evidence for fluid-fluxed melting of intraplate upper mantle beneath the eastern North China Craton. Earth and Planetary Science Letters, 520: 105-114.

Li Z X, Li X H. 2007. Formation of the 1300km-wide intracontinental orogen and postorogenic magmatic province in Mesozoic South China: a flat-slab subduction model. Geology, 35: 179-182.

Li H, Arculus R J, Ishizuka O, et al. 2021. Basalt derived from highly refractory mantle sources during early Izu-Bonin-Mariana arc development. Nature Communications, 12: 1723.

Li J H, Cawood P A, Ratschbacher L, et al.2020. Building Southeast China in the late Mesozoic: insights from alternating episodes of shortening and extension along the Lianhuashan fault zone. Earth-Science Reviews, 201: 103056.

Li X H. 2000. Cretaceous magmatism and lithospheric extension in Southeast China. Journal of Asian Earth Sciences, 18: 293-305.

Li Z X, Li X H, Chung S L, et al. 2012. Magmatic switch-on and switch-off along the South China continental margin since the Permian: transition from an Andean-type to a Western Pacific-type plate boundary. Tectonophysics, 532-535: 271-290.

Ling M X, Wang F Y, Ding X, et al. 2009. Cretaceous ridge subduction along the Lower Yangtze River belt, Eastern China. Economic Geology, 104(2): 303-321.

Liu C L, Wang P X. 2013. The role of algal blooms in the formation of lacustrine petroleum source rocks—Evidence from Jiyang depression, Bohai Gulf Rift Basin, eastern China. Palaeogeography, Palaeoclimatology, Palaeoecology, 388: 15-22.

Liu J, Xia Q K, Deloule E, et al. 2015. Water content and oxygen isotopic composition of alkali basalts from the Taihang Mountains, China: recycled oceanic components in the mantle source. Journal of Petrology, 56: 681-702.

Liu L, Liu L J, Xu Y G. 2021. Mesozoic intraplate tectonism of East Asia due to flat subduction of a composite terrane slab. Earth-Science Reviews, 214: 103505.

Liu Q Y, Dai J X, Jin Z J, et al. 2016. Abnormal carbon and hydrogen isotopes of alkane gases from the Qingshen gas field, Songliao Basin, China, suggesting abiogenic alkanes? Journal of Asian Earth Sciences, 115: 285-297.

Liu Q Y, Li P, Jin Z J, et al. 2021. Preservation of organic matter in shale linked to bacterial sulfate reduction (BSR) and volcanic activity under marine and lacustrine depositional environments. Marine and Petroleum Geology, 127: 104950.

Liu K, Zhang J, Xiao W, et al. 2020. A review of magmatism and deformation history along the NE Asian margin from ca. 95 to 30 Ma: transition from the Izanagi to Pacific plate subduction in the early Cenozoic. Earth-Science Reviews, 209: 103317.

Liu S, Gurnis M, Ma P, et al. 2017. Reconstruction of Northeast Asian deformation integrated with western Pacific plate subduction since 200 Ma. Earth-Science Reviews, 175: 114-142.

Liu S, Yang Y, Deng B, et al. 2021. Tectonic evolution of the Sichuan Basin, Southwest China. Earth-Science Reviews, 213: 103470.

Lollar B S, Onstott T C, Lacrampe-Couloume G, et al. 2014. The contribution of the Precambrian continental lithosphere to global H_2 production. Nature, 516(7531): 379-382.

Ma Q, Xu Y. 2021. Magmatic perspective on subduction of Paleo-Pacific plate and initiation of big mantle wedge in East Asia. Earth-Science Reviews, 213: 103473.

Ma Q, Xu Y G, Zheng J P, et al. 2016. Coexisting early cretaceous high-Mg andesites and adakitic rocks in the North China craton: the role of water in intraplate magmatism and cratonic destruction. Journal of Petrology, 57: 1279-1308.

Ma L, Xu Y G, Li J, et al. 2022. Molybdenum isotopic constraints on the origin of EM1-type continental intraplate basalts. Geochimica et Cosmochimica Acta, 317: 255-268.

Manea VC, Pérez-Gussinyé M, Manea M. 2012. Chilean flat slab subduction controlled by overriding plate thickness and trench rollback. Geology, 40: 35-38.

Mao H K, Hu Q, Yang L, et al. 2017. When water meets iron at Earth's core—mantle boundary. National Science Review, 4(6): 870-878.

Mao H K, Ji C, Li B, et al. 2020. Extreme energetic materials at ultrahigh pressures. Engineering, 6(9): 976-980.

Maruyama S, Isozaki Y, Kimura G, et al. 1997. Paleogeographic maps of the Japanese Islands: Plate tectonic synthesis from 750 Ma to the present. Island Arc, 6(1): 121-142.

Matsuoka A. 1992. Jurassic-Early Cretaceous tectonic evolution of the Southern Chichibu terrane, southwest Japan. Palaeogeography. Palaeoclimatology, Palaeoecology, 96: 71 88.

McCollom T M, Seewald J S. 2001. A reassessment of the potential for reduction of dissolved CO_2 to hydrocarbons during serpentinization of olivine. Geochimica et Cosmochimica Acta, 65(21): 3769-3778.

McCollom T M, Seewald J S. 2006. Carbon isotope composition of organic compounds produced by abiotic synthesis under hydrothermal conditions. Earth and Planetary Science Letters, 243 (1-2): 74-84.

McNamara A K, Zhong S. 2005. Thermochemical structures beneath Africa and the Pacific Ocean.

Nature, 437(7062): 1136-1139.

Menard H W. 1967. Transitional types of crust under small ocean basins. Journal of Geophysical Research, 72(12): 3061-3073.

Meng Q R, Zhou Z H, Zhu R X, et al. 2022. Cretaceous basin evolution in Northeast Asia: tectonic responses to the paleo-Pacific plate subduction. National Science Review, 9: b88.

Meng Q, Sun Y, Tong J, et al. 2015. Distribution and geochemical characteristics of hydrogen in natural gas from the jiyang depression, Eastern China. Acta Geologica Sinica (English Edition), 89(5): 1616-1624.

Meng Q R. 2003. What drove late Mesozoic extension of the northern China-Mongolia tract? Tectonophysics, 369: 155-174.

Meng Q R, Hu J, Jin J, et al. 2003. Tectonics of the late Mesozoic wide extensional basin system in the China—Mongolia border region. Basin Research, 15: 397-415.

Meng Q R, Wang E, Hu J M. 2005. Mesozoic sedimentary evolution of the northwest Sichuan Basin: implication for continued clockwise rotation of the South China block. Geologic Society of American Bulletin, 117 (3/4): 396-410.

Meng Q R, Wu G L, Fan L G, et al. 2019. Tectonic evolution of early Mesozoic sedimentary basins in the North China block. Earth-Science Reviews, 190: 416-438.

Meng Q R, Wu G L, Fan L G, et al. 2020. Late Triassic uplift, magmatism and extension of the northern North China block. Earth and Planetary Science Letters, 547: 116451.

Menzies M A, Fan W, Zhang M. 1993. Palaeozoic and Cenozoic lithoprobes and the loss of ＞120 km of Archaean lithosphere, Sino-Korean craton, China. Geological Society, London, Special Publications, 76: 71-81.

Mohn G, Ringenbach J C, Nirrengarten M, et al. 2022. Mode of continental breakup of marginal seas. Geology, 50: 1208-1213.

Murphy J B, Nance R D. 1991. Supercontinent model for the contrasting character of Late Proterozoic orogenic belts. Geology, 19: 469-472.

Murphy J B, Nance R D. 2003. Do supercontinents introvert or extrovert?: Sm-Nd isotope evidence. Geology, 31: 873-876.

Murphy J B, Nance R D. 2008. The Pangea conundrum. Geology, 36(9): 703-706.

Northrup C J, Royden L H, Burchfiel B C. 1995. Motion of the Pacific plate relative to Eurasia and its potential relation to Cenozoic extension along the eastern margin of Eurasia. Geology,

23: 719-722.

Okada S, Ikeda Y. 2012. Quantifying crustal extension and shortening in the back-arc region of northeast Japan. Journal of Geophysical Research: Solid Earth, 117(B1): B01404.

Pubellier M, Monnier C, Maury R, et al. 2004. Plate kinematics, origin and tectonic emplacement of supra-subduction ophiolites in SE Asia. Tectonophysics, 392: 9-36.

Qi J F, Yang Q. 2010. Cenozoic structural deformation and dynamic processes of the Bohai Bay basin province, China. Marine and Petroleum Geology, 27: 757-771.

Qian S, Zhang X, Wu J, et al. 2021. First identification of a Cathaysian continental fragment beneath the Gagua Ridge, Philippine Sea, and its tectonic implications. Geology, 49(11): 1332-1336.

Queaño K L, Ali J R, Milsom J, et al. 2007. North Luzon and the Philippine Sea Plate motion model: insights following paleomagnetic, structural, and age-dating investigations. Journal of Geophysical Research, 112: B05101.

Queaño K L, Marquez E J, Aitchison J C, et al. 2013. Radiolarian biostratigraphic data from the Casiguran Ophiolite, Northern Sierra Madre, Philippines: stratigraphic and tectonic implications. Journal of Asian Earth Sciences, 65: 131-142.

Reboul G, Moreira D, Annenkova N, et al. 2021. Marine signature taxa and core microbial community stability along latitudinal and vertical gradients in sediments of the deepest freshwater lake. The ISME Journal, 15: 3412-3417.

Ren J, Tamaki K, Li S, et al. 2002. Late Mesozoic and Cenozoic rifting and its dynamic setting in Eastern China and adjacent areas. Tectonophysics, 344: 175-205.

Riel N, Capitanio F A, Velic M. 2018. Numerical modeling of stress and topography coupling during subduction: inferences on global vs. regional observables interpretation. Tectonophysics, 746: 239-250.

Rosenbaum G. 2018. The Tasmanides: Phanerozoic tectonic evolution of Eastern Australia. Annual Review of Earth and Planetary Sciences, 46: 291-325.

Russo R M, Silver P G. 1994. Trench-parallel flow beneath the Nazca plate from seismic anisotropy. Science, 263(5150): 1105-1111.

Safonova I Y, Santosh M. 2014. Accretionary complexes in the Asia-Pacific region: tracing archives of ocean plate stratigraphy and tracking mantle plumes. Gondwana Research, 25(1): 126-158.

Salters V J M, Stracke A. 2004. Composition of the depleted mantle. Geochemistry Geophysics Geosystems, 5(5): Q05807.

Schellart W P, Lister G S, Toy V G. 2006. A late cretaceous and Cenozoic reconstruction of the Southwest Pacific region: tectonics controlled by subduction and slab rollback processes. Earth-Science Reviews, 76: 191-233.

Scotese C R. 2021. An Atlas of phanerozoic paleogeographic maps: the seas come in and the seas go out. Annual Review of Earth and Planetary Sciences, 49: 679-728.

Sdrolias M, Müller R D. 2006. Controls on back-arc basin formation. Geochemistry, Geophysics, Geosystems, 7(4): Q04016.

Sengör A M C, Natal′in B, Sunal G A, et al. 2018. The tectonics of the altaids: crustal growth during the construction of the continental lithosphere of central Asia between～750 and～130 Ma Ago. Annual Review of Earth and Planetary Sciences, 46: 439-494.

Seton M, Müller R D, Zahirovic S, et al. 2012. Global continental and ocean basin reconstructions since 200 Ma. Earth-Science Reviews, 113: 212-270.

Shah N, Panjala D, Huffman G P. 2001. Hydrogen production by catalytic decomposition of methane. Energy & Fuels, 15(6): 1528-1534.

Sharples W, Jadamec M A, Moresi L N, et al. 2014. Overriding plate controls on subduction evolution. Journal of Geophysical Research (Solid Earth), 119: 6684-6704.

Sherwood Lollar B, Onstott T C, Lacrampe-Couloume G, et al. 2014. The contribution of the Precambrian continental lithosphere to global H_2 production. Nature, 516: 379-382.

Shi W, Dong S, Hu J. 2020. Neotectonics around the Ordos Block, North China: A review and new insights. Earth-Science Reviews, 200: 102969.

Sibuet J C, Letouzey J, Barbier F, et al. 1987. Back arc extension in the Okinawa trough. Journal of Geophysical Research, 92: 14041-14063.

Sigloch K, Mihalynuk M G. 2013. Intra-oceanic subduction shaped the assembly of Cordilleran North America. Nature, 496: 50-57.

Simoneit B R. 1990. Petroleum generation, an easy and widespread process in hydrothermal systems: an overview. Applied Geochemistry, 5(1-2): 3-15.

Sleep N, Toksöz M. 1971. Evolution of marginal basins. Nature, 233: 548-550.

Spencer C J, Murphy J B, Hoiland C W, et al. 2019. Evidence for whole mantle convection driving Cordilleran tectonics. Geophysical Research Letters, 46: 4239-4248.

Stampfli G M, Borel G D. 2002. A plate tectonic model for the Paleozoic and Mesozoic constrained by dynamic plate boundaries and restored synthetic oceanic isochrons. Earth and Planetary Science Letters, 196: 17-33.

Stern C R. 2011. Subduction erosion: Rates, mechanisms, and its role in arc magmatism and the evolution of the continental crust and mantle. Gondwana Research, 20(2-3): 284-308.

Straub S M, Gómez-Tuena A, Vannucchi P. 2020. Subduction erosion and arc volcanism. Nature Reviews Earth & Environment, 1(11): 574-589.

Su N, Zhu G, Wu X, et al. 2021. Back-arc tectonic tempos: records from Jurassic-Cretaceous basins in the eastern North China Craton. Gondwana Research, 90: 241-257.

Sun M D, Xu Y G, Wilde S A, et al. 2015. Provenance of Cretaceous trench slope sediments from the Mesozoic Wandashan Orogen, NE China: implications for determining ancient drainage systems and tectonics of the Paleo-Pacific. Tectonics, 34: 2015-3870.

Sun W D, Ding X, Hu Y H, et al. 2007. The golden transformation of the Cretaceous plate subduction in the West Pacific. Earth and Planetary Science Letters, 262: 533-542.

Sun Y, Hier-Majumder S, Xu Y, et al. 2020. Stability and migration of slab-derived carbonate-rich melts above the transition zone. Earth and Planetary Science Letters, 531: 116000.

Sun Z, Jian Z, Stock J M, et al. 2018. South China sea rifted margin // Proceedings of the International Ocean Discovery Program. 367/368. College Station, TX (IODP)

Sun Z, Lin J, Qiu N, et al. 2019. Why did the "magma-poor" South China Sea margin have so much magma? National Science Review, 6(5): 871-876.

Sun M H, Chen L A, Milan S A, et al. 2018. Continental arc and back-arc migration in Eastern NE China: new constraints on cretaceous paleo-pacific subduction and rollback. Tectonics, 37(10): 3893-3915.

Sun W, Zhang L, Li H, et al. 2020. The synchronic Cenozoic subduction initiations in the West Pacific induced by the closure of the Neo-Tethys Ocean. Science Bulletin, 65(24): 2068-2071.

Suo Y H, Li S Z, Jin C, et al. 2019. Eastward tectonic migration and transition of the Jurassic-Cretaceous Andean-type continental margin along Southeast China. Earth-Science Reviews, 196: 102884.

Tamaki K. 1995. Opening tectionics of the Japan Sea // Taylor B. Backarc Basins: Tectonics and Magmatism. New York: Plenum Press: 407-420.

Tamaki K, Honza E. 1991. Global tectonics and formation of marginal basins: role of the western

Pacific. Episodes, 14: 224-2230.

Tamaki K, Suyehiro K, Allan J, et al. 1992. Tectonic synthesis and implications of Japan Sea ODP drilling // Tamaki K, Suyehiro K, Allan J, et al. Proceedings of the Ocean Drilling Program, Scientific Results, 127: 1333-1348.

Tapponnier P, Peltzer G, Le Dain A Y, et al. 1982. Propagating extrusion tectonics in Asia: new insights from simple experiments with plasticine. Geology, 10: 611-616.

Taylor B, Hayes D E. 1980. The Tectonic evolution of the South China Sea Basin // Hayes D E. The Tectonic and Geologic Evolution of Southeast Asian Seas and Islands (Part 1). American Geophysical Union, Geophysical Monography Series, 23: 89-104.

Taylor B, Hayes D E. 1983. Origin and history of the South China Sea // Hayes D E. The Tectonic and Geologic Evolution of Southeast Seas and Islands (Pt. 2). American Geophysical Union, Geophysical Monograph, 27: 23-56.

Teng L S. 1987. Tectonostratigraphic facies and geological evolution of the Coastal Range, eastern Taiwan. Memoir of the Geological Society of China, 8: 229-250.

Torii Y, Yoshioka S. 2007. Physical conditions producing slab stagnation: Constraints of the Clapeyron slope, mantle viscosity, trench retreat, and dip angles. Tectonophysics, 445(3): 200-209.

Torsvik T H, Steinberger B, Shephard G E, et al. 2019. Pacific-panthalassic reconstructions: overview, errata and the way forward. Geochemistry, Geophysics, Geosystems, 20: 3659-3689.

Ujiie H, Iwasaki T. 1982. Imbricated thrust-fold zone recognized in the Eocene Kayo Formation of the northern Okinawa Islands. Bulletin of the College of Science, University of the Ryukyu, 45: 253-278.

Ujiie H, Nishimura Y. 1992. Transect of the Central and southern Ryukyu Island arc. In 29th IGC Field Trip Guide Book, vol. 5: Metamorphic belts and related plutonism in the Japanese Islands. Geological Survey of Japan: 337-361.

Uyeda S, Kanamori H. 1979. Back-arc opening and the mode of subduction. Journal of Geophysical Research: Solid Earth, 84(B3): 1049-1061.

van der Hilst R, Widiyantoro S, Engdahl E R. 1997. Evidence for deep mantle circulation from global tomography. Nature, 386(6625): 578-584.

van der Meer D G, Torsvik T H, Spakman W, et al. 2012. Intra-Panthalassa Ocean subduction zones revealed by fossil arcs and mantle structure. Nature Geoscience, 5(3): 215-219.

van Dinther Y, Morra G, Funiciello F, et al. 2010. Role of the overriding plate in the subduction process: insights from numerical models. Tectonophysics, 484: 74-86.

van Mierlo W L, Langenhorst F, Frost D J, et al. 2013. Stagnation of subducting slabs in the transition zone due to slow diffusion in majoritic garnet. Nature Geoscience, 6(5): 400-403.

Wakita K. 2013. Geology and tectonics of Japanese islands: a review—the key to understanding the geology of Asia. Journal of Asian Earth Sciences, 72: 75-87.

Wang X C, Li Z X, Li X H, et al. 2013. Identification of an ancient mantle reservoir and young recycled materials in the source region of a young mantle plume: implications for potential linkages between plume and plate tectonics. Earth and Planetary Science Letters, 377-378: 248-259.

Wang P X, Huang C Y, Lin J, et al. 2019. The South China Sea is not a mini-Atlantic: Plate-edge rifting vs. intra-plate rifting. National Science Review, 6(5): 902-913.

Wang P, Min Q, Bian Y. 1985. On marine-continental transitional faunas in Cenozoic deposits of East China // Marine Micropaleontology of China. Beijing, Berlin: China Ocean Press and Springer Verlag: 15-33.

Wang P J, Mattern F, Didenko N A, et al. 2016. Tectonics and cycle system of the Cretaceous Songliao Basin: an inverted active continental margin basin. Earth-Science Reviews, 159: 82-102.

Wei S S, Shearer P M. 2017. A sporadic low-velocity layer atop the 410 km discontinuity beneath the Pacific Ocean. Journal of Geophysical Research: Solid Earth, 122(7): 5144-5159.

Weller O M, Mottram C M, St-Onge M R, et al. 2021. The metamorphic and magmatic record of collisional orogens. Nature Reviews Earth & Environment, 2 (11): 781-799.

Wilde S A. 2015. Final amalgamation of the Central Asian Orogenic Belt in NE China: Paleo-Asian Ocean closure versus Paleo-Pacific plate subduction—a review of the evidence. Tectonophysics, 662: 345-362.

Wilson J T, Burke K. 1972. Two types of mountain building. Nature, 239: 448-449.

Wong W H. 1926. Crustal Movement in Eastern China. Tokyo: Proceed 3rd Pan-Pacific Science Congress.

Worrall D M, Kruglyak V, Kunst F, et al. 1996. Tertiary tectonics of the Sea of Okhotsk, Russia: Far-field effects of the India-Eurasia collision. Tectonics, 15: 813-826.

Wu F Y, Yang J H, Xu Y G, et al. 2019. Destruction of the North China Craton in the Mesozoic.

Annual Review of Earth and Planetary Sciences, 47: 173-195.

Wu J, Suppe J, Lu R Q, et al. 2016. Philippine Sea and east Asian plate tectonics since 52 Ma constrained by new subducted slab reconstruction methods. Journal of Geophysical Research: Solid Earth, 121: 4670-4741.

Wu J, Lin Y A, Flament N, et al. 2022. Northwest Pacific-Izanagi plate tectonics since Cretaceous times from western Pacific mantle structure. Earth and Planetary Science Letters, 583: 117445.

Xi D P, Cao W X, Huang Q H, et al. 2016. Late Cretaceous marine fossils and seawater incursion events in the Songliao Basin, NE China. Cretaceous Research, 62: 172-182.

Xia Q K, Liu J, Liu S C, et al. 2013. High water content in Mesozoic primitive basalts of the North China Craton and implications on the destruction of cratonic mantle lithosphere. Earth and Planetary Science Letters, 361: 85-97.

Xia Q K, Liu J, Kovács I, et al. 2019. Water in the upper mantle and deep crust of eastern China: concentration, distribution and implications. National Science Review, 6(1): 125-144.

Xiao W J, Han C M, Yuan C, et al. 2010. Transitions among Mariana-Japan-Cordillera, and Alaska-type arc systems and their final juxtapositions leading to accretionary and collisional orogenesis. Geological Society, London, Special Publications, 338: 35-53.

Xiao W J, Windley B F, Allen M, et al. 2013. Paleozoic multiple accretionary and collisional tectonics of the Chinese Tianshan orogenic collage. Gondwana Research, 23: 1316-1341.

Xiao W J, Windley B F, Li S S, et al. 2015. A tale of amalgamation of three Permo-Triassic collage systems in central Asia: oroclines, sutures, and terminal accretion. Annual Review of Earth and Planetary Sciences, 43: 477-507.

Xing G, Li J, Duan Z, et al. 2021. Mesozoic-Cenozoic volcanic cycle and volcanic reservoirs in East China. Journal of Earth Science, 32: 742-765.

Xu W L, Pei F P, Wang F, et al. 2013. Spatial-temporal relationships of Mesozoic volcanic rocks in NE China: constraints on tectonic overprinting and transformations between multiple tectonic regimes. Journal of Asian Earth Sciences, 74: 167-193.

Xu Y G, Zhang H H, Qiu H N, et al. 2012. Oceanic crust components in continental basalts from Shuangliao, Northeast China: derived from the mantle transition zone? Chemical Geology, 328: 168-184.

Xu Y G. 2007. Diachronous lithospheric thinning of the North China Craton and formation of the Daxin′anling-Taihangshan gravity lineament. Lithos, 96(1-2): 281-298.

Xu C H, Zhang L, Shi H S, et al. 2017. Tracing an Early Jurassic magmatic arc from South to East China Seas. Tectonics, 36(3): 466-492.

Xu X, Zhao K, He Z, et al. 2021. Cretaceous volcanic-plutonic magmatism in SE China and a genetic model. Lithos, 402-403: 105728.

Yang C M, Xu Y G, Xia X P, et al. 2022. High water contents in zircons suggest water-fluxed crustal melting during cratonic destruction. Geophysical Research Letters, 49: e2021G-e97126G.

Yeh K Y, Chen Y N. 2001. The first finding of early Cretaceous radiolarians from Lanyu, the Philippine Sea plate. Bulletin of National Museum of Natural Science, 13: 111-145.

Yin A. 2010. Cenozoic tectonic evolution of Asia: a preliminary synthesis. Tectonophysics, 488: 293.

Yui T F, Okamoto K, Usuki T, et al. 2009. Late Triassic-Late Cretaceous accretion/subduction in the Taiwan region along the eastern margin of South China-evidence from zircon SHRIMP dating. International Geology Review, 51: 4304-4328.

Yumul Jr GP, Dimalant C, Gabo-Ratio J A S, et al. 2020. Mesozoic rock suites along western Philippines: Exposed proto-South China Sea fragments? Journal of Asian Earth Sciences, 4 (2020): 100031.

Zeng M, Zheng R, Chen S, et al. 2021. Reconstructing ocean-plate stratigraphy (OPS) to understand accretionary style and mélange fabric: Insights from the Bangong-Nujiang Suture (Tibet, China). Geophysical Research Letters, 48: e2021GL094457.

Zhang Y, Wang C, Jin Z. 2020. Decarbonation of stagnant slab in the mantle transition zone. Journal of Geophysical Research: Solid Earth, 125: e2020J-e19533J.

Zhang G, Zhang J, Dalton H, et al. 2022. Geochemical and chronological constraints on the origin and mantle source of Early Cretaceous arc volcanism on the Gagua Ridge in western Pacific. Geochemistry, Geophysics, Geosystems, 23: e2022GC010424.

Zhang G L, Chen L H, Jackson M G, et al. 2017. Evolution of carbonated melt to alkali basalt in the South China Sea. Nature Geoscience, 10: 229-235.

Zhao M H, Sibuet J C, Wu J. 2019. The South China Sea and Philippine Sea plate intermingled fates. National Science Review, 6(5): 886-890.

Zhao D. 2004. Global tomographic images of mantle plumes and subducting slabs: insight into deep Earth dynamics. Physics of the Earth and Planetary Interiors, 146: 3-34.

Zhao G, Zhai M. 2013. Lithotectonic elements of Precambrian basement in the North China Craton: Review and tectonic implications. Gondwana Research, 23 (4): 1207-1240.

Zhou J B, Cao J L, Wilde S A, et al. 2014. Paleo-Pacific subduction-accretion: evidence from Geochemical and U-Pb zircon dating of the Nadanhada accretionary complex, NE China. Tectonics, 33: 2444-2466.

Zhou X, Sun T, Shen W, et al. 2006. Petrogenesis of Mesozoic granitoids and volcanic rocks in South China: A response to tectonic evolution. Episodes, 29: 26-33.

Zhou J, Wilde S A, Zhao G, et al. 2018. Nature and assembly of microcontinental blocks within the Paleo-Asian Ocean. Earth-Science Reviews, 186: 76-93.

Zhou J B, Wilde S A, Zhang X Z, et al.2009. The onset of Pacific margin accretion in NE China: Evidence from the Heilongjiang high-pressure metamorphic belt. Tectonophysics, 478(3): 230-246.

Zhou X M, Li W X. 2000. Origin of Late Mesozoic igneous rocks in Southeastern China: Implications for lithosphere subduction and underplating of mafic magmas. Tectonophysics, 326: 269-287.

Zhou X, Jiang Z, MacEachern J A. 2020. Criteria for differentiating microbial-caddisfly bioherms from those of marine polychaetes in a lacustrine setting: Paleocene second member, Funing Formation, Subei Basin, East China. Palaeogeography, Palaeoclimatology, Palaeoecology, 560: 109974.

Zhu G, Lu Y, Su N, et al. 2021. Crustal deformation and dynamics of Early Cretaceous in the North China Craton. Science China Earth Sciences, 64: 1428-1450.

Zhu W, Zhong K, Fu X, et al. 2019. The formation and evolution of the East China Sea Shelf Basin: a new view. Earth-Science Reviews, 190: 89-111.

关键词索引

F

G

H

J

K

L

M

N

P

Q

R

S

T

W

X

Y

Z